Michael L

Mediamatik –
Die Konvergenz von
Telekommunikation,
Computer und Rundfunk

Michael Latzer

Mediamatik –
Die Konvergenz von
Telekommunikation,
Computer und Rundfunk

Westdeutscher Verlag

ISBN-13:978-3-531-12941-9

e-ISBN-13:978-3-322-86878-7

DOI: 10.1007/978-3-322-86878-7

Umschlaggestaltung: Horst Dieter Bürkle, Darmstadt
Druck und buchbinderische Verarbeitung: Druckerei Hubert & Co., Göttingen
Gedruckt auf säurefreiem Papier

Inhalt

Vorwort

Der Konvergenz von Telekommunikation und Rundfunk in der Technik, bei den Tele-Diensten und in der Industrie stehen in der Analyse und der Politik meist strikt getrennte Ansätze und Institutionen gegenüber. Eine integrative Sicht des elektronischen Kommunikationssektors fehlt. Dies führt zu Lücken und Schwächen in der Analyse und im politisch/regulatorischen Umgang mit dem aktuellen Umbruch.

Zentrales Ziel dieser Studie ist es, diesen Umbruch im Kommunikationssektor darzustellen, Elemente eines integrativen Analyserahmens aufzuzeigen und die Grundzüge eines adäquaten, integrativen Politikmodells für das sich abzeichnende gesellschaftliche Kommunikationssystem des 21. Jahrhunderts – von mir Mediamatik genannt – abzuleiten. Damit soll ein Beitrag dazu geleistet werden, die vorherrschende Dichotomie in Telekommunikation und elektronische Massenmedien (Rundfunk) auf analytischer und in weiterer Folge auch auf politischer Ebene zu überwinden.

Neben der Darstellung ausgewählter Ansätze zur Erfassung der aktuellen Entwicklung im elektronischen Kommunikationssektor wird in *Kapitel 1* u.a. der Frage nach der Auswahl, Funktion und Wirkung jener Schlagworte nachgegangen, die die öffentliche Diskussion prägen; insbesonders werden die zentralen Begriffe Informationsgesellschaft, Information Highway und Teledemokratie kritisch geprüft.

Um den häufig als „Revolution" bezeichneten Umbruch im Kommunikationssektor erfassen zu können, muß zuerst das traditionelle Paradigma verstanden werden. *Kapitel 2* bietet eine Entwicklungsgeschichte: Sie beginnt mit der Genese der getrennten Subsektoren Telekommunikation und Rundfunk, und setzt mit zwei Konvergenzschritten in Richtung Telematik und Mediamatik fort. Zunächst werden also die Unterscheidungsmerkmale, das Trennende zwischen Telekommunikation und Rundfunk und die dahinterliegende politisch ökonomische Logik herausgearbeitet, um anschließend die Krise des traditionellen und die Herausbildung eines neuen Paradigmas zu beschreiben.

In *Kapitel 3* werden vorerst die weltweit unterschiedlichen Ausgangsbedingungen für die Mediamatik – zum Beispiel die Diffusionsunterschiede in der elektronischen Kommunikation – und die daraus resultierenden Interessenkonflikte innerhalb der globalen Kommunikationspolitik aufgezeigt. Nach einem kurzen Überblick über NII (National Information Infrastructure)-Aktivitäten werden als Fallbeispiel nationaler Strategien zur Entwicklung und Gestaltung des Mediamatik-Sektors die japanischen Informationsinfrastruktur-Initiativen analysiert. Anhand der Länderstudie wird gezeigt, inwieweit der Paradigmenwechsel in der Politik wahrgenommen und umgesetzt wird, welche Erwartungen damit verbunden werden, wo die Schwerpunktsetzungen liegen, welche Realisierungsprobleme auftreten und wie sehr nationale Besonderheiten die Wahl der Strategien und deren Umsetzungschancen beeinflussen. Die Fallstudie ist somit auch als Warnung vor leichtfertigen Analogieschlüssen zwischen Ländern zu verstehen.

Die Mediamatik entwickelt sich weniger in Richtung eines monolithischen Einheitssystems mit dem alles integrierenden Breitbandnetz als Kernstück, sie ist vielmehr als flexibler Baukasten zu verstehen, der eine Fülle von Kombinationsmöglichkeiten für die Dienste-Entwicklung anbietet. In *Kapitel 4* werden die zentralen technischen Verzweigungen und Dienste-Entwicklungen in der Mediamatik zusammengefaßt, nicht ohne vorher auf die inhärenten Prognoseprobleme und Ergebnisse der Diffusionsforschung hinzuweisen. Weiters wird der Frage nachgegangen, inwieweit es zu Verschiebungen, Substitutionen und Symbiosen zwischen traditionellen und neuen Kommunikationsdiensten kommt, wobei der oft zitierten Substitutionsthese symbiotische Effekte und Verschiebungen in der Mediennutzung entgegengehalten werden.

Die integrative Mediamatik-Analyse soll die klassische Dichotomie in Massenmedien und Telekommunikation inhaltlich und institutionell beenden. In *Kapitel 5* werden die für diese Analyse bedeutsamen Veränderungen zusammengefaßt und daraus einige Anforderungen an eine reformierte, integrative Kommunikationswissenschaft abgeleitet. Die Ausführungen beschränken sich auf jene Aspekte, die für die anschließende Ableitung und Analyse der Mediamatik-Politik hilfreich erscheinen.

Die Ergebnisse dieser Analyse münden schließlich in *Kapitel 6* in die Skizze von Grundzügen und Optionen einer adäquaten Mediamatik-Politik. Diskutiert werden die veränderte Rolle des Staates und Varianten der Integration der Telekommunikations- und Medienpolitik. Insbesonders wird den Fragen nach dem öffentlichen Interesse, der gesellschaftlichen Zielsetzung, den konkreten Regulierungsaufgaben und nach den Varianten der Institutionalisierung und Gestaltung der Mediamatik-Regulierung im politischen System nachgegangen. Weiters thematisiert wird das zunehmende Spannungsfeld nationaler und supranationaler Politik im Mediamatik-Sektor vor dem Hintergrund der Erosion nationalstaatlicher Kompetenzen. Als Fallbeispiel für integrative Mediamatik-Politik wird abschließend gezeigt, wie in den Reformen der Universaldienststrategie des Telekommunikationssektor und des öffentlichen Rundfunks neben der Liberalisierung auch die Konvergenz adäquat berücksichtigt werden könnte.

Wichtige Ergebnisse der Studie sind in *Kapitel 7* zusammengefaßt. Ein erweitertes Abkürzungsverzeichnis versucht die Tücken der gerade in diesem Bereich überhandnehmenden Fachausdrücke zu meistern.

Das Buch richtet sich an Interessierte und Betroffene aus Politik, Wirtschaft und Wissenschaft mit dem unbescheidenen Ziel, eine Brücke zwischen den traditionell getrennten Telekommunikations- und Rundfunkfraktionen zu schlagen, indem Querverbindungen hergestellt und integrierende Handlungsoptionen aufgezeigt werden. Mit dem Versuch, ein für Expertinnen und Experten interessantes, aber auch für Laien verständliches Buch zu schreiben, soll ein Beitrag zur informierten öffentlichen Diskussion und zum besseren Verständnis des sich neu formierenden gesellschaftlichen Kommunikationssystems geleistet werden.

Vier Quellen des Dankes

Forschung braucht Förderung. Die vorliegende Arbeit ist im Rahmen eines mehr-
jährigen Forschungsprogrammes zur Konvergenz im Kommunikationssektor entstanden, das durch ein Stipendium des Austrian Programme for Advanced Research
and Technology (APART) finanziert wird. Die Fallstudie über japanische Informationsinfrastruktur-Initiativen wurde durch die Einladung der Japan Society for the
Promotion of Sciences (JSPS) zu einem dreimonatigen Forschungsaufenthalt
ermöglicht; das Wissenschaftsministerium beteiligte sich mit einem Reisekosten-
zuschuß. Für die erwiesene Gastfreundschaft danke ich dem Institute for Communications an der Keio University in Tokyo und insbesonders Minoru Sugaya.

Forschungsergebnisse bedürfen der Kritik. Herzlichen Dank für konstruktive Kritik
und wertvolle Anregungen zu früheren Versionen des Manuskriptes schulde ich
Johannes Bauer, Heinz Bonfadelli, Peter Fleissner, Bernd Hartmann, Herbert Kubicek, Egon Matzner, Werner Meier, Jürgen Müller, Sonja Puntscher-Riekmann,
Volker Schneider, Peter Paul Sint und Josef Trappel. Darüber hinaus danke ich
unzähligen Expertinnen und Experten im In- und Ausland, die mich mit aktuellen
Informationen und Analyseergebnissen versorgten.

Resultate gehören poliert. Editorische Aufgaben und das Layout des Buches wurden
von Mariann Unterluggauer und Přemysl Janýr gemeistert, das Lektorat von Eva
Ribarits. Vielen Dank für die gute Kooperation.

Buchprojekte sind tendenziell beziehungsfeindlich. Mein besonderer Dank gilt
Aurelia Staub für die verständnisvolle Rundum-Unterstützung.

I. Einführung

Am Ende des 20. Jahrhunderts hat der elektronische Kommunikationssektor in sämtlichen Industrieländern einen prominenten Platz in der politischen Agenda erobert. Strategieprogramme werden erarbeitet, einschneidende politische und organisatorische Reformen im Telekommunikations- und Rundfunksektor durchgeführt und strategische Initiativen gestartet. Das mediale Echo dieser Aktivitäten ist sehr hoch, was nicht zuletzt daran liegt, daß die berichtenden Massenmedien selbst von diesem Umbruch essentiell betroffen sind. Telekommunikation und elektronische Medien sind zu zentralen Themen des triadischen Wettbewerbs zwischen den USA, Europa und Japan geworden. Vielversprechende Marktprognosen versetzen beträchtliche Teile der Industrie in Aufbruchstimmung; antizipierte sozioökonomische Auswirkungen, die sowohl Chancen als auch Risiken beinhalten, motivieren und alarmieren Politiker und Interessenvertretungen.

Die Grundlage dieser Entwicklung bildet eine Kombination aus sozialen Faktoren, technischen Neuerungen sowie politischen und ökonomischen Reformen. Basisinnovationen der letzten Jahrzehnte haben in einem zunehmend liberalisierten Umfeld die notwendige Reife erlangt, um nun in großem Stil angewandt zu werden. Mit der Koordinations- und Informationsfunktion der Tele-Dienste für sämtliche Wirtschafts- und Lebensbereiche wächst auch ihre gesellschaftliche Bedeutung. Sie bieten zunehmende Unabhängigkeit von

- räumlichen (Mobilkommunikation, Satellitentechnik)
- zeitlichen (Sprach-Mailbox, electronic mail)
- übertragungskapazitätsbedingten (Glasfaser)
- betriebstechnischen (intelligentes Netzmanagement)
- körperlichen (virtual reality)

Beschränkungen. Sie ermöglichen kombinierte Sprach-, (Bewegt-) Bild-, Text- und Datenkommunikation sowie größere Flexibilität (Digitalisierung – Softwaresteuerung) beim Angebot neuer beziehungsweise veränderter Dienste. So schafft das neue gesellschaftliche Kommunikationssystem nicht nur die Basis für veränderte Firmen- und Wirtschaftsstrukturen, sondern auch für politische Systeme, deren Aktivitäten durchgehend auf der bestehenden Kommunikationsinfrastruktur und den entsprechenden Diensten fußen.

1.1. Transformation – Konvergenz

Die telekommunikations- und medienpolitischen Debatten der 90er Jahre sind von *Neologismen* geprägt, von Variationen und Kombinationen der Schlagworte Information Highway, Multimedia, Internet, National and Global Information Infrastructure, Cyberspace, Virtual Reality und Informationsgesellschaft. Hinter diesen diffusen und oft widersprüchlich verwendeten Schlagworten verbirgt sich ein fundamentaler *Transformationsprozeß*, der im elektronischen Kommunikationssektor, also in der Telekommunikation und im Rundfunk einsetzt, aber auch auf die Printmedien ausstrahlt. Betroffen davon ist jedoch nicht nur der gesamte Kommunikationssektor, die Folgewirkungen beeinflussen vielmehr beinahe alle gesellschaftlichen Teilsysteme. Dieser Transformationsprozeß im Kommunikationssektor und sein Produkt, das ich als *Mediamatik* bezeichne, sind zentraler Gegenstand der vorliegenden Studie.

Die Benennung dieser neuen Entwicklungen des Kommunikationssektors mit dem Kunstwort MEDIAMATIK soll auf die Konvergenz der Medien,[1] insbesonders des elektronischen MassenMEDIums Rundfunk und der TeleMATIK[2] hinweisen.[3] Bei diesem Transformationsprozeß handelt es sich weniger um einen additiven Prozeß der Verschmelzung, vielmehr formiert sich ein neues Paradigma, eine neue dominante Sichtweise, die in der Folge die in Wirtschaft und Politik gesetzten Aktivitäten prägt und somit den Sektor neu strukturiert.

Ein wesentliches Charakteristikum dieser Veränderungen ist das Verschwimmen von traditionellen Grenzziehungen zwischen Technologien, Dienstkategorien, Industriesparten, Sektoren, Wirtschaftsräumen und Politikfeldern. In den Mittelpunkt der Analyse des Transformationsprozesses stelle ich daher die *Konvergenz*, im Sinn von Annäherung, Vermengung und Überschneidung bisher getrennter Subsektoren, insbesondere von Telekommunikation und Rundfunk.

Auf die Bedeutung und die Notwendigkeit des besseren Verständnisses der Konvergenz im Kommunikationssektor wurde von etlichen Experten verwiesen. Pool

---

1   Der politisch/rechtliche Medienbegriff beinhaltet keine Telekommunikationsdienste. Sie werden folglich einem anderen Regulierungsmodell zugeordnet (siehe dazu Kapitel 2 und 6).

2   Der Ende der 70er Jahre geprägte Begriff TELEMATIK bezeichnet bereits die Konvergenz von TELEkommunikation und InforMATIK (Computer, elektronische Datenverarbeitung) (siehe dazu Abschnitt 2.2).

3   Die englische Version MEDIAMATICS setzt sich aus massMEDIA und teleMATICS zusammen (vgl. Latzer 1996d).

sagte bereits im Jahr 1983 Konvergenzprobleme für die staatliche Regulierungspolitik im Kommunikationssektor voraus:

> „The clash between the print, common carrier [telecommunications], and broadcast model is likely to be a vehement communications policy issue in the next decades. Convergence of modes is upsetting the trifurcated system developed over the past two hundred years (...)"[4]

Mitte der 90er Jahre stellt nun Koelsch fest:

> „The chaos evident in computing, communications and media industries is the direct result of convergence (...) Unless we understand the nature of convergence, nothing makes sense."[5]

Die Ergründung des „Wesens" der Konvergenz ist ein zentrales Ziel der nachfolgenden Ausführungen. Um mißverständliche Assoziationen zum Konvergenzbegriff möglichst auszuschalten, möchte ich eingangs auf sechs Eckpfeiler für das *Verständnis von Konvergenz* in dieser Arbeit verweisen:

- Konvergenz ist nicht mit Fusion, d.h. mit Verschmelzung gleichzusetzen.
- Im Vordergrund steht der Transformationsaspekt, also die Verschiebung und Umwandlung etablierter Systeme, nicht ihre Substitution.
- Konvergenz führt nicht nur zu Integrations-, sondern auch zu Desintegrationsprozessen von bestehenden Strukturen.
- Konvergenz ist kein additiver Prozeß. Durch die Vermengung vormals getrennter Teile entsteht auch qualitativ und strukturell Neues.
- Konvergenz kann nicht isoliert, sondern nur im Kontext anderer Trends, insbesonders der Liberalisierung und Globalisierung analysiert werden.
- Diese Trends sind keine Einbahnsysteme, es sind daher auch die jeweiligen Gegenbewegungen zu berücksichtigen. Das heißt, daß
  (a) Konvergenz nicht zu einem „medialen Einheitsbrei" führt, sondern auch eine Ausdifferenzierung nach neuen Kriterien zur Folge hat;
  (b) gleichzeitig mit dem Abbau traditioneller staatlicher Regulierungen – der Deregulierung im Zuge des Liberalisierungstrends – neue Regulierungsaufgaben entstehen und es somit zu einer Reregulierung kommt;
  (c) die Globalisierung nicht weltweit erfolgt, sondern eine neue (geografische, kulturelle, entwicklungsabhängige) Regionalisierung stattfindet, die sich nicht notwendigerweise an Staatsgrenzen orientiert.

---

4   Pool 1983, S.7f.
5   Koelsch 1995, S.44.

1.2. Soziotechnischer Wandel – Paradigmenwechsel

Der zu beobachtende Transformationsprozeß im elektronischen Kommunikationssektor läßt sich als Fallbeispiel des Zusammenspiels von technischem und gesell-
schaftlichem Wandel – hier kurz als soziotechnischer Wandel bezeichnet – betrach-
ten. Idealtypisch kann zwischen zwei Extrempositionen zur Erklärung der Beziehung von Technik und Gesellschaft unterschieden werden:[6]

- Die Technik ist dominant und steuert die gesellschaftliche Entwicklung.
  Diese *technikdeterministische* Sichtweise geht davon aus, daß bestimmte
  Techniken bestimmte soziale und gesellschaftliche Auswirkungen nach
  sich ziehen. Computer würden also unweigerlich zu mehr Überwachung
  führen, die Dampfkraft hätte die Industrialisierung eingeleitet und der
  Buchdruck die Reformation zur Folge gehabt.
- Die Gesellschaft ist dominant und steuert die technische Entwicklung.
  Diese Position impliziert, daß gesellschaftliche Verhältnisse, Strukturen,
  Ideologien und Lebensformen zu bestimmten technischen Entwicklungen
  führen beziehungsweise deren konkrete Ausformung bestimmen. So habe
  beispielsweise das rigid strukturierte Leben in den Klöstern des Mittel-
  alters die Erfindung der Uhr notwendig gemacht.

Was den Kommunikationssektor betrifft, ist die enge Verknüpfung von technischen
und gesellschaftlichen Faktoren evident, umstritten bleibt der genaue Wirkungszu-
sammenhang. Die Erklärungsmuster reichen von der oben skizzierten Position des
Technikdeterminismus bis zum Ansatz der gesellschaftlichen Bestimmtheit, der die
soziale Konstruktion von Technik, die politisch-ökonomischen Interessenkonstella-
tionen und weit definierte kulturelle Faktoren in den Vordergrund stellt.

Innis betont in seinen Analysen die Wirkungen der Struktur der Kommunikationstechnik auf die Entwicklung und Durchsetzung von Zivilisations- und Herrschafts-
formen, wobei er die Medien in die Kategorien „space-biased" und „time-biased"
unterteilt, also danach, ob sie raum- oder zeitüberbrückend wirksam werden, ob sie
die zeitlichen oder räumlichen Begrenzungen staatlicher Kontrollausübung überwinden helfen.[7] McLuhan, der in der Tradition von Innis „heiße" und „kalte" Medien
unterscheidet, hält die Struktur der Kommunikationstechnik ebenfalls für bedeutender als den transportierten Inhalt und leitet in der Folge gar den politischen Erfolg

---

6   Vgl. dazu OTA 1989, S.34.
7   Siehe Innis 1950, 1951. Für eine technikdeterministische Sichtweise siehe auch Ellul 1964.

und Mißerfolg einzelner Politiker von den eingesetzten Medien ab.[8] Im Gegensatz dazu geht Braudel in seiner technikgeschichtlichen Langzeitanalyse davon aus, daß die Bedeutung technischer Neuerungen im wesentlichen von den gesellschaftlichen Kräften abhängt, die sie durchsetzen.[9] Flichy betont ebenfalls die Bedeutung der politisch-ökonomischen und sozialen Bestimmungsfaktoren für die Entwicklung der elektronischen Kommunikation und unterteilt die Geschichte in Phasen der vorherrschenden gesellschaftlichen Kommunikation.[10] Für Beniger ist die Industrialisierung und die damit verbundene Krise der Steuerung („Control Crises") einer Produktionsweise, die die menschliche Geschwindigkeit überschreitet, die bestimmende gesellschaftliche Antriebskraft der Entwicklung und des Einsatzes der Informations- und Kommunikationstechniken.[11] Enzensberger hebt in seinem Medientheorie-Baukasten die entwicklungsleitende Kraft politisch-ökonomischer Interessen auf dem Mediensektor hervor, die die distributive Massenkommunikation gegenüber der interaktiven Kommunikation bevorzugen und dementsprechend auch die technisch-organisatorische Konfiguration des gesellschaftlichen Kommunikationssystems steuern.[12] Pool spricht von einem „soft technological determinism". Die vorhandene Technik wäre demnach nicht neutral, sie fördere gewisse Optionen der gesellschaftlichen Entwicklung mehr als andere. Pool beschreibt den sanften Technikdeterminismus – dem sich auch Rogers in seinem Buch über Kommunikationstechnologien zuordnet[13] – anhand des Zusammenhangs von kommunikationstechnologischen Entwicklungen mit Veränderungen des Rechts auf freie Meinungsäußerung.[14]

In der nachfolgenden Analyse des Transformationsprozesses und des sich etablierenden Mediamatik-Sektors gehe ich von einem *interaktiven* Verständnis technischer und gesellschaftlicher Prozesse aus, von einem Ansatz also, der zwischen den eingangs beschriebenen idealtypischen Extremen liegt.[15] Das heißt, daß Technologien, deren Entstehung und Gestaltung gesellschaftlich beeinflußt sind, verschiedene

---

8   Siehe McLuhan 1968, 1970/1992. Der Erfolg McCarthys ist und jener von Hitler wäre laut McLuhan (1992, S.342) durch das Fernsehen beendet worden.

9   Siehe Braudel 1985, 1986a,b. Zur kulturgeschichtlichen und technischen Entwicklung siehe auch Mumford 1977.

10   Flichy (1994) stellt den Zusammenhang zwischen den geschichtlichen Phasen der staatszentrierten (optischer Telegraf) und marktzentrierten Kommunikation (elektrischer Telegraf), der Familienkommunikation (Fotoapparat, Telefon, Radio) und der Individualkommunikation (Transistorradio, Walkman, Mobiltelefon) mit den einzelnen Kommunikationstechniken her.

11   Vgl. Beniger 1986.

12   Vgl. Enzensberger 1970.

13   Siehe Rogers 1986.

14   Vgl. Pool 1983.

15   Zum interaktiven Ansatz siehe OTA 1989.

Optionen anbieten, es aber im wesentlichen die politischen und ökonomischen Institutionen sowie kulturelle Faktoren sind, die über deren Verwendung und somit auch über deren Auswirkungen entscheiden.

Die vorliegende Studie ist dem *Technology Assessment (TA)* zuzuordnen, das seit den 80er Jahren zunehmend für die Untersuchung der gesellschaftlichen Bedeutung von Informations- und Kommunikationstechnologien eingesetzt wird.[16] Erstmals institutionalisiert wurde TA in den 70er Jahren in etlichen Industrieländern, als das Bewußtsein über mögliche negative soziale Folgen des Technikeinsatzes zu steigen begann. Technology Assessment ist eine dem Charakter nach interdisziplinäre Analyse technischer Entwicklungen und gesellschaftlicher Problemstellungen, die auf einem Methodenmix beruht und politiknahe arbeitet. Das grundlegende Dilemma von TA ist, daß ihm doppelt mißtraut wird: zum einen von der Industrie, die es tendentiell als Verhinderungsstrategie gegen die rasche Einführung neuer Technologien betrachtet, zum anderen von der sozialen/ökologischen Bewegung, die es als Legitimationsinstrument zur Einführung neuer Technologien fürchtet.[17]

Als erste und in der Folge beispielgebende TA-Organisation wurde im Jahr 1972 das Office of Technology Assessment (OTA) als Institut des US-Kongresses gegründet und Ende 1995 im Zuge von Sparmaßnahmen des US-Kongresses wieder aufgelöst.[18] Neben zahlreichen unabhängigen TA-Forschungseinrichtungen wurden parlamentarische TA-Einrichtungen beim Europäischen Parlament (STOA – Scientific and Technical Options Assessment), in Großbritannien (POST – Parliamentary Office of Science and Technology) und in Deutschland (TAB – Büro für Technikfolgenabschätzung) eingerichtet. War die Wirkungsforschung anfänglich stärker technikdeterministisch orientiert, so wurde sie in den 80er Jahren durch technikgestaltende – „Social Shaping of Technology" – und konstruktionsbegleitende – „Constructive Technology Assessment"[19] – Ansätze ergänzt. In den 90er Jahren wird TA auch zunehmend als öffentlicher Diskurs angelegt, unter Einbeziehung von Betroffenen und Entscheidungsträgern.[20] In Opposition zu den technikdeterministischen Tendenzen des TA etablierte sich ab Mitte der 80er Jahre die von der Techniksoziologie vorangetriebene *Technikgeneseforschung*, die technische Artefakte im wesentlichen als soziale Konstrukte betrachtet und auf der Basis der Analyse des

---

16   Siehe beipielsweise die Studien OTA 1989, 1992, 1994, 1995, POST 1995, Riehm/Wingert 1995.

17   Zu TA im Rahmen der österreichischen Technologiepolitik siehe Gottweis/Latzer 1996.

18   Für einen Überblick über Technology Assessment-Ansätze (meist als Technikfolgenabschätzung ins Deutsche übersetzt) siehe Kornwachs 1991; zur Institutionalisierung von TA siehe Baron 1995.

19   Siehe Boxsel 1991.

20   Siehe Hennen 1994.

Entstehungsprozesses von Technik bereits ein früheres Intervenieren erlauben soll als das Technology Assessment.[21] Die Technikgeneseforschung, die sich stark der Technikgeschichte annähert, kann ebenfalls als Erweiterung des TA verstanden werden.[22]

Die wissenschaftliche Auseinandersetzung über den Zusammenhang von technischem Wandel und wirtschaftlicher Entwicklung beschäftigte schon lange verschiedene Schulen der *Ökonomie*: Wir finden sie im Merkantilismus des 17. Jahrhunderts ebenso wie in der klassischen Ökonomie des 18. und 19. Jahrhunderts und in der Neoklassik des 20. Jahrhunderts.[23] Besonderes Augenmerk wird der Informations- und Kommunikationstechnik speziell im Rahmen der Weiterentwicklung und Interpretation der Theorie der „langen Wellen" der Konjunktur geschenkt. Bekannt gemacht wurde diese Theorie, die von jeweils rund ein halbes Jahrhundert dauernden langen Wellen ausgeht, von Schumpeter[24] unter der Bezeichnung Kondratieff-Zyklen.[25] Schumpeter identifizierte und analysierte sie unter der Annahme des Zusammenspiels von technischen und organisatorischen Innovationen. Auf der Grundlage der Theorie der langen Wellen der Wirtschaftsentwicklung wird nun häufig argumentiert, daß – wie Elektrizität, Chemie und Automobil im vorangegangenen Zyklus – die Informations- und Kommunikationstechnologien der Motor des gegenwärtigen Kondratieff-Zyklus seien.[26] Perez[27] und Freeman/Soete[28] orten in diesem Kontext einen technisch-ökonomischen Paradigmenwechsel.[29] Dieser beinhalte den Wandel vom traditionellen, „fordistischen" Modell des wirtschaftlichen Managements zu einem Informations- und Kommunikationstechnik-Modell, das sich u.a. durch Produktionssysteme, Informations-Intensität und Vernetzung auszeichne. Die Bezeichnung technisch-ökonomisch soll darauf hinweisen, daß sowohl technische als auch ökonomische Vorteile (Zeitersparnis, Profitsteigerung etc.) für die Durchsetzung des neuen Paradigmas notwendig sind. Der Ansatz grenzt sich von den Positionen eines harten Technikdeterminismus ab, betont die soziale Bestimmt-

---

21 Hellige 1993, S.187ff; zur Technikgeneseforschung siehe Dierkes 1987; für einen Überblick siehe Dierkes/Hoffmann 1992.

22 Siehe Schlese 1995.

23 Für einen kurzen Überblick siehe Freeman/Soete 1994.

24 Siehe Schumpeter 1939, 1942. Schumpeter benannte die langen Wellen nach dem russischen Ökonomen Nicolai Kondratieff, der sich bereits in den 20er Jahren mit langen Wellen beschäftigte (Freeman/Soete 1994, S.32).

25 Siehe Kondratieff 1926.

26 Siehe Kleinknecht 1987, Nefiodow 1990, Hanappi/Egger 1993.

27 Siehe Perez 1983.

28 Freeman/Soete (1994) konzentrieren sich in ihrer Analyse auf die Beschäftigungswirkungen des technisch-ökonomischen Paradigmenwechsels.

29 Siehe Freeman/Soete 1994, S.53.

heit der Entwicklung und Verbreitung von Technik, räumt aber – ähnlich dem oben beschriebenen sanften Determinismus – ein, daß einmal durch soziale Prozesse in Gang gesetzte technologische Entwicklungspfade eine Dynamik entwickeln, die die absolut freie Wahl der technischen Alternativen beschränken.[30]

Die vorliegende Studie baut methodisch und inhaltlich auf Technology Assessment-Projekten über den Telekommunikationssektor auf, die ich im Rahmen meiner Tätigkeit an der Forschungsstelle für Sozioökonomie der Österreichischen Akademie der Wissenschaften durchgeführt habe. Während sich die bisherigen Untersuchungen auf die Konvergenz von Telekommunikation und Computertechnologie zur Telematik konzentrierten, liegt der Schwerpunkt hier bei der Konvergenz von Telematik und elektronischen Massenmedien. Die Analyse setzt beim damit verbundenen *soziotechnischen Paradigmenwechsel* im Kommunikationssektor an, verstanden als fundamentale Veränderung der vorherrschenden Sichtweise, die die Mediamatik strukturiert und die Begrifflichkeit, technische und ökonomische Entwicklungen, Institutionen und die Politik beeinflußt. Die Bezeichnung soziotechnisch steht für das interaktive Verständnis von daran beteiligten technischen und gesellschaftlichen Prozessen.

Die Analyse von Umbrüchen als „Paradigmenwechsel" geht auf Kuhn[31] zurück, der sich in seinen Untersuchungen auf Veränderungen in der Wissenschaft konzentrierte, die einen radikalen Wandel von dominanten Erklärungsmustern zur Folge haben. Diesen Umbruch, den Übergang von der „normalen" Wissenschaft über konkurrierende Paradigmen zur nächsten normalen Wissenschaft, bezeichnet Kuhn als „wissenschaftliche Revolution", den Übergang als paradigmatisch und revolutionär. Dosi[32] hat die Theorie des Paradigmenwechsels auf grundlegende technologische Umbrüche übertragen. Der Paradigmenbegriff wird in der wissenschaftlichen Diskussion sowohl im Sinn von vorherrschender Sichtweise als auch von Muster oder Vorlage verwendet, was mitunter zu Unklarheiten führt.

Mit der Analyse des Wandels im Kommunikationssektor als Paradigmenwechsel soll dessen gesellschaftsgeschichtlicher Kontext ebenso vermittelt werden wie die Auffassung, daß es sich dabei um keine lineare, inkrementalistische, bloß quantitative Veränderung handelt, sondern um eine qualitative, „revolutionäre", die sich sowohl in der Technik als auch in der Politik und im gesellschaftlichen Kommunikationssystem manifestiert. Aus analytischen Gründen kann beim Paradigmenwechsel zwischen der Wahrnehmung – der Realisation des neuen Paradigmas – und

---

30   Vgl. Freeman/Soete 1994; dazu auch Dosi 1982.
31   Vgl. Kuhn 1962.
32   Vgl. Dosi 1982.

der organisatorischen, politischen Umsetzung unterschieden werden. Der Paradigmenwechsel vollzieht sich zuerst auf der kognitiven Ebene und mit Zeitverzögerung
dann auch auf der organisatorisch-institutionellen Ebene.[33] Auch wenn, wie im Fall
der Mediamatik, die Konvergenz von Telematik und Rundfunk als Trend v.a. von
der Industrie weitgehend erfaßt wurde und sich als neue gemeinsame Sichtweise etablierte, so hinken im speziellen die organisatorisch-institutionellen Veränderungen
in der Politik hinterher. Ziel dieser Arbeit ist es daher auch, das alte und das sich
formierende neue Paradigma in seinem jeweiligen politisch-ökonomischen Kontext
gegenüberzustellen und ein dem neuen Paradigma adäquates Politikmodell für die
Mediamatik abzuleiten.

1.3. Marktversagen, Staatsversagen und Institutionen

Im soziotechnischen Paradigmenwechsel hin zur Mediamatik ist nicht nur das
Wechselspiel von technischen und gesellschaftlichen Veränderungen von zentraler
Bedeutung, sondern auch jenes zwischen *Markt* und *Staat*. Die Telekommunikati-
ons- und Rundfunksektoren sind traditionell von vergleichsweise starken staatlichen
Eingriffen geprägt, der Paradigmenwechsel ist mit umwälzenden politisch-ökonomischen Veränderungen verbunden, die weiter oben unter der Bezeichnung Liberalisierungstrend zusammengefaßt wurden. Dieser verweist auf die Stärkung des Wettbewerbs in den Telekommunikations- und Rundfunkmärkten sowie auf die damit ein-
hergehenden Reformen nationalstaatlicher und supranationaler Regulierungspolitik.

Wie schon das Verhältnis vom technischen zum gesellschaftlichen Wandel, so ist
auch die Regulierung, verstanden als staatlicher Eingriff in den Markt, ein Thema,
das sich durch die gesamte Geschichte der politischen und ökonomischen Theorien
zieht. Die verschiedenen Ansätze, v.a. jedoch neoklassische Positionen sowie
Ansätze der Gemeinwirtschaftslehre,[34] spiegeln sich auch in der politischen
Reformdebatte des Telekommunikations- und Rundfunksektors der letzten beiden
Jahrzehnte wider. Telekommunikations- und Rundfunkpolitik bewegen sich, ver-
kürzt gesagt, im Wechselspiel von proklamiertem Markt- und Staatsversagen, den
Begründungen für und gegen staatliche Einflußnahme in Märkte. Auf die zentralen
Argumente dieser Debatte werde ich im Kontext der Analyse der Entwicklungsge-

---

33 Siehe Egyedi (1993) zu daraus resultierenden Problemen im Fallbeispiel der Standardisierung
     von Telematik-Diensten.

34 Vgl. bspw. Thiemeyer (1975) zur Instrumentalisierung öffentlicher Unternehmen (Instrumen-
     talthese).

schichte von Telekommunikation und Rundfunk sowie in der Ableitung des Politikmodells für die Mediamatik eingehen.

Generell ist festzuhalten, daß der Begriff *Marktversagen*[35] eine Situation beschreibt, in der der Marktprozeß zu ökonomisch ineffizienten Ergebnissen führt, das Verhältnis von Mitteleinsatz und Ergebnis also nicht optimal ist, Güter und Dienstleistungen unter Marktbedingungen nicht im sozial optimalen Ausmaß produziert werden. Im Fall des elektronischen Kommunikationssektors sind es v.a. die Existenz von *natürlichen Monopolen*, *öffentlichen* und *meritorischen Gütern* sowie von *Externalitäten*, die zu Marktversagen führen:

- Ein natürliches Monopol (z.B. bei leitungsgebundener Telefonie im lokalen Bereich) ist ein Markt, in dem unter dem Gesichtspunkt makroökonomischer Effizienz nur für eine Firma Platz ist.[36]
- Öffentliche Güter (z.B. terrestrisches Fernsehen, nationale Sicherheit) unterscheiden sich von privaten Gütern (z.B. Schokolade) in den Eigenschaften der Produktionskosten. Bei öffentlichen Gütern sind sie unabhängig vom Konsum. Ob sie nun von einem oder von tausend Personen konsumiert werden, macht für die Produktionskosten nur einen geringen bis keinen Unterschied – der Konsum durch eine Person reduziert das Gut nicht.[37] Die Fixkosten sind also hoch, die marginalen Kosten jedoch gering. Im Fall des terrestrischen Fernsehens ist nicht nur das Produkt, sondern auch dessen Zustellung ein öffentliches Gut. Natürliche Monopole und öffentliche Güter brauchen oft den Schutz vor Wettbewerb und vor nicht bezahlenden Konsumenten (free riders).[38]
- Die meisten Medienprodukte sind darüber hinaus meritorische Güter. Merkmale dafür sind, daß ihre Produktion im gesellschaftlichen Interesse ist, daß sie unabhängig von Konsumentenpräferenzen angeboten werden und ihre marktmäßige Produktion und Konsumtion suboptimal bleiben.[39] Wieder läßt sich daraus die Notwendigkeit staatlicher Markteingriffe ableiten.

---

35   Zur Theorie des Marktversagens siehe Ledyard 1991.

36   Siehe dazu auch Abschnitt 2.1.

37   Der Konsum durch eine Person beschränkt nicht den gleichzeitigen Konsum durch andere Personen. Diese Eigenschaft wird auch als „Nicht-Rivalität" im Konsum bezeichnet; siehe Heinrich 1994, S.36.

38   Die free rider-Problematik läßt sich mit dem Charakteristikum der Nicht-Ausschließbarkeit erklären, beziehungsweise damit, daß der Ausschluß mit hohen Kosten verbunden ist (bspw. durch die Verschlüsselung von Signalen). Siehe Owen/Wildman 1992, S.23ff; Heinrich 1994, S.36ff; allgemein zu öffentlichen Gütern siehe Sandmo 1990.

39   Vgl. Kiefer 1996, S.21f; meritorische Güter aus dem Schulwesen und dem Gesundheitsbereich werden daher nicht nur staatlich unterstützt, sondern es gibt auch die Verpflichtung zur Konsumtion (Schulpflicht); zur Theorie und Diskussion meritorischer Güter siehe Musgrave 1987, Priddat 1992.

- Schließlich führen auch Externalitäten[40] zu Fehlallokationen, beispielsweise Netzexternalitäten bei Telekommunikations-Diensten, die u.a. mittels Subventionen (Universaldienst-Strategie[41]) gelindert werden können.
Im Fall von Netzexternalitäten übersteigt der soziale Nutzen eines
Anschlusses den individuellen Nutzen des Teilnehmers, da auch die restlichen Benutzer des Netzes von jedem zusätzlichen Anschluß profitieren. Bei
räumlichen Externalitäten wird die selbe Überlegung auf Regionen angewandt, d.h., daß der Infrastrukturausbau abgelegener Gebiete auch im Interesse der restlichen Regionen ist und – aufgrund von Marktversagen – Subventionen des Ausbaus daher gerechtfertigt erscheinen.[42] Weitere Externalitäten, die staatliche Eingriffe legitimieren, sind der Beitrag der Telekommunikation zur nationalen Sicherheit[43] und die (nicht-ökonomischen)
Effekte des Inhaltes von Massenmedien auf die Gesellschaft (Manipulati-
onsthese), insbesonders auch auf soziale und politische Werte wie etwa
Kommunikationsfreiheit und Datenschutz.[44] Die zweitgenannten externen
Effekte („informational externalities") dienen u.a. der Rechtfertigung von
Zensur, von Datenschutzbestimmungen, von öffentlich-rechtlichem Fern-
sehen und Quotenregelungen zum Schutz der nationalen Kulturen und
Identitäten.

Nicht nur der Marktprozeß kann zu Fehlallokationen von Ressourcen führen, sondern auch das staatliche Handeln – die Regulierung. In diesem Fall spricht man von
Staatsversagen, zu dem es im wesentlichen aufgrund der Durchsetzung von Partikularinteressen im politischen Prozeß kommt.[45]

Die ökonomischen Rechtfertigungsargumente für die *Liberalisierung* beruhen vorwiegend auf neoklassischen Theorien, deren wirtschaftspolitische Empfehlungen –
falls kein Marktversagen vorliegt – generell in Richtung Förderung von Wettbewerb weisen. Wie Bauer für die Telekommunikation und Grisold für den Medienmarkt zeigen, haben diese Empfehlungen methodische Schwächen, die v.a. in den
ihnen zugrundeliegenden idealtypischen Annahmen über den Markt zu suchen

---

40 Externalitäten sind Wirkungen auf unbeteiligte Dritte, die vom Verursacher nicht berücksichtigt
    werden, nicht in dessen Kosten-Nutzen-Kalküle einfließen; vgl. Heinrich 1994, S.38.

41 Siehe dazu Abschnitt 6.6.1.

42 Siehe Bauer 1993, S.21f.

43 Daraus lassen sich Beschränkungen des ausländischen Einflusses in der Telekommunikationsin-
    dustrie und Eingriffe in nationalen Notfällen ableiten.

44 Siehe Noll 1991, S.88f.

45 Siehe dazu Heinrich 1994, S.40. Das für den Kommunikationssektor relevante Spezialproblem
    des „regulatory capture" wird weiter unten diskutiert.

sind.[46] Die Annahme der neoklassischen Theorie, es gebe einen vollkommen kompetitiven Markt,[47] ist speziell im Telekommunikations- und Mediensektor Fiktion, u.a. aufgrund von economies of scale and scope, hohen Fixkosten und irreversiblen Kosten (sunk cost), wegen der Nicht-Homogenität des Gutes, der dualen Märkte und öffentlichen Güter.[48] Die neoklassischen Argumente bedürfen daher zumindest der Ergänzung durch politisch-ökonomische Ansätze, die die Interdependenz von Politik und Wirtschaft, v.a. die Interessenhintergründe und das politische Umfeld der Entscheidungsfindung, aber auch die Dynamik von historischen Entwicklungsprozessen berücksichtigen.[49]

In der Politischen Ökonomie sind zwei Gruppen von Ansätzen zu unterscheiden. Die einen orientieren sich an marxistischen und neo-marxistischen Theorien, die anderen, die als *Neue Politische Ökonomie* oder Public Choice-Ansätze zusammengefaßt werden, stehen in der Tradition der klassischen und neoklassischen Theorien.[50] Die Neue Politische Ökonomie wird in der Politikwissenschaft auch als *Ökonomische Theorie der Politik* bezeichnet, die Teiltheorien der Präferenzenaggregation, Verfassung, Demokratie, Bürokratie, der Interessengruppen und der Neuen Institutionellen Ökonomie umfaßt.[51] Während sich die Neoklassik auf die reine Ökonomie beschränkt und das Politische vernachlässigt, stellt die Neue Politische Ökonomie einen analytischen Zusammenhang zwischen Politik und Ökonomie her, indem politische Strukturen und Prozesse mit Hilfe eines wirtschaftswissenschaftlichen Instrumentariums erklärt werden. Wegen ihres zentralen Interesses an politischen Institutionen wird die Neue Politische Ökonomie auch als *Neue Institutionelle Ökonomie* bezeichnet.[52] Die Erweiterung der Neoklassik um die Analyse der

---

46   Siehe Bauer (1989) für den Telekommunikationsmarkt und Grisold (1994) für den Medienmarkt.

47   „Die Marktkräfte, die über den Preismechanismus Angebot und Nachfrage ins Gleichgewicht bringen, funktionieren dann perfekt, wenn wir es mit einem vollkommen kompetitiven Markt zu tun haben. Auf diesem stehen unendlich viele AnbieterInnen unendlich vielen Nachfragenden gegenüber, ohne daß einer der Akteure Macht auf den Markt ausüben könnte. Bei vollkommener Transparenz wird auf diesem perfektem Markt ein homogenes Gut gehandelt." Grisold 1994, S.309.

48   Siehe Grisold 1994, S.310ff. Zu den Grenzen der neoklassischen Theorie siehe auch North 1988, S.20ff.

49   Für einen Überblick über politisch-ökonomische Arbeiten zum Kommunikationssektor, deren gemeinsamer Fokus das Verhältnis von Produktion, Distribution und Konsumption ist, siehe Mosco 1996.

50   Vgl. Lehner 1990, S.212.

51   Für einen Überblick siehe Holzinger 1995.

52   Für einen Überblick zur Analyse von Institutionen siehe Göhler/Lenk/Schmalz-Bruns 1990, Göhler/Lenk/Münkler/Walther 1990; zur Theorie des institutionellen Wandels im Rahmen der Wirtschaftsgeschichte siehe North 1988, 1992; zur neuen Rolle des Staates Grande 1993.

Institutionen soll den Realitätsbezug der ökonomischen Annahmen steigern. Während Rehberg[53] den Begriff Institution wegen seiner „kaum zu präzisierenden Allgemeinheit" für problematisch hält, bietet North folgende Orientierung an:

> „Institutionen geben den äußeren Rahmen ab, in dem Menschen tätig werden und aufeinander einwirken. Sie legen die Beziehungen einerseits der Zusammenarbeit, andererseits des Wettbewerbs fest, die eine Gesellschaft und insbesondere eine Wirtschaftsordung ausmachen."[54]

Die ökonomische Erklärung von Institutionen erfolgt v.a. mit Hilfe des interdisziplinären *Transaktionskostenansatzes*, der sich aus der Rechts-, Wirtschafts- und Organisationstheorie entwickelte.[55] Seit den 60er Jahren wird Marktversagen auch auf Transaktionskostenprobleme zurückgeführt.[56]

> „Eine Transaktion findet statt, wenn ein Gut oder eine Leistung über eine technisch trennbare Schnittstelle hinweg übertragen wird."[57]

Die Transaktionskosten sind die „Reibungskosten" bei den Übergängen (Informationskosten etc.), die möglichst gering zu halten sind. Ein Hauptzweck der ökonomischen Institutionen des Kapitalismus ist daher laut Williamson Transaktionskosten einzusparen.[58] Der Transaktionskostenansatz ist als Zusatz und nicht als Ersatz anderer Ansätze zu verstehen. Die Neue Institutionelle Ökonomie kann beispielsweise als Ergänzung der für den Kommunikationssektor zentralen *Ordnungstheorie* gesehen werden, wenngleich sie sich nicht zur Ableitung ordnungspolitisch erwünschter institutioneller Arrangements eignet. Ribhegge kritisiert, daß in der neuen Institutionenökonomik das (einzelwirtschaftliche) Effizienzziel (Minimierung der Transaktionen) im Vergleich zu anderen gesellschaftlichen Zielen verabsolutiert wird. Die Ordnungstheorie orientiert sich im Gegensatz dazu an der gesamtwirtschaftlichen Effizienz. Demgemäß sind hohe Transaktionskosten mitunter erwünscht, um gesellschaftlich unerwünschte Vertragsabschlüsse zu erschweren.[59] Die Neue Institutionelle Ökonomie ist jedoch, speziell in Kombination mit Posi-

---

53 Rehberg 1990, S.115.

54 North 1988, S.207.

55 Zur Transaktionskostentheorie siehe Williamson 1990; zu den Anfängen („soziale Kosten", Eigentumsrechte) Coase 1960; für einen Überblick Williamson/Masten 1995a,b; zur Anwendung für die Analyse der Regulierungspolitik im Telekommunikationssektor siehe Ghertman/Quélin 1995.

56 Siehe Williamson 1990, S.IX.

57 Williamson 1990, S.1.

58 Für die Argumentation, daß die Senkung der Transaktionskosten (z.B. durch Deregulierung) auch negative Auswirkungen auf die Transaktion haben kann, siehe Henseler/Matzner 1994, S.260ff.

59 Vgl. Ribhegge 1991, S.38, 46.

tiver Politischer Theorie, für das Studium der ökonomisch/politischen Entwicklung und Reform geeignet.[60]

Nicht nur in der Ökonomie und Politik wird ein Theoriedefizit, die Institutionenanalyse betreffend, beklagt,[61] auch für die *Kommunikationswissenschaft* stellt McQuail im Schlußwort seines Überblicks über Massenkommunikationstheorien fest:

> „Theory of media institutions is still relatively primitive, and there is much scope for development (...)"[62]

Die Analyse des Wandels im Kommunikationssektor als Paradigmenwechsel richtet das Interesse insbesonders auf *Institutionen*. Denn ein zentrales Merkmal des Paradigmenwechsels ist, daß sich die bestehenden Institutionen nicht mehr zur Problemlösung eignen. Auf unseren Untersuchungsgegenstand angewendet bedeutet das, daß die Institutionalisierung der Politik und Regulierung in der Mediamatik neu zu gestalten ist. Daher intendiert diese Studie, die Probleme der dem alten Paradigma adäquaten Regulierungsinstitutionen und Kompetenzverteilungen aufzuzeigen und Optionen einer neuen Institutionalisierung vorzuschlagen, die den heutigen Problemstellungen besser entsprechen.[63]

Für das Verständnis der Mediamatik und für die Formulierung einer adäquaten Politik ist die Klärung der Frage nach begründbaren *Markteingriffen* von Interesse. Eine Annäherung bietet sich über die Funktionen des Staates an. Die liberale politische Ökonomie legt folgende drei Staatsfunktionen fest:[64]

* Die Regelung von Eigentums- und Verfügungsrechten als Grundvoraussetzung für die Entwicklung von Märkten
* die Vermeidung und Kompensation von Marktversagen
* die Produktion und Verteilung von Gütern, die über den Markt nicht oder nicht effizient produziert werden können.

Markteingriffe in den elektronischen Kommunikationssektor werden – wie weiter oben bereits ausgeführt – v.a. aus den beiden letztgenannten Staatsfunktionen abgeleitet, aber auch aus der ersten.[65] Zur Erfüllung der Staatsaufgaben sind *Institutio-*

---

60 Williamson 1995, S.XXIV.
61 Siehe bspw. Beiträge in Göhler/Lenk/Schmalz-Bruns 1990; Williamson/Masten 1995a,b; Bauer 1989.
62 McQuail 1994, S.384.
63 Siehe dazu Kapitel 6.
64 Lehner 1990, S.215.
65 Eigentums- und Verfügungsrechte müssen im elektronischen Kommunikationssektor v.a. für die Benutzung des Spektrums (Frequenzen) geregelt werden.

nen notwendig, insbesonders die Regulierungsinstitution, über deren Beschaffenheit die Theorie wenig aussagt. Die institutionalistische Sichtweise richtet den Blick nicht nur auf die Marktstruktur und die Marktbeziehungen, sondern auch auf deren Wechselwirkung mit anderen gesellschaftlichen Institutionen – was sich gerade bei der Analyse des stark politisch-kulturell geprägten Kommunikationssektors als notwendig erweist. Seit den 70er Jahren, beeinflußt durch Stiglers[66] Theorie der ökonomischen Regulierung, wird schwerpunktmäßig auch der Frage nach den politischen Gründen der Regulierung nachgegangen.[67] Für die Analyse der Regulierung im elektronischen Kommunikationssektor werden nachfolgend Anleihen aus der weitgehend akzeptierten *„Public Interest"-Theorie* sowie der *„Capture"-Theorie* genommen. Die konkrete Regulierungspolitik bewegt sich zwischen diesen beiden Extrempositionen. Sie resultiert aus einer Mischung von „Public"- und „Special Interest"-Positionen.[68] Die Public Interest-Theorie geht von Marktversagen bei der Verfolgung des öffentlichen Interesses aus. Daher habe der Staat korrigierend einzugreifen, um das öffentliche Interesse zum Wohl des Konsumenten und zur Steigerung der sozialen Wohlfahrt zu forcieren. Das Problem der Anwendung dieser Theorie ist, daß das öffentliche Interesse[69] schwer festzulegen und dessen Erreichung schwer zu überprüfen ist. Die Capture-Theorie geht davon aus, daß die Regulierungsinstitution im Interesse der von ihr regulierten Industrie agiert. Das kann bereits durch Gesetzesformulierungen festgelegt sein[70] oder sich erst durch lange enge Bindungen mit der Industrie entwickeln.[71] Die Capture-Theorie ist daher insbesonders bei der Formierung einer adäquaten Regulierungsinstitution für die Mediamatik zu berücksichtigen, um Staatsversagen in der Regulierung zu vermeiden. Defizite bei der Erreichung von Regulierungszielen im amerikanischen Kommunikationssektor wurden beispielsweise auch darauf zurückgeführt, daß die Federal Communications Commission (FCC) von der Industrie vereinnahmt wurde.[72]

---

66   Stigler 1971.

67   Für einen Überblick siehe Noll 1989.

68   Vgl. dazu Brock 1994.

69   Zum öffentlichen Interesse im elektronischen Kommunikationssektor siehe Smith 1989.

70   Es wird von der Annahme ausgegangen, daß sich die Politiker vom Ziel der Maximierung von Wählerstimmen leiten lassen, daher gut-organisierte Gruppierungen bevorzugen und das „öffentliche Interesse" hintanstellen.

71   Für die Diskussion verschiedener Regulierungstheorien siehe Priest 1993; zur Capture-Theorie siehe Stigler 1971, Peltzman 1976; für eine Kritik der Ansätze siehe Bauer 1989, S.100ff.

72   Vgl. OTA 1989, S.85.

„Regulatory agencies, faced with a technological or economic threat to their client industries, tend to sacrifice consumer interests to business interests. This pattern has been observed many times in American regulatory history, not only in communications, but also in transportation, securities, insurance, and banking regulation."[73]

Dem Gehalt nach der Capture-Theorie ähnlich, jedoch dem Ansatz der *„symbolischen Politik"* beziehungsweise der *„Politik als Ritual"* folgend, kommt Edelman zu dem Schluß, daß die Bürger – die angeblichen Nutznießer der Regulierung – kaum Einfluß auf die Politik haben, die staatliche Regulierung vielmehr der von ihr kontrollierten Industrie Vorteile bringe, den Verbrauchern aber bloß „symbolische Befriedigungen".[74] Als Beispiel dient ihm das Versagen der FCC bezüglich Ausgewogenheit, Machtkonzentration, Informationswert etc. in der amerikanischen Rundfunkregulierung, wobei die Regulierungskommission ihr (gewolltes) Versagen mittels symbolischer, rein verbaler Beschwichtigungen zu übertünchen wußte. Zu erfolgreichen Regulierungen komme es demnach nur, wenn die Interessen der Beamten mit den Regulierungsinteressen übereinstimmen. Wenn die staatlichen Marktregulierungen auch nur wenige der proklamierten öffentlichen Interessen durchsetzten, so gäben sie den theoretisch vorgesehenen Nutznießern zumindest das Gefühl, vertreten zu werden. Ergänzend zur Capture-Theorie bietet der Ansatz der „symbolischen Politik" also Hinweise, mit Hilfe welcher Mechanismen die Politik in jene Richtung lenkt, in die sie gehen will. Täuschungen und Irreführungen mittels Symbolismen werden somit zum „politischen Geschick".[75] In diesem Zusammenhang ist auch Ginsbergs Analyse der öffentlichen Meinung von Interesse. Er argumentiert, die (scheinbare) Empfänglichkeit demokratischer Regierungen für die öffentliche Meinung stärke schlußendlich die Staatsmacht.[76]

Schließlich bietet auch die *Netzwerkanalyse* [77] Hinweise auf die Technikentwicklung, die Politikformulierung und den Regulierungsprozeß im Kommunikationssektor. Durch die in der sozialwissenschaftlichen Technikforschung angewendete *„Policy Network Analysis"* werden – qualitativ und quantitativ – politische, soziale und ökonomische Beziehungsgeflechte von Personen und Organisationen erfaßt. Die Netzwerkanalyse gibt Hinweise zum besseren Verständnis der realen Politik des Sektors, v.a. auch des Entscheidungsfindungsprozesses. Sie erweist sich daher gerade im stark politisch beeinflußten Kommunikationssektor als wertvoll.

---

73   Owen/Wildman 1992, S.213f.

74   Edelman 1990; zur symbolischen Politik siehe auch Sarcinelli 1987.

75   Vgl. Edelman 1990, S.XIV, 3, 20, 34ff.

76   „Citizens became overwhelmingly receptive to governmental intervention in economy and society because their rulers seemed so responsive to opinion." (Ginsberg 1986, S.230)

77   Für theoretische Ansätze und Anwendungsbeispiele siehe Marin/Mayntz 1991.

1.4. Leitbilder, Mythen und Metaphern

Einen ersten Zugang zum besseren Verständnis des gegenwärtigen Transformationsprozesses im Kommunikationssektor bietet die Analyse der inflationär auftauchenden Metaphern, Mythen, Leitbilder und Visionen, die in der politischen, medialen und wissenschaftlichen Diskussion einen prominenten Platz einnehmen und Aufschlüsse über den kognitiv bereits erfaßten Paradigmenwechsel geben. Welche Bedeutung haben sie? Inwieweit lassen sie eine gemeinsame Sichtweise erkennen und welche Aspekte der Veränderung werden hervorgehoben? Für die Analyse des Paradigmenwechsels und der Mediamatik erscheint es also sinnvoll, das wesentlich von staatlichen Institutionen und der Industrie geprägte öffentliche Verständnis der Veränderungen im Kommunikationssektor zu erfassen und in den nachfolgenden Kapiteln mit wissenschaftlichen Analysen zu kontrastieren.[78]

Leitbilder, Mythen und Metaphern prägen das allgemeine Verständnis moderner Kommunikation und beeinflussen die politisch-ökonomische Gestaltung des Kommunikationssektors. Sie haben die Funktion, technische und politische Entwicklungen visionär zu leiten sowie bei Politikern und der Bevölkerung ein Problemverständnis zu schaffen und Unterstützung zu bekommen. Sie dienen der Beeinflussung der öffentlichen Meinung und sollen die Akzeptanz für die Verfolgung spezifischer Interessen erhöhen. Mit Hilfe der metaphorischen Sprache wird durch die begriffliche Anbindung an bereits Bekanntes (Autobahn —> Datenautobahn) ein spezifisches Verständnis des Neuen generiert und gleichzeitig geprägt.

Wie bereits Schumpeter formulierte, ist der Wille der Bevölkerung schlußendlich das Produkt und nicht die Antriebskraft des politischen Prozesses.[79] Unterstützt und weitergeführt wird diese Aussage durch Edelmans Analyse der symbolischen Politik,[80] welche besagt, daß die Regierung die öffentliche Meinung prägt und durch symbolische Politik die wahren Zustände oft zu verschleiern sucht. Der Staat bestimme – trotz Erosionserscheinungen – zentral die Zukunfterwartungen von Menschenmassen, indem er Deutungsangebote liefert, denen keine gleichwertig mächtigen Deutungen gegenüberstehen. Das Beeinflussungspotential von Regierungen auf die Wahrnehmung ist dementsprechend hoch, wobei sie sich unter anderem Mythen und Metaphern bedienen:

---

78 Die Grundlage der folgenden Ausführungen bilden theoretische Überlegungen zur Bildung und des Einflusses öffentlicher Meinung. Siehe dazu Ginsberg 1986.

79 Schumpeter 1970, S.263 (zitiert in Ginsberg 1986, S.153).

80 Vgl. Edelman 1990.

„Mythen und Metaphern dienen dazu, komplizierte und verwirrende Beobachtungen auf einen einfachen Sinnzusammenhang zu reduzieren."[81]

Deshalb sind sie auch im speziellen für die technisch-ökonomischen Neuerungen im Kommunikationssektor in Verwendung. Die Aufgabe und Kompetenz der *Wissenschaft* dagegen ist es, Mythen durch Fakten zu ersetzen. So gesehen befinden sie sich im Konflikt mit der Politik, deren Interesse häufig die Beibehaltung des Mythos ist.[82] Die Massenmedien haben in diesem Prozeß eine Gatekeeper- und Vermittlerrolle. Je kapitalintensiver das Kommunikationssystem, desto stärker wird die Bedeutung der Wirtschaftsmacht für die Meinungsbildung.[83]

Die Diskussion des zukünftigen gesellschaftlichen Kommunikationssystems wird meist in vage Vorstellungen über den Wandel zur sogenannten „Informationsgesellschaft" eingebettet und großteils mit Vergleichen und Analogieschlüssen aus der Verkehrsinfrastruktur geführt. Das belegen die bevorzugten Schlagworte Information Superhighway, Infobahn und Datenautobahn. Bei genauerer Betrachtung fällt auf, daß die verwendete Terminologie inkonsistent ist, daß keine allgemein akzeptierten Definitionen von Begriffen wie Informationsgesellschaft, Nationale und Globale Informationsinfrastruktur, Information Superhighway, Multimedia und Cyberspace existieren.[84] Deren unhinterfragte Verwendung – ein Merkmal von Mythen – verschleiert die dahinterstehenden Interessen und Zielrichtungen; durch die massenhafte Verwendung wird eine spezifische, einseitige Sichtweise generiert, die Probleme und Widersprüche mitunter verdeckt.

Weltweit haben sich ähnliche Begriffe etabliert, wobei aber nationale Präferenzen zu beobachten sind. In den USA verwendet man von politischer Seite die Begriffe „National Information Infrastructure" (NII) und „Information Superhighway", die die Entwicklung des gesamten elektronischen Kommunikationssektors umfassen. Die EU-Kommission bevorzugt hingegen „Informationsgesellschaft", womit die Berücksichtigung der weitläufigen gesellschaftlichen und sozialen Aspekte bei der Gestaltung der Kommunikationssysteme signalisiert werden soll.[85]

---

81   Edelman 1990, S.146.

82   Edelman 1990, S.109. Er verweist aber auch darauf, daß Wissenschafter ebenfalls für Mythen anfällig sind, insbesonders in jenen Bereichen, in denen ihnen die Kompetenz fehlt.

83   Vgl. Ginsberg 1986.

84   Zum widersprüchlich verwendeten Begriff Multimedia als „Haßwort, Buzzword und Chiffre" siehe Böhle 1995; für verschiedene Ansätze der Erklärung, der Definition und von Auswirkungen des Cyberspace siehe Benedikt 1991, Waffender 1991, Faßler/Halbach 1994, Bolhuis/Colom 1995.

85   Experteninterviews mit Vertretern der EU-Kommission, Februar 1995.

Die „*National Information Infrastructure*" (NII)-Idee wurde von der US-Computerin-
dustrie kreiert, die nach Ende des Kalten Krieges von Kürzungen der Rüstungsaus-
gaben betroffen war und sich durch Initiierung der NII einen neuen Investitions-
schub erhoffte. Der Anstoß kam von dem 1989 gegründeten „Computer Systems
Policy Projects" (CSPP)-Konsortium, das sich aus 13 Computerfirmen zusammen-
setzte und u.a. dem damaligen Senator Al Gore Gesetzesinitiativen zum Ausbau der
Informationsinfrastruktur unterbreitete.[86] Die NII-Initiative fand in Al Gore, der das
Schlagwort „Information Superhighway" hinzufügte, einen kongenialen Promotor
auf politischer Ebene. Als Motiv für die Wahl der Highway-Metapher wird US-
Vizepräsident Al Gore unterstellt, er wolle an die Aktivitäten seines Vaters, ebenfalls ein US-Politiker, anschließen, der in den 50er Jahren maßgeblich am Ausbau
des Interstate Highway-Systems in den USA mitgewirkt hatte.[87]

Eine von Partikularinteressen geleitete Präferenzsetzung ist auch bei der Wahl zwischen Informationsinfrastruktur und Information Highway zu beobachten. Etliche
Industrievertreter bevorzugen bewußt den politisch neutralen Infrastrukturbegriff, da
sie fürchten, der Vergleich mit dem Highwaysystem würde ungewollte Analogieschlüsse eines starken politischen Einflusses auf Errichtung und Regulierung des
Sektors fördern. Die Firmen wollen die Entwicklung weitestgehend dem Markt
überlassen und das bereits mit der Wahl von Leitbild und Metapher ausdrücken und
unterstützen.

Für Sektoren, deren Entwicklung noch nicht absehbar ist und für die es auch noch
kaum Erfahrungen gibt, wird häufig ein Politikmuster aus ähnlich scheinenden
Bereichen übernommen. Die Bedeutung der Wahl von Metaphern und *Analogieschlüssen* für die weitere Entwicklung von Sektoren sollte daher auch für die
Mediamatik nicht unterschätzt werden. Sie kann am Beispiel der frühen Geschichte
des Telefons in den USA illustriert werden. Der Telegraf und später auch das Telefon wurden ursprünglich oft mit der Eisenbahn verglichen und folglich auch als
„common carrier" analog der Eisenbahn reguliert. Telegraf und Telefon wurden
nicht als Nachfolger der Printmedien gesehen, ihre Funktion der Verbreitung
gesprochener Sprache blieb im Hintergrund, vergleichbar den räumlichen Aspekten
der Mediamatik in der gegenwärtigen Diskussion. Das hatte insofern bedeutende
Auswirkungen auf die Entwicklung des Telefons, als in der zukünftigen Rechtspre-
chung betreffend Telefon[88] ausschließlich auf Common Carrier-Gesetze Bezug
genommen wurde. Das für die Zeitungsregulierung im First Amendment der US-
Verfassung festgeschriebene Recht auf freie Meinungsäußerung, aufgrund dessen bis

86   Siehe Fleissner 1995, S.8ff.
87   Vgl. Dutton/Blumler/Garnham/Mansell/Cornford/Peltu 1994, S.6.
88   So bspw. bei der restriktiven Lizenzvergabe, aber auch bei der Inhaltsregulierung.

heute der staatliche Einfluß im Zeitungswesen minimiert wird, findet bei der Telefonie keine Anwendung.[89]

Die dominanten Schlagworte der Entwicklung des elektronischen Kommunikationssektors können als *Leitbilder* der Entwicklung eingeordnet werden,[90] als

> „identifizierbare, komplexe Zielvorstellungen (…) deren prägnante Aussageform, Gestaltcharakter oder Bildhaftigkeit entwicklungs- oder konstruktionsleitend wirken können".[91]

Der Begriff Informationsgesellschaft ist demnach als Makroleitbild einzustufen. Es beschränkt sich nicht auf eine einzelne Technik und einen spezifischen Aspekt ihrer Entwicklung, Organisation und Anwendung, sondern repräsentiert vielmehr ein ganzes Bündel an Erwartungen. Auf dieser sehr allgemeinen Ebene bleiben die Begriffe vage, es fehlt die Angabe der Kriterien, anhand derer der Zielerreichungsgrad meßbar ist. Es kann daher bezweifelt werden, daß sich bereits von dieser Ebene der Visionen eine detaillierte, entwicklungsleitende Wirkung ableiten läßt, die über das Niveau von Analogieschlüssen hinausgeht.

Die Analyse der Initiativen im Kommunikationssektor macht auch deutlich, daß ein Großteil der Gestaltung des zukünftigen Kommunikationssystems noch unklar ist: die Architektur der technischen Infrastruktur, die nachgefragten Anwendungen und die staatlichen Eingriffe – die Regulierung des Kommunikationssektors im engeren Sinn. Jedes Hinterfragen zeigt die Unbestimmtheit der verwendeten Begriffe, die „Inhaltsleere" beziehungsweise unbegrenzte Flexibilität möglicher Inhalte. Selbst in Fachkreisen findet man kaum zwei übereinstimmende Interpretationen. All das verleitet zur Hypothese, daß Makroleitbilder wie die Informationsgesellschaft oder der Information Highway als Teil der symbolischen Politik des Kommunikationssektors bloß Einverständnis suggerieren und über die Fachkreise hinaus ein positives Bild schaffen sollen, das die Akzeptanz erhöht – auch indem gewisse Problemfelder verdeckt werden. Die Untersuchung der „Hidden Agenda", der dahinterstehenden Interessen, wird daher eine der Aufgaben der folgenden Analyse sein.

---

89 Vgl. Pool 1983, S.102ff; „In decisions about common carriers the First Amendment had simply disappeared." (Pool 1983, S.105) Eine Veränderung ergibt sich erst aufgrund des von US-Telefonfirmen erlangten Rechts zum Angebot von Inhalten, das ihnen bis Mitte der 90er Jahre verwehrt war.

90 Zur Problematik von Leitbildansätzen in der Technikforschung siehe Hellige 1995a,b; Dierkes/Hoffmann/Marz 1992.

91 Hellige 1994a, S.428.

1.5. „Wandermythos" Informationsgesellschaft

Bei der Analyse des Makroleitbildes Informationsgesellschaft ist weiters zu beachten, daß es sich dabei um die Rückkehr eines Jahrzehnte alten Begriffes im neuen
Gewand handelt, der aufgrund bisheriger Erfahrungen der Gruppe „notorisch fehlschlagender Wandermythen"[92] zugeordnet werden kann.

Die letzten Jahrzehnte waren von einer Fülle von Konzepten zum gesellschaftlichen
Wandel geprägt, wobei jeweils anderen Schwerpunkten unterschiedliche Bezeich-
nungen zugeschrieben wurden. Beispiele für Charakterisierungen der „neuen"
Gesellschaft sind: Knowledge Economy (Machlup 1962), Global Village (McLuhan
1964), Post-Industrial Society (Touraine 1971, Bell 1973), Superindustrial Society
(Toffler 1971), Information Economy (Porat 1977), Telematic Society (Nora/Minc
1978), und Third Wave (Toffler 1980).[93] Beniger stellt eine verstärkte Sensibilität
bezüglich des gesellschaftlichen Wandels in der zweiten Hälfte des 20. Jahrhunderts
fest.[94] Während der Übergang zur sogenannten Industriegesellschaft, die Industrielle
Revolution des 18. Jahrhunderts, erst nach einem Jahrhundert als solche erkannt
und analysiert wurde, existiert bereits jetzt eine lange Liste an Konzepten, die sich
auf die Veränderungen durch den in den 40er Jahren kommerziell eingeführten
Computer beziehen. Die Wortschöpfung „Informationsgesellschaft", eigentlich
„joho shakai", wird dem Japaner Tadao Umesao im Jahr 1963 zugeordnet,[95] wobei
derartige Festlegungen freilich umstritten und dementsprechend sensibel sind. So
behauptet etwa der Medienkünstler Nam June Paik, Bill Clinton habe ihm seine
Idee des Electronic Super Highway gestohlen, da er die selbe Terminologie benutze
wie Paik bereits im Jahr 1974, als er der Rockefeller Foundation die Errichtung des
„Electronic Super Highway" vorschlug, der New York und Los Angeles mit einem
breitbandigen Telekommunikationsnetz verbinden sollte.[96]

Zurück zu den frühen Konzepten über die Informationsgesellschaft. Der Begriff
bezog sich ursprünglich auf Erwartungen im Zusammenhang mit der Entwicklung
des Computereinsatzes, verschwand unerfüllt, taucht seither immer wieder parallel
zu technischen Innovationen auf und ist in der Regel inhaltlich stark umstritten.
Die Ansätze der empirischen Fassung der Informationsgesellschaft bedienten und

---

92 Der Ausdruck ist von Hellige (1993) entlehnt, der ihn für jene Leitbilder verwendet, die in der
    Technikgeschichte immer wieder auftauchen und unerfüllt verschwinden.
93 Für einen Überblick siehe Beniger 1986, S.4f.
94 Vgl. Beniger 1986.
95 Kleinsteuber 1996a, S.6; siehe auch Ito 1981.
96 Siehe Paik 1995.

bedienen sich der Statistik der Informationsberufe,[97] deren Anteil an der Gesamtbe-schäftigung – trotz aller Definitionsprobleme – als zentraler statistischer Indikator des gesellschaftlichen Wandels gilt. Der Anteil der Informationsberufe ist im Laufe der letzten Jahrzehnte in sämtlichen Industrieländern stark angewachsen, wie in der folgenden Abbildung 1 am Beispiel Österreichs illustriert wird.

Abbildung 1: Anteil der Informationsberufe an der Gesamtbeschäftigung in Österreich, 1951-1991

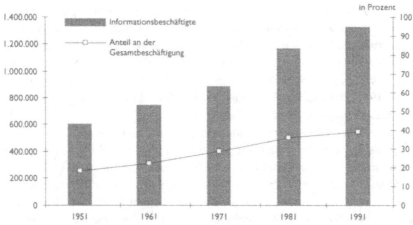

Anm.:   Zu den Informationsberufen zählen: Informationsproduzenten (Wissenschaft und Technik, Marktsuche und -koordination, Informationssammler, Beratungsdienste, andere Informationsproduzenten), Informationsverarbeiter (Verwaltung und Management, Prozeßsteuerung und Überwachung, Büroangestellte und ähnliche), Informationsverteiler (Ausbildner, Kommunikationsbeschäftigte) und Infrastrukturbeschäftigte (Informationsmaschinenbetreuer, Post und Telekommunikation).

Quelle: Daten aus Schmoranz 1980, Sint 1996

Demnach sind die Informationsberufe[98] von 18 Prozent im Jahr 1951 auf 39 Prozent im Jahr 1991 angewachsen. In den USA näherte sich der Anteil an Informationsberufen bereits in den 80er Jahren der 50 Prozent-Marke.[99] Die Zunahme der verschiedenen Informationsberufe variiert innerhalb des Mediamatik-Sektors beträchtlich. Während sich bei den PTOs (Public Telecommunications Operators) im Zuge des derzeitigen soziotechnischen Wandels ein negativer Nettoeffekt abzeichnet, werden v.a. in den sogenannten „Copyright-Industries" – in der Produktion und im Vertrieb von Inhalten – Zuwächse erwartet.[100]

---

97   Zu frühen Versuchen der empirischen Fassung des Informationssektors siehe Machlup 1962, Porat 1977. Für einen Überblick über verschiedene Theorien und Bestimmungsfaktoren der Informationsgesellschaft siehe Webster 1995.

98   Entsprechend einer OECD-Klassifikation (siehe die Anm. zur Abbildung 1).

99   Siehe Beniger 1986, S.24.

100 Zur Copyright-Industrie werden all jene Unternehmen gezählt, die an der Produktion und Distribution von Information in verschiedensten Darstellungsformen arbeiten, seien es Filme, Musik, Bücher etc. (vgl. OECD 1995b).

Hamelink charakterisiert die Informationsgesellschaft als *Mythos* – als Geschichte, mittels der uns die Welt erklärt wird:

> „In contemporary society – almost worldwide – a powerful myth is being persuasively told by numerous story-tellers. It is the myth of the information society."[101]

Er plädiert für eine Untersuchung des Inhalts des Mythos auf zwei Ebenen, und zwar sowohl bezogen auf seinen Realismus als auch auf seine Ideologie. Denn das entscheidende Charakteristikum des Mythos ist laut Edelman,

> „(...) daß er gläubig hingenommen und unermüdlich kolportiert wird – und daß er als solcher Konsequenzen hat – wenn auch nicht die, die er selbst formuliert".[102]

Mythen und Metaphern sind nicht zuletzt dadurch gekennzeichnet, gewisse Wahrnehmungen zu verstärken und andere zu behindern.[103] Die schwerpunktmäßig in den 80er Jahren geführten Auseinandersetzungen um den Charakter des gesellschaftlichen Wandels und seine sozialen Auswirkungen bleiben in der Debatte der 90er Jahre um die „Informationsgesellschaft der Information Superhighways" im Hintergrund. Ob es sich um einen evolutionären oder revolutionären Wandel handelt, ob es eine kontinuierliche oder diskontinuierliche Entwicklung ist, ob die industrielle Produktionsweise damit verschwindet oder ausgedehnt wird, ob die Beschäftigungsstatistik als zentraler Indikator für den Grad der Zielerreichung heranzuziehen ist, all das scheint heute nicht mehr von Interesse zu sein.[104] Die Diskussion der 80er Jahre wurde innerhalb des Wissenschaftsbereiches prominent geführt und behandelte folglich andere Themen, als dies in der stark von der Politik vorangetriebenen mythischen Neuaufnahme der Fall ist.

Die Informationsgesellschaft der 90er Jahre läßt sich auf die technokratische Formel: <Multimedia + NII = Informationsgesellschaft>[105] reduzieren. Sie ist mit neuen Schwerpunktsetzungen und einer neuen Interessenkonstellation ausgestattet. Der politisch massiv vorangetriebene Informationsgesellschaft-Mythos soll Akzeptanz und Unterstützung für umfassende Reformen schaffen, v.a. für die rasche Liberalisierung des Sektors, mit all den damit verbundenen Auswirkungen für Konsumenten, Industrie und Politik. Die Beschleunigung des Liberalisierungsprozesses ist das zentrale Thema der „Hidden Agenda". Mit den Leitbildern Informationsgesellschaft, National Information Infrastructure etc. werden vor allem, aber nicht nur ökonomische Hoffnungen geweckt. Die Empfänglichkeit gegenüber der mythischen

---

101 Hamelink 1986, S.7.

102 Edelman 1990, S.4.

103 Vgl. Edelman 1990, S.147.

104 Zur wissenschaftlichen Auseinandersetzung um den Charakter der Informationsgesellschaft in den 80er Jahren siehe Traber 1986; Schement/Lievrouw 1987; Cohen/Zysman 1987.

105 Siehe Böhle 1995.

Deutung wird durch die transportierten Profitaussichten gesteigert.[106] Weltweit wird mit Hilfe der Mythen von der Informationsgesellschaft auch eine beträchtliche gesellschaftliche Problemlösungskapazität suggeriert. In Japan soll beispielsweise das Problem der rasch alternden Bevölkerung in den Griff bekommen werden, in den USA erhofft man sich eine Verbesserung des Schul- und Bildungssystems und in Europa steht der Zusammenhang der Information Highways mit der Reduktion von Arbeitslosigkeit im Vordergrund. Im Gegenzug sind auch einige soziale Probleme zu lösen: die sich vergrößernde Kluft zwischen Information-Habenden und Habenichtsen, Probleme des Daten- und Konsumentenschutzes sowie des Schutzes des geistigen Eigentums.[107] Die Schwerpunktsetzungen in den Ländern variieren je nach sozio-ökonomischen Rahmenbedingungen oder spezifischem Problemdruck. Die lange Liste der positiven Erwartungen ist jedoch in den einzelnen Ländern weitgehend deckungsgleich. Neben den bereits zitierten Beispielen inkludieren sie auch Verbesserungen bei Umweltschutzproblemen und im Gesundheitsbereich.[108] Schließlich wird durch die Information Highways auch eine demokratisierende Wirkung[109] erwartet, v.a. eine verstärkte Mitbestimmung auf lokaler Ebene. Mit anderen Worten, im Makroleitbild Informationsgesellschaft sind weitere Leitbilder beziehungsweise eine ganze „Leitbildfamilie"[110] der Tele-Demokratie, der Tele-Arbeit, des Tele-Unterrichts, des Tele-Einkaufens etc. verschachtelt. Dabei handelt es sich ebenfalls um altbekannte Zielvorstellungen, die aufgrund ihrer Geschichte, der periodischen Wiederkehr im Zusammenhang mit der Einführung von neuen Diensten wie Bildschirmtext, ISDN und interaktivem KATV – und dem jeweils folgenden Scheitern –, ähnlich wie die Informationsgesellschaft als notorisch fehlschlagende Wandermythen eingestuft werden können.

Die Sichtweise der Informationsgesellschaft als notorisch fehlschlagender Wandermythos läßt sich auch durch Länderstudien empirisch belegen. So zeigt Kubicek für Deutschland, daß es bereits Mitte der 70er und 80er Jahre zu Informationsgesellschafts-Initiativen kam, die aber scheiterten. Der erste Versuch konzentrierte sich auf Datenkommunikation und Zweiweg-KATV, der zweite auf „Fiber-To-The-Home" (FTTH), also die Glasfaserverkabelung der Privathaushalte.[111]

---

106 Vgl. Edelman 1990, S.108.

107 Siehe dazu Abschnitt 6.4.3.

108 Im Gesundheitsbereich sollen vor allem auch die administrativen Kosten durch Tele-Dienste gesenkt werden.

109 Siehe dazu Abschnitt 1.7.

110 Vgl. Hellige 1993, S.204.

111 Vgl. Kubicek 1996a.

Warum sollten sich diese Leitbilder gerade im derzeitigen Anlauf verwirklichen lassen und nicht abermals scheitern? Erfolg oder Scheitern scheint zumindest für Teilbereiche der Visionen eine Frage des Zeithorizonts, des zugestandenen Zeitrahmens zu sein. Der aber blieb bisher – mit Ausnahme Japans – in den nationalen Visionen und Strategieplänen zur Zukunft der elektronischen Kommunikation extrem vage.[112] Bei der Einschätzung der *Realisierungschancen* der Strategiepläne in Richtung Informationsgesellschaft ist zu beachten, daß sich die wirtschaftlichen Kontrahenten um den weltweiten Zukunftsmarkt in ihren Erwartungen auch gegenseitig aufschaukeln und mit den publizierten Erwartungen mitunter Propaganda betrieben wird. Die Analyse der Strategieprogramme der Triade USA, EU, Japan belegt, daß sie sich bereits auf der Ebene der Visionen, Leitbilder und Pläne konkurrenzieren. Die marktdominierende japanische Telefonfirma NTT gab schon im Jahr 1990 ihre Vision vom Information Highway unter dem Titel „Visual, Intelligent&Personal Service" bekannt. Diese sieht die komplette Glasfaserverkabelung aller japanischer Haushalte innerhalb von zwanzig Jahren vor, beginnend mit 1995. Die USA reagierte auf diese Firmenvision mit der politisch-medialen Forcierung der NII-Initiative, die 1992, unmittelbar nach dem Wahlsieg Bill Clintons, schwerpunktmäßig einsetzte. Weitere zwei Jahre später veröffentlichte das japanische Post- und Telekommunikationsministerium (MPT) einen noch ehrgeizigeren nationalen Plan zur Informationsinfrastruktur-Entwicklung – als Basis einer „Intellectually Creative Society". Alles in Glasfaser, lautete vorerst die Devise, also technisch noch fortschrittlicher, kapazitätsstärker und auch teurer als die auf hybride Netze abzielenden US-Pläne. Auch in der EU kam es, angeregt durch die politisch-medialen Offensiven der USA und Japans, im Jahr 1994 zur Festschreibung von Visionen und Strategien, die den Weg in Richtung europäischer und globaler Informationsgesellschaft vorzuzeichnen begannen, wobei die „Verbesserung" im Vergleich zu den bereits früher vorgelegten Initiativen der wirtschaftlichen Konkurrenten in der stärkeren Berücksichtigung sozialer Aspekte liegen soll.

Die Vision von der Informationsgesellschaft ist zwar Mitte der 90er Jahre dominant, jedoch nicht alle Autoren lassen diesen Begriff im Zuge des aktuellen Transformationsprozesses im Kommunikationssektor und dem daraus resultierenden gesellschaftlichen Wandel wieder aufleben. Anders formuliert: Nachdem Industrie, Politik und Medien nun das Jahrzehnte alte Konzept als Mythos aufgegriffen haben, schlagen etliche Wissenschafter bereits eine veränderte Sichtweise und neue Begrifflichkeit vor, die nun auch die Konvergenz von Computer, Telekommunikation und Massenmedien berücksichtigt.

---

112   Zur japanischen Informationsinfrastruktur-Strategie siehe Latzer 1995c und Abschnitt 3.3.

Koelsch beklagt, daß der aus den 70er Jahren stammende Begriff Informationsgesellschaft zur Ära der Mainframe-Computer paßt:

> „The Information Age is as obsolete as 20-year-old computers."[113]

Und plädiert für die Berücksichtigung des Konvergenzaspektes. Negroponte spricht von einem „Post-Information Age", welches sich von den alten Visionen einer Informationsgesellschaft deutlich abhebt.[114] Während der Begriff der Informationsgesellschaft auf den frühen Errungenschaften des Computers aufbaute, sind es im Post-Information Age v.a. die Fortschritte der Artificial Intelligence, der Virtual Reality und der Konvergenztrend, die den Charakter des neuen Zeitalters prägen. Der Unterschied liegt nach Negroponte in der stärkeren Veränderung der Zeit- und Raumaspekte und der Personalisierung[115] im Post-Information Age. Poster beschreibt einen Umbruch zum „Second Media Age", der sich durch die Verwirklichung des Information Highway, durch Internet und Virtual Reality-Anwendungen vollzieht.[116] Während die linearen Massenmedien Zeitung und Rundfunk das „First Media Age" dominierten, sind es nun die nicht-linearen, diffusen, vielfältigen neuen Kommunikations-Dienste à la Internet, die – unter der Auflage, daß sie sich unbeschränkt entfalten können – das „Second Media Age" einleiten. Damit werden die traditionellen Realitäten, Identitäten, nationale Souveränitäten und Eigentumsrechte des „First Information Age" in Frage gestellt. Während also der Informationsgesellschaftsbegriff schwerpunktmäßig der mythischen Interpretation einer symbolischen Politik anheim gefallen ist, wird auf akademischer Ebene an einer den aktuellen Entwicklungen adäquaten Begrifflichkeit gearbeitet.

1.6. Information HYPEway

Bei all der gegenseitigen Aufschaukelung und Konkurrenzierung auf der Ebene der weltweiten Leitbilder und Pläne stellt sich die Frage, inwieweit es sich bei den derzeit von Politik, Wirtschaft und Medien propagierten Visionen und Plänen zum Information Highway um „Hype" handelt, also um „Luftblasen", oder in der anderen Wortbedeutung von Hype um einen „Trick" zur Durchsetzung partikulärer Inter-

---

113   Koelsch 1995, S.XV.

114   Siehe Negroponte 1995.

115   „Thinking of the post-information age as infinitesimal demographics or ultrafocused narrow-casting is about as personalized as burger Kings´s „Have It Your Way". True personalization is now upon us. (...) machine´s understanding individuals with the same degree of subtlety (or more than) we can expect from other human beings (...)" (Negroponte 1995, S.164f)

116   Siehe Poster 1995.

essen, beipielsweise zur Initiierung gewaltiger Investitionen in den Infrastruktur-ausbau ohne entsprechenden Bedarf. Ist es ein „Information HYPEway", an dem gearbeitet wird?

Für die Einordnung als „Hype" sprechen die astronomischen Marktprognosen im multimedialen Info-Kommunikationssektor, etwa in Japan, wo für das Jahr 2010 ein Markt in der Größe von 123 Billionen Yen vorhergesagt wird.[117] Zweifelhaft, interessengeleitet und ohne empirische Evidenz erscheinen auch die weltweit von staatlicher und suprastaatlicher Seite kolportierten positiven Arbeitsmarkteffekte des Information Superhighway. Ein zentraler Kritikpunkt an der Vision des Information Superhighway basiert auf dem Umstand, daß die Vorhersagbarkeit der Entwicklung zukünftiger Anwendungen äußerst gering ist.[118] Die von Politik, Industrie und Medien kolportierte Vision des Information Highway ignoriert diese Prognose-schwäche und tendiert somit zum Hype.

Die Überzeichnung von Prognosen, etwa bei der Nachfrage nach breitbandiger, mul-timedialer Kommunikation, aber auch der positiven politisch-gesellschaftlichen Auswirkungen, ist vorerst als interessengeleitet zu interpretieren: als Argument für Investitionen in den Sektor und als Ansporn für eine raschere Liberalisierung der nationalen Telekommunikations- und Rundfunkmärkte.

Der dringende Bedarf an einem Information Highway wird auch mit astronomisch hohen und gleichzeitig dubiosen Benutzerzahlen des Internet suggeriert:

> „But nobody knows the actual number of networked users."[119]

Von zwei Marktschätzungen aus dem Jahr 1994 wird von Seiten der Politik, der Industrie und der Medien nur die von Mark Lotter verbreitet, der von sich jährlich verdoppelnden 20 Millionen Teilnehmern spricht, nicht aber die Analyse von John Quarterman, der die Internetbenutzer auf fünf Millionen schätzte, wobei die Hälfte von ihnen das Internet angeblich nur minimal nutzten.[120]

Die Strategie überoptimistischer Prognosen birgt auch Gefahren, wie die Technik-geschichte im Bereich der Kommunikationstechnologie, etwa bei der Bildschirm-text-Einführung (Btx), belegt.[121] Will man aus der Technikgeschichte lernen, sollte

---

117 Das ist bei rund 100 Millionen Einwohnern ein Markt von 1,23 Mio Yen (rund 12.300 US-Dollar) pro Person. (Zur Kritik der Prognose siehe Abschnitt 3.3.)

118 Zur Prognoseschwäche siehe Abschnitt 4.1.

119 Stoll 1995, S.16.

120 Stoll 1995, S.16f. Zur internationalen Internetbenutzung (basierend auf „optimistischen" Annahmen) siehe Abbildung 21 in Abschnitt 4.3.2.2.

121 Siehe dazu Abschnitt 4.1.

dies auch durch die Analyse gescheiterter Strategien geschehen. Mit Bildschirmtext wurde Anfang der 80er Jahre die Integration der Privathaushalte in den elektronischen Massenmarkt angestrebt. Die auf dem Information Highway wiedergekehrte Leitbildfamilie Tele-Arbeit, Tele-Einkaufen, Tele-Unterrichten, Tele-Banking, Tele-Spielen und Tele-Lernen tauchte damals auf und verschwand weitgehend unerfüllt.

1.7. Teledemokratie und Telelobbying

Mit den Schlagworten „Teledemokratie" und „Cyberdemocracy" wird ein kausaler Zusammenhang zwischen Information Highway und Demokratisierung hergestellt. Meist wird postuliert, daß ein positiver Zusammenhang existiert und die verstärkte Telematisierung unweigerlich eine Demokratisierung nach sich zieht. Es drängt sich jedoch die Vermutung auf, daß derlei Argumentation – etwa von US-Vizepräsident Al Gore – Teil der oben bereits angesprochenen pauschalen Rechtfertigungs- und Motivationsstrategie für Investitionen in den Information Superhighway ist. Entgegen der technikdeterministischen Demokratisierungsthese ist zu betonen, daß Demokratisierung ein politischer und kein technischer Prozeß ist, daß ebensowenig wie der Computereinsatz zwangsläufig zur Überwachung, der Mediamatik-Einsatz automatisch zur Demokratisierung führt. Eine Gesellschaft mit Brieftauben und Rohrpost kann demokratischer sein als jene mit Internet und glasfaserverkabelten Haushalten. Für die Demokratisierung sind in erster Linie der politische Wille, die politische Praxis und daraus resultierende Institutionen ausschlaggebend, nicht die technischen Kommunikationswerkzeuge. Das soll nicht heißen, daß die zur Verfügung stehende Kommunikationsinfrastruktur irrelevant ist – im Gegenteil, sie ist für die Umsetzungschancen von politisch motivierten Demokratisierungsschritten höchst relevant. Hier – auf der Ebene der Realisierbarkeit und Effizienz von politisch gewollten Entwicklungen – macht es einen Unterschied, ob Brieftauben oder interaktive Tele-Dienste zur Verfügung stehen. Im Sinne des sanften technologischen Determinismus[122] kann festgehalten werden, daß verschiedenartige Demokratisierungsschritte nicht mit allen Kommunikations-Diensten gleich gut unterstützt werden können. Je nach der konkreten Zielsetzung sind unterschiedliche Eigenschaften von Diensten, wie Ausmaß an Interaktivität, öffentliche Zugänglichkeit, Qualifikationsvoraussetzungen für die Benutzung oder auch der Verbreitungsgrad des Dienstes von Interesse. Es ist folglich falsch, von vornherein zu behaupten, daß allein die gesteigerte Interaktivität der Mediamatik-Dienste entscheidende demokratisierende Wirkung hat. Ein lokaler, nicht-interaktiver Radiosender oder ein lokales

---

122   Siehe Abschnitt 1.2.

KATV-System, zu dem sämtliche Gruppierungen (Minderheiten etc.) ein verbrieftes Recht des Zugangs haben (offene Kanäle), kann – trotz der reinen Verteilfunktion – weitaus stärkere demokratisierende Wirkung haben als ein voll interaktiver Internet-Dienst, der nur von Eliten genutzt wird. Technischen Innovationen, insbesonders Tele-Diensten, kommt keine deterministische Kraft bezüglich gesellschaftlicher Entwicklungen zu, sie wirken vielmehr – abgestuft nach ihren spezifischen Eigenschaften – als Trendverstärker[123] für politisch und wirtschaftlich gesteuerte Entwicklungen.

Ein zentrales Problem in der Diskussion der Teledemokratie ist der vage *Demokratiebegriff*. Die politische Theorie bietet eine Fülle von Interpretationen an, eine einheitliche Lehrmeinung und allgemein anerkannte Definition fehlen.[124] In der Diskussion der Cyberdemocracy müßte daher präzisiert werden, wie hier Demokratisierung verstanden wird. Ist damit die Partizipation der Bürger und Bürgerinnen am politischen Prozeß gemeint, die Mehrheitsherrschaft, allgemeine Wahlen, Pluralismus, Öffentlichkeit, die Gewaltenteilung oder der Meinungswettbewerb? Die Bedeutung von Tele-Diensten für derart unterschiedliche Inhalte des Demokratiebegriffs variiert beträchtlich. So macht es einen wesentlichen Unterschied, ob Tele-Dienste zur Schaffung von Öffentlichkeit oder für Abstimmungen eingesetzt werden sollen. Für die Schaffung einer möglichst breiten Öffentlichkeit eignet sich das reine Verteilmedium Fernsehen, das nicht einmal die Beherrschung der Kulturtechniken Lesen und Schreiben voraussetzt, weitaus am besten. Gesteigerte Interaktionsmöglichkeiten und Demokratisierung sind nicht kausal miteinander verbunden.

Eine hilfreiche Unterscheidung ist, ob mit elektronischen Kommunikations-Diensten die *repräsentative* oder die *direkte Demokratie* verbessert werden soll. Im Zusammenhang mit Erwartungen bezüglich elektronischer Abstimmungen zur Förderung der direkten Demokratie ist zu beachten, daß deren Ausbau politisch umstritten ist, insbesonders deren höchstmögliche Ausreizung – der „permanente Plebiszit" mittels technischer Hilfsmittel – kann nicht als generelles demokratiepolitisches Ziel postuliert werden. Darüber hinaus ist zu berücksichtigen, daß im Fall der politisch gewollten Stärkung direkter Demokratie mittels elektronischer Abstimmungen den Manipulations- und Kontrollmöglichkeiten Tür und Tor geöffnet werden. Im Vergleich zum traditionellen Wahlvorgang bieten sich dafür weitaus mehr Möglichkeiten an.

Die Praxis der Anwendung von interaktiven, internetartigen Diensten in dieser frühen Phase läßt vermuten, daß sie sich als zusätzliche *Lobbying-Instrumente* inner-

---

123 Zur Telekommunikation als Trendverstärker siehe Kubicek 1996b.
124 Für einen Überblick siehe Guggenberger 1995.

halb der repräsentativen Demokratie etablieren. So wird aus den USA kolportiert, daß Gesetzesentwürfe durch massives Internet-Lobbying erfolgreich torpediert wurden. In Erweiterung einer Aussage McLuhans formuliert Grossman:

> „,Gutenberg made everybody a reader. Xerox made everybody a publisher' – today interactive telecommunications make everybody a lobbyist."[125]

Dabei ist jedoch nicht berücksichtigt, wer nun wirklich zum Lobbyist wird, wer die neuen Tele-Dienste derart einsetzt. Die internetartigen Tele-Dienste stehen in der Tradition von Kommunikationsdiensten, mit denen in der Regel die Durchsetzungskraft der Interessen der Eliten im politischen Prozeß gestärkt wurde. Dies ist nicht nur durch die (monetären und qualifikatorischen) Beschränkungen der Verfügbarkeit und Verwendung der neuen Tele-Dienste bedingt. Auch bei weiterer Verbreitung und unter der Annahme, daß sich internetartige Dienste als Universaldienste etablieren, bleibt die Wirkung aufrecht, daß Massenmedien generell dazu verwendet werden, Massenmeinungen zu bilden, die sich an den schichtspezifischen Interessen der Mittel- bis Oberschicht orientieren. Auch die Verwendung von sogenannten alternativen Untergrundmedien ist den überdurchschnittlich Qualifizierten vorbehalten. Weiters ist zu bedenken, daß bei kapitalintensiveren Medien die Verbindung von Wirtschaftsmacht mit der öffentlichen Meinungsbildung zusätzlich ansteigt.[126]

1.8. Autobahn und Raum

Wie oben bereits ausgeführt wurde, schaffen die verwendeten Metaphern die Anbindung des Unklaren und Unbekannten an das Vertraute und beeinflussen somit das Wahrnehmungsmuster. So werden gewisse Aspekte betont und andere vernachlässigt, es wird eine selektive Wahrnehmung gefördert. Die Telekommunikation wird meist als *Infrastruktur*, als *Leitungssystem* verstanden. Konkret wird sie als Verkehrs- und Transportsystem für Informationen dargestellt, eben als „Information Superhighway", in Analogie zu den amerikanischen Highways, oder als „Infobahn", in Anlehnung an die deutschen Autobahnen, die als besonderen Anreiz keine generellen Tempolimits kennen.

Daß die Wahl von Leitbildern und Metaphern einen bedeutenden Unterschied ausmachen kann, soll nachfolgend anhand einer anderen Sichtweise des elektronischen Kommunikationssystems gezeigt werden. In den 80er Jahren hat sich neben dem Bild als Leitungssystem auch eine räumliche Sichtweise etabliert. Ausgangspunkt

---

125 Grossman 1995, S.23f.
126 Vgl. dazu Ginsberg 1986.

des räumlichen Leitbildes sind die Science Fiction-Romane von William Gibson,[127] in denen er eine räumliche Vision des zukünftigen Kommunikationssystems entwickelte und u.a. den Begriff Cyberspace prägte. In diesem „elektronischen Raum", der auch unter dem Begriff „Netzwelt"[128] analysiert wird, existieren elektronische Märkte, und es werden verschiedenste Tele-Dienstleistungen angeboten. Das Räumliche impliziert, daß darin Kommunikationsprozesse, also soziale Interaktionen stattfinden.[129] In Analogie zum physischen Raum entwickeln die Benutzer Lieblingsplätze, also bevorzugte Aufenthaltsorte. Das können spezifische Diskussionsecken sein, interaktive Spiele oder Kaufhauskataloge, wo die Benutzer einem Teil ihrer täglichen Lebensgestaltung bzw. -bewältigung nachgehen.

Während die Leitungs-Metapher für elektronische Kommunikation die wirtschaftliche Bedeutung in den Vordergrund rückt, indem sie den Infrastrukturcharakter betont, unterstützt die sozio-räumliche Metapher das Verständnis des Zusammenspiels von technischem Design, staatlicher Regulierung und dem Benutzerverhalten im elektronischen Raum.[130] Die sozio-räumliche Metapher eignet sich auch besser zur Erklärung kommunikationsspezifischer und sozialer Aspekte, etwa für die Aufgabe, Daten- und Konsumentenschutzprobleme über den Kreis der Experten hinaus zu transportieren. Weiters kann mit räumlichen Metaphern das qualitativ Neue an der Mediamatik herausgearbeitet werden, nämlich das Entstehen eines „objektiv" erfahrbaren, nicht-materiellen Raumes, der im Unterschied zum Telefondienst auch unabhängig vom jeweiligen Kommunikationspartner bestehen bleibt und gestaltbar ist.

Sowohl in den Medien als auch in der Politik dominiert jedoch das Leitbild des Information Superhighway, sozio-räumliche Metaphern sind im Zusammenhang mit Strategieprogrammen zur zukünftigen Gestaltung des elektronischen Kommunikationssektors die Ausnahme. Zu einem beträchtlichen Teil ist es ein „Information Hypeway" geworden. Dabei ist das Superhighway-Bild nicht zuletzt deswegen unangebracht, weil die technische Entwicklung und Realisierung verstärkt auf eine Diversifizierung in Richtung eines „Netzes von Netzen" abzielt.[131] Die ursprüngliche Vision eines monolithischen, integrierten Breitbandnetzes tritt in den Hintergrund.[132]

---

127 Siehe etwa Gibson 1984, 1986.

128 Hoffmann (1995) spricht beispielsweise von einer „Netzwelt" Internet.

129 Zur Diskussion des elektronischen Raumes vgl. Samarajiva/Shields 1993.

130 Siehe Samarajiva/Shields 1993.

131 Siehe dazu Abschnitt 4.3.1.3.

132 Das vor allem von den PTOs und ihrer Hauptlieferanten propagierte Leitbild ist aus deren Interessenlage heraus erklär- und nachvollziehbar: Die PTOs könnten sich im Falle der Realisierung eines allumfassenden Breitbandnetzes auch in einem zukünftig liberalisierten Umfeld noch einer zentralen Rolle sicher sein.

Die Attraktivität des Leitbildes Information Superhighway kann mit folgenden zwei Eigenschaften begründet werden: *Einfachheit* und *Vieldeutigkeit*.[133] Mittels der Analogie zur Autobahn können sich auch sämtliche Laien eine – wenn auch falsche – Vorstellung von komplexen Kommunikationssystemen machen. Hinzu kommt, daß der Begriff so vieldeutig und offen ist, daß sämtliche Gruppierungen, je nach ihrer Ausrichtung, eigene – ihnen genehme – Interpretationen anstellen können. Das gleiche gilt auch für die prognostizierten Anwendungen. Das mediale Echo von Diensten korreliert nicht unbedingt mit ihrer realen Bedeutung. Video-on-Demand (VOD) ist eher ein Liebkind der Medien als von aktueller Bedeutung für Industrie und Benutzer; LAN (Local Area Network) -Vernetzungen und EDI (Electronic Data Interchange) -Anwendungen strahlen geringere Attraktivität aus, auch wenn ihnen im Rahmen des gesellschaftlichen Kommunikationssystems mehr Bedeutung zukommt. Die Komplexität der verschiedenen Varianten von VOD, die technischen Probleme und restriktiv hohen Kosten bleiben in der Diskussion unberücksichtigt. Das Bild des Videos auf Abruf ist vorerst leicht verständlich und v.a. vielseitig interpretierbar.

Im Hinblick auf die Analyse der Konvergenz von Telekommunikation und Rundfunk erscheint es aus kommunikations-, sozial- und gesellschaftspolitischen Überlegungen heraus angebracht, den räumlichen Charakter verstärkt zu betonen, Anleihen bei der Architektur bezüglich der Einbeziehung sozialer und kommunikativer Aspekte zu nehmen, anstatt schwerpunktmäßig mit der Analogie zum Straßenbau und -verkehr zu agieren.

Im physischen Raum sind Raumplaner, Architekten und die dafür verantwortlichen Politiker zentral mit der Gestaltung befaßt und beeinflussen somit auch die sozialen Interaktionen im Raum. Beispiele dafür sind Einkaufszentren, wo mittels Architektur den Besuchern die Konsumtion vereinfacht werden kann, die Gestaltung von Wohnanlagen, durch die Interaktionsmöglichkeiten von sozialen Gruppen, etwa von Kindern und Jugendlichen abgesteckt werden, oder die Planung und Ausstattung öffentlicher Einrichtungen (Gebäude, Straßen und öffentliche Plätze) in einer Weise, die zur Mobilität und somit zur Integration von Behinderten beiträgt. Ähnlich verhält es sich auch im elektronischen Raum.

Vergleichbar mit den Architekten und Raumplanern sind es im elektronischen Raum Techniker, Manager, Medien- und Kommunikationspolitiker, die die soziale Interaktion im elektronischen Raum, beispielsweise in elektronischen Einkaufszentren beeinflussen. Der Zugang zum elektronischen Raum und die Nutzung der Angebote wird zentral über monetäre und nichtmonetäre Variablen gesteuert, über

---

133   Vgl. Dutton/Blumler/Garnham/Mansell/Cornford/Peltu 1994, S.6.

die Gebührenstruktur, die Benutzerfreundlichkeit, die notwendigen Fertigkeiten für die Benutzung etc. Neben dem Zugang wird die Überwachung und Kontrolle des elektronischen Raumes festgelegt, die Unterteilung des Cyberspace in öffentlichen und privaten Raum.

Einflußmöglichkeiten bieten sich über die Gestaltung der Netze und Dienste und durch staatliche Regulierungen, die das Angebotspektrum und die Zugangsmöglichkeiten regeln.[134]

Im Unterschied zu anderen Sektoren wird gerade bei der Gestaltung des Cyberspace von „Virtual Communities" dem „Bottom-Up-Approach" ein vergleichsweise hoher Stellenwert zugeschrieben.[135] In den USA sind es v.a. „grassroots"-Bewegungen[136], die seit Jahrzehnten Pionierleistungen bezüglich der Gestaltung des elektronischen Raumes erbringen und neben den wirtschaftlichen Aspekten auch gesellschaftspolitische Ziele forcieren. Die Cyberspace-Aktivisten können mit der frühen Grünbewegung verglichen werden. Es formiert sich demnach eine „kommunikationsökologische"[137] Bewegung, die sich vermehrt in der staatlichen kommunikationspolitischen Diskussion zu Wort meldet und gesellschaftspolitische Themen besetzt, die von staatlicher Seite mit ihrer Konzentration auf die Errichtung von „Datenautobahnen" bisher vernachlässigt wurden. Im Zuge der Ausdehnung des Cyberspace auf Massenmärkte, bei zunehmender politischer Attraktivität des elektronischen Raumes ist anzunehmen, daß die traditionellen politischen Akteure auch die kommunikationsökologischen Themen – ähnlich wie das auch im Umweltbereich geschieht – zu vereinnahmen suchen.

---

134 Zum Beispiel mittels der Variation der Benutzerfreundlichkeit und der staatlichen Inhaltsregulierung.

135 Vgl. Rheingold 1993, Bolhuis/Colom 1995.

136 Beispielsweise die 1990 gegründete Electronic Frontier Foundation (EFF, siehe <http://www.eff.org>) und die Computer Professionals for Social Responsibility (CPSR).

137 Zur Notwendigkeit einer „Kommunikationsökologie" siehe Mettler-Meibom (1987). Das Ziel kommunikationsökologischer Ansätze ist die Analyse der Vernetzung jenseits der Unterteilung in wissenschaftliche Disziplinen. Zentrale Themen sind Risiken und Gestaltungsmöglichkeiten des Kommunikationssystems (vgl. auch Mettler-Meibom 1992).

2. Entwicklungsschritte im elektronischen Kommunikationssektor

Die Entwicklungsgeschichte des elektronischen Kommunikationssektors läßt sich in zwei Phasen unterteilen:
- die Entstehung und Etablierung der getrennten Subsektoren Telekommunikation und Rundfunk
- die Konvergenz der Subsektoren in Richtung Mediamatik.

Im ersten der folgenden Abschnitte werden die Unterschiede zwischen Telekommunikation und Rundfunk (Technik, politische Ziele, Regulierung etc.) im traditionellen Kommunikationssektor zusammengefaßt und erläutert, während im zweiten Teil des Kapitels der Konvergenztrend erklärt und mögliche Hemmnisse analysiert werden. Es soll gezeigt werden, daß die traditionellen Unterscheidungsmerkmale in der Mediamatik nicht mehr zutreffen, und erörtert werden, welche neuen dominanten Charakteristika sich abzeichnen.

2.1. Genese: Telekommunikation und Rundfunk

Vor mehr als 150 Jahren begann die Epoche der elektrischen Telegrafie und in der Folge die des Telefons. Die elektrische Telekommunikation setzte sich Mitte des 19. Jahrhunderts im Wettbewerb mit optischen Telegrafennetzen aufgrund der besseren ökonomischen Verwertbarkeit durch. Der Telekommunikationssektor, oft auch als Fernmeldewesen bezeichnet, entwickelte sich um die beiden Dienste Telegrafie und Telefon.[1] Die Bedeutung des elektrischen Telegrafen wurde bald von jener des Telefons überflügelt, das in den USA Ende der 70er Jahre des 19. Jahrhunderts und in Österreich ein Jahrzehnt später kommerziell eingeführt wurde.[2] Trotz der starken Diversifikation des Diensteangebots während der folgenden hundert Jahre blieb der

---

1   Die Vorteile der elektrisch vermittelten Kommunikation lagen v.a. in der Unabhängigkeit von Witterung und Sicht, aber auch in der höheren Übertragungsdichte und -geschwindigkeit. Zur geschichtlichen Entwicklung der Telekommunikation siehe Oberliesen 1982, Eurich 1991, Flichy 1991. Zur optischen Telegrafie auch Holzmann/Pehrson 1994.

2   Ein wesentlicher Nachteil des Telegrafen lag in der notwendigen Verschlüsselung der Nachricht, während für das Telefonieren keine Spezialkenntnisse erforderlich waren. Siehe Aronson 1977.

Sprachtelefondienst mit einem Einnahmenanteil von 80 bis 90 Prozent der gesamten Diensteinnahmen des Sektors der ökonomisch bedeutendste Teilmarkt.[3] Zum Telekommunikationssektor werden die Fernsprech- und Datennetzbetreiber, die Anbieter von Diensten über diese Netze sowie die Produktionsfirmen von Übertragungs-, Vermittlungs- und Endgerätetechnik gezählt.

Die Geschichte des *Rundfunks* begann in den 20er Jahren, etwa ein halbes Jahrhundert später als jene der Telekommunikation, mit der kommerziellen Einführung des Radios. Die Bezeichnung Rundfunk weist auf die verwendete drahtlose Distributionstechnik hin. Der Rundfunksektor wurde – nach Experimenten in den 30er Jahren – in den 40er Jahren in den USA beziehungsweise in den 50er Jahren in Europa um Schwarzweißfernsehen erweitert; in den 60er Jahren begann der Umstieg auf Farbfernsehen.[4] In den USA wurde bereits 1948, schon bald nach dem drahtlosen Fernsehen, auch *Kabelfernsehen (KATV)* kommerziell eingeführt, in Österreich wieder ein Jahrzehnt später.[5] KATV wurde in der Regel dem Rundfunksektor zugeordnet, blieb jedoch ein Grenzgänger zwischen den beiden Sektoren. Aus technischer (da kabelgebunden) und somit teils auch aus regulatorischer Perspektive sind Aspekte der Telekommunikation vorherrschend; seine gesellschaftliche Funktion, die transportierten Inhalte sowie die reine Verteilfunktion sprechen für die Zuordnung zum Rundfunk.[6] Als weiterer Distributionskanal kam schließlich die *Satellitenkommunikation* hinzu, wobei die ersten kommerziellen Satelliten-TV-Systeme in den 70er Jahren in Betrieb genommen wurden. Der Rundfunksektor kann in die Bereiche Produktion und Distribution unterteilt werden. Gemeinsam mit der Industrie um die Verteilmedien Kino, Videokassette und CD-ROM bildet er den *audiovisuellen Sektor (AV)*, in dem die Werbewirtschaft aufgrund der spezifischen Finanzierungsstruktur des Rundfunks eine zentrale Rolle einnimmt.

In Abbildung 2 ist der traditionelle elektronische Kommunikationssektor schematisch dargestellt. Weltweit setzte sich eine weitgehend *übereinstimmende Struktur* durch.

---

3   Zur Entwicklung und gesellschaftlichen Bedeutung des Telefons siehe Pool 1977, Forschungsgruppe Telekommunikation 1989, 1990a, 1990b, 1991.

4   Die ersten kommerziellen Fernsehstationen wurden in den 30er Jahren in Großbritannien in Betrieb genommen.

5   Die gesetzliche Grundlage, die in Österreich dem Telekommunikationsrecht zuzuordnen ist, aber auch Rundfunkbestimmungen enthält, wurde erst 1977 geschaffen. (Zur Entwicklung von KATV in Österreich siehe Latzer 1996a.)

6   Die rechtliche Definition des Rundfunks schließt beispielsweise in Österreich Kabelfernsehen mit ein (siehe BGBl.Nr.396/74).

Abbildung 2:   Schematische Darstellung des traditionellen elektronischen Kommunikationssektors

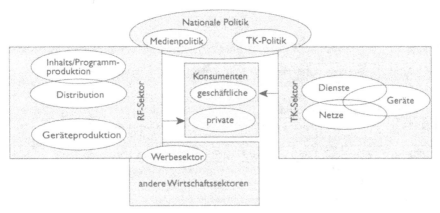

RF   Rundfunk
TK   Telekommunikation

Die Gemeinsamkeiten und Überschneidungen zwischen Telekommunikation und Rundfunk waren gering, elektronische Kommunikation wurde weder in der Politik noch in der volkswirtschaftlichen Analyse als ein Sektor behandelt. Die Gemeinsamkeiten beschränkten sich darauf, daß in beiden Bereichen vorerst analoge Technik verwendet wurde, im Unterschied zur Digitaltechnik des Computersektors. Weiters war ihnen die starke staatliche Einflußnahme gemeinsam, da in beiden Bereichen der Marktzutritt (Monopol) und die Gebühren staatlich reguliert wurden. Die Überschneidungen der beiden Subsektoren beschränkten sich im operativen Bereich darauf, daß die Distributionsnetze des Rundfunks zum Teil von den PTOs (Public Telecommunications Operator) betrieben wurden.[7] In Österreich werden beispielsweise die Rundfunkgebühren vom PTO eingehoben, und der PTO verwaltet auch die Gebührenbefreiungen, die nach den selben Kriterien vergeben werden wie die Telefongebührenbefreiungen.[8]

In den meisten europäischen Ländern wurde die Telekommunikation organisatorisch mit der bereits weitaus früher institutionalisierten Briefpost zusammengelegt, weltweit wurde das Regulierungsmodell („Common Carrier") der Briefpost und

---

7   In Österreich werden die Rundfunksender von der öffentlich-rechtlichen Rundfunk-Anstalt ORF betrieben.

8   Die Nutzung derartiger Synergieeffekte muß im Rahmen der aktuellen politisch-organisatorischen Reformen auf eine neue Basis gestellt werden.

Eisenbahn übernommen.[9] Die in Tabelle 1 stichwortartig zusammengefaßte frühe Telekommunikationsgeschichte Österreichs zeigt das dominante Muster der Entwicklung in Europa.

Tabelle 1:   Eckpfeiler der frühen österreichischen Telekommunikationsgeschichte

1847	• Die erste Telegrafenverbindung wird von der Eisenbahngesellschaft zw. Wien und Brünn errichtet. • Mittels des „Telegrafenregals" wird sie noch vor der Fertigstellung zum Staatsmonopol erklärt.
1852	• (Brief-)Post- und Telegrafendirektionen werden organisatorisch zusammengelegt.
1881	• Das erste Telefonnetz wird von Privatunternehmen errichtet.
1887	• Die Telefonie wird durch die Interpretation als „Telegraf mit akkustischen Apparaten" in den Monopolbereich eingegliedert.
1893-95	• Verstaatlichung der privaten Telefonfirmen.

Die Herausbildung getrennter Subsektoren für Telekommunikation und Rundfunk (siehe Abbildung 2) ist nicht allein mit den unterschiedlichen Einführungszeitpunkten von Telekommunikations- und Rundfunk-Diensten schlüssig erklärbar und war auch nicht von vornherein absehbar. Telekommunikationsfirmen, aber auch die Post (z.B. in Großbritannien) betrachteten den aufkommenden Rundfunk als „natürliche" Erweiterung ihrer Geschäftsfelder. Die größte US-Telefonfirma, die American Telephone and Telegraph Company (AT&T), besaß anfänglich auch Radiostationen, verkaufte diese jedoch aus strategischen Überlegungen. AT&T versuchte Anfang der 20er Jahre auch Radio als Common Carrier zu betreiben. Dementsprechend stellte AT&T nur die Leitungen, jedoch nicht das Programm zur Verfügung. Das Experiment scheiterte – das Muster, daß Rundfunkfirmen auch das Programm anbieten, setzte sich durch.[10] Es waren v.a. wirtschaftlich-strategische Kalküle, die schließlich den Rückzug von AT&T aus dem Rundfunkgeschäft bewirkten. Die damals größte Rundfunkfirma der USA, die Radio Corporation of America (RCA), zeigte Ambitionen, auf der Basis ihrer terrestrischen Funknetze in das Telefongeschäft einzusteigen. Dies führte schließlich zu dem Kompromiß, daß AT&T und RCA sich auf ihre Kerngeschäfte zurückzogen, um einen möglicherweise ruinösen Wettbewerb zu vermeiden.[11]

---

9   Das aus Großbritannien stammende Common Carrier-Prinzip bezieht sich auf das Angebot öffentlicher Dienste, wurde für den Transportsektor entwickelt und zielt auf faire Zugangsbedingungen ab. (Zur Geschichte und Analyse der Common Carrier-Regulierung siehe Noam 1994b.)
10   Siehe Pool 1983, S.35.
11   Vgl. Kellner 1990, S.37ff.

Tabelle 2:   Dominante Charakteristika der Telekommunikations- und Rundfunk-
              sektoren: Unterscheidungsmerkmale im alten Paradigma

	TK-spezifisch	RF-spezifisch
Technik:	• Vermittlungsnetze • kabelgebunden • Kupfer-Zweidraht	• Verteilnetze • Funk, terrestrisch • Koaxialkabel (KATV)
Kommunikations- struktur:	• Individualkomm. (eins zu eins) • interaktiv (Zweiwegkomm.) • synchron (Sprache) + asynchron (Daten)	• Massenkommunikation (eins zu viele) • distributiv (Einwegkomm.) • synchrone Übertragung
Benutzerkontrolle:	• hoch	• niedrig
Organisation:	• falls Inhalt, dann von Distribution getrennt	• Inhalt (Programm) und Distribution integriert
Institutionalisierung:		
Verteilung:	• PTT (1) meist in öffentlicher Hand (Europa)	• RF-Unternehmen meist öffentlich-rechtlich (Europa)
Regulierung:	• integriert mit Betrieb (PTO) (3) • getrennt von RF (4)	• getrennt von Betrieb; in Behörde, Ministerium • getrennt von TK (4)
Politische Ziele:	• Universaldienst in geringerem Ausmaß: • Beschäftigung (2) • nationale Technikentw. (2)	• öffentlicher Rundfunk • politische Ausgewogenheit • kulturelle Identität • Vielfalt
Regulierung:		
Modell:	• Common Carrier (5)	• originäres RF-Modell
Ansatz/Form:	• als Wirtschaftsgut • technikzentriert • Marktzutritt (Monopol, Lizenzen) • Preis	• als Kulturgut • inhaltszentriert (6) • Marktzutritt (Monopol, Duopol) • Preis • Inhalt (Jugendschutz, Werbung, Copyright)
Rechtfertigung/ kollektive Ziele:	• effiziente Infrastruktur • fairer Zugang • nationale Sicherheit	• kulturelle Identität, Vielfalt, Bildung, Jugendschutz
gesellsch. Funktion/ Konsumenten:	• geschäftl. Kommunik. • geschäftl.+priv.Nutzung	• Freizeit/Unterhaltung/ Kultur/Bildung • private Nutzung
Tarifierung:	• Grundgebühr + zeit- und distanzabhängige Nutzungsgebühr (7)	• nutzungsunabhängige Grundgebühr
Finanzierung:	• TK-Gebühren	• RF-Gebühren,Werbung + Spenden
zentrale gesellschaft- liche Bedeutung:	• ökonomisch: hoch durch Umsatz, Gewinn und Beschäftigung; Vorleistungen; Koordinationsfunktion	• Unterhaltung • Kultur/Bildung

KATV   Kabelfernsehen
PTO   Public Telecommunication Operator
PTT   Post-, Telegrafen- und Telefonunternehmen (organisatorisch integriert)
RF   Rundfunk
TK   Telekommunikation
(1)   In Europa meist organisatorisch mit der Briefpost integriert, oft auch mit Postsparkasse und Postbus.
(2)   Daher auch die nationale Abschottung der Märkte.
(3)   Ausnahmen: USA, CAN – von Anfang an als getrennte Kommission.
(4)   Ausnahmen: USA, CAN, Japan – aber unterschiedliche Regulierungsinhalte.
(5)   Vergleichbar mit der Briefpost: das zentrale Ziel sind faire Zugangsbedingungen; Common Carriers bieten – im
       Unterschied zum Rundfunk – nur die Infrastruktur, nicht aber die Inhalte an.
(6)   Geregelt wird u.a. das Verhältnis zwischen Spielfilmen und Informationssendungen, die Meinungsvielfalt, die politische
       Ausgewogenheit, das Ausmaß an Werbung, Erotik und Gewalt, der Anteil an nationalen Filmen, etc.
(7)   Ausnahmen: zeitunabhängige Gebühren in lokalen Netzen einiger Länder.

Die in Tabelle 2 zusammengefaßten *Unterscheidungsmerkmale* zwischen den traditionellen Subsektoren Telekommunikation und Rundfunk werden nachfolgend kurz
erläutert. In der Tabelle wurde versucht, die weltweit gesehen dominanten Charakteristika herauszuarbeiten und auf einige bedeutende Ausnahmen hinzuweisen.

Wie bereits für Östereich skizziert, wurde die *Telekommunikation*, vorerst der Telegraf und später das Telefon, in den meisten Ländern bald nach ihrer privatwirtschaftlichen Markteinführung zum staatlichen Monopol erklärt und mit der staatlichen
Briefpost organisatorisch zusammengelegt. Eine Ausnahme bildeten die USA und
Kanada, wo die Telefonfirmen privatwirtschaftlich blieben, nicht mit der Briefpost
zusammengelegt, jedoch ebenfalls unter starke staatliche Kontrolle gestellt wurden.
Die Entwicklung des Telefonsektors ist im Zusammenhang mit den Erfahrungen
aus der Telegrafie zu verstehen. In den USA hatte Morse, wie auch seine europäischen Kollegen, um die Unterstützung der Regierung angesucht und die Telegrafie
wurde ebenso wie in Europa in der Post angesiedelt. Der US-Kongreß konnte
jedoch keine Finanzierung des Telegrafennetzes garantieren, sodaß Morse die erste
Telegrafenlinie schließlich an eine private Gesellschaft verkaufte. Im Jahr 1866
schlossen sich schließlich die großen regionalen Telegrafengesellschaften der USA
in der landesweit tätigen Firma Western Union zusammen.[12]

Den drei institutionell integrierten Kommunikationssystemen Briefpost, Telegraf
und Telefon ist das Prinzip der „*Common Carriage*" gemeinsam, bei dem die Garan-
tie einer fairen, nicht-diskriminierenden Versorgung zu angemessenen Preisen („just
and reasonable") im Vordergrund steht.[13] Die sich in Europa etablierenden PTTs
(Post-, Telefon- und Telegrafengesellschaften), die meist in die öffentliche Verwaltung integriert waren, bilden den Kern des Telekommunikationssektors. Die Regulierung der Telekommunikation, die Erfüllung hoheitlicher Aufgaben, wurde in der
Regel ebenfalls den PTTs übertragen.

Rundfunk wurde getrennt von der Telekommunikation institutionalisiert, in Europa
meist in der Form öffentlich-rechtlicher Rundfunkunternehmen, die anders als PTTs
nicht Teil der Ministerien wurden, jedoch ebenfalls unter starker politischer Kontrolle stehen. Die BBC (British Broadcasting Corporation) dient bis heute als
Musterbeispiel eines „Public Broadcasters". Der staatliche Einfluß wird in Europa

---

12   Flichy 1994, S.77; für einen Überblick über die Organisation der Telekommunikationssektoren
     in Europa siehe Noam 1991.
13   Zur Analyse der Common Carriage-Regulierung siehe Noam 1994b. In den USA und Kanada
     wurden die Telefonfirmen als Common Carriers etabliert, weil sie als „vital instruments of
     commerce" und als „business affected with public interest" angesehen wurden.

meist mittels einer parteipolitisch besetzten Kommission ausgeübt.[14] Die Konstruktion der öffentlich-rechtlichen Unternehmen dient der Abgrenzung vom (Parteienproporz-) Staatsfunk und von Reichweitenkalkülen des kommerziellen, werbungsfinanzierten TV. [15] Eines der zentralen Ziele ist die Aufrechterhaltung eines angemessenen Qualitätsniveaus. Die öffentlichen Rundfunkunternehmen wurden mit einem Monopol für Radio und Fernsehen ausgestattet und bieten in der Regel zwei bis drei Programme an. Die Finanzierung erfolgt aus einer Kombination von Rundfunkgebühren, staatlichen Subventionen, Spenden und Werbungseinnahmen.

Die politische Zuständigkeit für Rundfunk und Telekommunikation wurde von Anfang an getrennt. Eine Ausnahme bilden wieder die USA und Kanada, wo Telekommunikation und Rundfunk von der selben Kommission reguliert werden.[16] In Japan wird der gesamte Kommunikationssektor, also die beiden Common Carrier Briefpost und Telekommunikation, gemeinsam mit dem Rundfunk von einem Ministerium betreut. Auch in der Schweiz ist der selbe Bundesrat für Telekommunikation und Rundfunk zuständig.

Unabhängig von der gemeinsamen oder getrennten Institutionalisierung der Regulierung unterscheiden sich die Regulierungsmodelle und -inhalte, die Rechtfertigung und Praxis der staatlichen Markteingriffe jedoch deutlich, die Querverbindungen sind gering. Es entwickelten sich *zwei Modelle der Regulierung*, wobei im Fall der Telekommunikation Anleihen bei der Common Carrier-Regulierung genommen wurden, die sich bereits im Transportsektor und bei der Briefpost etabliert hatte.[17]

Die Unterschiede zwischen Telekommunikations- und Rundfunkpolitik beginnen bereits beim *öffentlichen Interesse*, bei den kollektiven politischen Zielen, die im Sektor verfolgt werden, also bei der politischen Rechtfertigung der Regulierung (siehe Tabelle 2 weiter oben). Die politischen Präferenzsetzungen bezüglich des öffentlichen Interesses ändern sich jedoch mit den Phasen der gesellschaftlichen

---

14 Die Zusammensetzung der Kommission orientiert sich an dem demokratisch legitimierten Kräfteverhältnis auf Bundes- und/oder Länderebene.

15 Die Bezeichnung als „kommerziell" steht hier – in Abgrenzung zu „öffentlich-rechtlich" – für die Gewinnausrichtung des Unternehmens. Dazu und zur Rolle und Zukunft des öffentlich-rechtlichen Fernsehens siehe Abschnitt 6.6.2.

16 Wobei im US-Telekommunikationssektor die Regulierungskompetenz noch zwischen Bund (FCC – Federal Communications Commission) und Ländern (PUCs – Public Utility Commissions) aufgeteilt ist. Die Regulierung des Rundfunks (ohne KATV) ist im Vergleich dazu sowohl in den USA als auch in Kanada zentralistisch organisiert.

17 Für eine Gegenüberstellung der Regulierungsmodelle im Kommunikationssektor siehe Tabelle 14 in Abschnitt 6.1.

Aneignung der Technik. Solange die staatliche Kommunikation dominant war, waren es sicherheitspolitische Interessen, die im Vordergrund standen. Die Benutzung des Telegrafen war in Österreich anfangs nur mit Leumundszeugnis möglich. In Frankreich wurde eine Ausweispflicht und ein Verschlüsselungsverbot verordnet.[18] Mit dem Übergang zur verstärkten kommerziellen Nutzung des Telefons veränderte sich auch das öffentliche Interesse. Das Universaldienstziel wurde gestärkt, und die natürliche Monopoleigenschaft gewann in der politischen Debatte an Bedeutung.

Die staatlichen Markteingriffe dienen v.a. folgenden Zielen: Ökonomisch/sozial motiviert soll eine effiziente, flächendeckende Infrastruktur errichtet werden, die nicht nur geografisch das gesamte Staatsgebiet abdeckt, sondern auch sämtliche Bürger und Bürgerinnen verbindet (Universaldienst).[19] Zu diesem Universaldienst soll fairer Zugang gewährleistet sein. Daraus und aus dem Ziel der internationalen Wettbewerbsfähigkeit wird die Forderung nach einem möglichst preisgünstigen Dienst-Angebot abgeleitet. Um dieses Ziel besser erreichen zu können, wurden vorerst Monopolrechte für den Telefondienst vergeben. Die Monopolisten mußten als „Gegenleistung" eine universelle nationale Telefonversorgung zu landesweit einheitlichen Gebühren bereitstellen. Die Kosten des Universaldienstes, der auch Gebührenbefreiungen für einkommensschwache Gruppen vorsieht, werden mit Einnahmenüberschüssen aus den lukrativeren Ballungsgebieten innerhalb des Telekommunikations-Geschäftsfeldes der PTO quersubventioniert.[20]

Einer der zentralen ökonomischen Rechtfertigungen für die Monopolregulierung ist die Eigenschaft des „natürlichen Monopols". Das Marktcharakteristikum natürliches Monopol besagt, daß die makroökonomischen Kosten bei gegebener Nachfrage am geringsten sind, falls es nur einen Anbieter gibt. Für die Telefoninfrastruktur wurde bis in die 70er Jahren angenommen, daß die Eigenschaft des natürlichen Monopols aufgrund der hohen Errichtungskosten und der beschränkten Nachfrage gegeben ist und es daher volkswirtschaftlich gesehen eine Verschwendung wäre, zwei Telefonnetze parallel zueinander zu errichten.

Die Schwäche der Argumentation mit der natürlichen Monopoleigenschaft ergibt sich u.a. aus den Problemen der Überprüfbarkeit. Die mittels Economies of Scale

---

18   Siehe Flichy 1991.

19   Zur Universaldienst-Debatte siehe Abschnitt 6.8.1.

20   Die Frage nach den „wahren" Kosten von Orts- und Fernverkehr bleibt aufgrund analytischer Probleme umstritten, v.a., da der Fernverkehr (und daher auch dessen Kosten) nicht ohne die Ortsnetze betrachtet werden kann. (Zur Entstehung und Reform des Universaldienst-Konzeptes siehe Abschnitt 6.6.1.)

(bei einem Produkt), Scope (bei mehr als einem Produkt) und Density (beim Spezialfall des lokalen Netzes) zu testenden Marktcharakteristika von Subsektoren erfordern Kostenerhebungen und Abschätzungen, die die Regulierungsbehörde aufgrund des raschen technischen Wandels kaum durchführen kann und auch zu keinen eindeutigen wirtschaftspolitischen Empfehlungen führen.[21] Die Analyse deutet auch darauf hin, daß die rein ökonomische (neoklassische) Begründung für – und ab den 70er Jahren dann gegen – Monopole und Staatsbesitz (wobei mit dem Verlust der Eigenschaft des natürlichen Monopols argumentiert wird) politisch instrumentalisiert wird. Es ließe sich laut Expertenaussagen auch belegen, wie durch die gezielte Vergabe von Forschungsförderungsmittel an Vertreter ausgewählter Denkschulen absehbare Ergebnisse und damit wissenschaftliches Rechtfertigungsmaterial gezielt gefördert wurde. Wie dem auch sei, die gewählte Telekommunikations- und Rundfunkpolitik beruht jedenfalls zu einem hohen Maß auf politisch-ideologischen und institutionellen Komponenten.

Zurück zur geschichtlichen Entwicklung. Die politisch Verantwortlichen entschieden sich jedenfalls weltweit für die regulatorische Festschreibung von Monopolen für den Telefondienst. Der Gefahr von willkürlich festgelegten Preisen im Monopolbereich, und damit der Bereicherung der Monopolisten, wurde entweder durch behördliche oder parlamentarische Preisfestsetzung, später durch eine maximale „Rate of Return"- (limitiert Profit) und „Price Cap"-Regulierung (limitiert Preise) begegnet.[22]

Im *Rundfunksektor* kam es in Europa ebenfalls zu massiven Marktzutrittsbeschränkungen, meist bis zur Festlegung von (de facto) Monopolen,[23] jedoch aus anderen Motiven als im Telekommunikationssektor. Die im Vergleich zur Telekommunikation geringen Kosten der Errichtung eines terrestrischen Verteilnetzes für Radio konnten keine natürliche Monopolsituation für den terrestrischen Rundfunk recht-

---

21 Zur Diskussion der natürlichen Monopoleigenschaft im Telekommunikationssektor siehe Bauer 1989, S.74ff.

22 Bei der Rate of Return-Regulierung wird der maximale Profit des dominanten Unternehmens festgelegt. Der Nachteil dieser Form der Regulierung ist der geringe Innovationsanreiz dieses Systems. Weiters ist es für die Regulierungsbehörde schwierig, die notwendigen Informationen über das regulierte Unternehmen zu bekommen. Die Rate of Return-Regulierung wird sukzessive von der Price Cap-Regulierung, der Festsetzung von maximalen Preisen für das Dienst-Angebot, abgelöst. Mittels der Price Cap-Formel wird für ein Bündel von Diensten eine maximale Preissteigerung festgesetzt (Inflationsrate minus Produktivitätszuwachs). Diese Methode soll mehr Anreiz für Kostensenkungen und Innovationen bieten. (Zur Evaluierung der Price Cap-Regulierung siehe Xavier 1995.)

23 Zum Beispiel wurde in Österreich kein formelles Monopol (wie für Branntwein und Tabakwaren) gesetzlich festgelegt, aber die Alleinstellung des öffentlich-rechtlichen Rundfunks als Hersteller und Verbreiter von Hörfunk- und Fernsehprogrammen.

fertigen.[24] Es waren vielmehr das Argument der Frequenzknappheit und die politisch motivierten Ziele – Kontrolle des Inhalts und Schutz der kulturellen Identität –, die zu Marktzutrittsbeschränkungen und Institutionalisierung öffentlich-rechtlicher Rundfunkunternehmen führten. Das Konzept des öffentlichen Rundfunks wurde in der Regel mit einem Kultur-, Bildungs- und Unterhaltungsauftrag sowie mit einem Versorgungsauftrag verknüpft, die öffentlich-rechtlichen Anstalten müssen also für ihre privilegierte Stellung im Markt inhaltliche Auflagen und Universaldienst-Auflagen als Gegenleistung erbringen.[25] Die Regulierung des Rundfunks wird damit begründet, daß die elektronischen Massenmedien im Unterschied zur Individualkommunikation der Telekommunikation wegen ihrer hohen Nutzung und der spezifischen Rezeptionsweise über ein hohes Beeinflussungspotential verfügen. Für die Festlegung von Monopolen oder Duopolen dient das Argument der Knappheit der verfügbaren Frequenzen als zentrale Rechtfertigung. Bereits im Jahr 1955 wurde in Großbritannien öffentliches und privates Fernsehen als Duopol organisiert, aber auch das private Fernsehen strikten Auflagen unterworfen.[26]

Das Argument der natürlichen Monopoleigenschaft kam im Rundfunksektor v.a. bei *KATV-Systemen* zur Anwendung. Im Unterschied zur Telekommunikation sind hier die De-Facto-Monopolbereiche kleiner, sie umfassen Städte oder Regionen. Im Vergleich zu den Telekommunikationsfirmen sind die geforderten „Gegenleistungen" für die Gewährung von Monopolrechten weitaus geringer. Sie beschränken sich in der Regel auf „must carry"-Regulierungen, die die KATV-Betreiber verpflichten, die Programme des öffentlichen Rundfunks in ihr Kabelnetz einzuspeisen; Ansätze von Common Carrier-Auflagen für KATV – wie sie z.B. in den USA eingeführt wurden – blieben die Ausnahme.[27]

Bildungs- und kulturelle Ziele spielen in der Regulierung der Telekommunikation keine Rolle, als Rechtfertigung für die Beschränkung des ausländischen Einflusses dienen vielmehr nationale Sicherheitsargumente und ökonomische Kalküle. Im Rundfunksektor werden dazu Argumente der kulturellen Identität verwendet. Nationale Souveränität und vor allem technologie- und arbeitsplatzpolitische Ziele bilde

---

24   Unter Einbeziehung der Kostenstruktur des Programmankaufs wird jedoch – speziell in Kleinstaaten – mitunter auch für das terrestrische Fernsehen eine natürliche Monopolsituation vermutet (siehe Grisold 1994, S.313).

25   Zur Diskussion des öffentlichen Interesses in europäischen Rundfunksektoren siehe Blumler 1992. Für einen Überblick über die Organisation der Rundfunksektoren in Europa siehe Noam 1991, Euromedia Research Group 1992; zur Medienpolitik von Kleinstaaten siehe Trappel 1991; zur österreichischen Situation Grisold 1994.

26   Siehe Garnham/Joosten 1993.

27   In den USA existieren Common Carrier-Auflagen zum Angebot von „Public Access"-„Education"- und „Government"-Kanälen. (Siehe dazu Abschnitt 6.6.1.)

ten den Hintergrund für die Herausbildung von national abgeschotteten Märkten im Telekommunikationssektor. In den meisten Ländern waren es zwei bis vier nationale Unternehmen, die die PTOs mit Telekommunikationstechnik belieferten.[28] Nicht nur internationale, sondern auch nationale Konkurrenz wurde meist unterbunden. Als ökonomische Begründung für die Reduktion auf zwei bis vier Firmen mit konstant verteilten Marktanteilen wurde v.a. die Reduktion der Transaktionskosten angeführt. Aufgrund des Protektionismus konnten auch im internationalen Maßstab vergleichsweise kleine Unternehmen eigenständige Technikentwicklungen und Produktionen aufrechterhalten. Somit wurden Arbeitsplätze gesichert, wobei aber das nationale Preisniveau für Telekommunikationsprodukte speziell in Kleinstaaten oft weit über dem Weltmarktpreis lag. Mit anderen Worten heißt das, daß im traditionellen Regime schlußendlich die Konsumenten für den nationalen Protektionismus bezahlten.

Die Regulierung des Rundfunksektors verläuft also – wie oben beschrieben – im wesentlichen über den Inhalt,[29] während der Telekommunikationsmarkt stark technikzentriert reguliert wird. Die Finanzierung des öffentlich-rechtlichen Rundfunks erfolgt durch Gebühren und Werbeeinnahmen. Die Werbungsregulierung, ein Spezialfall der Inhaltsregulierung, ist ein weiteres Spezifikum des Rundfunksektors, das in der Telekommunikation vorerst keine Rolle spielte.

Für die *Benutzer* von Rundfunk und Telekommunikation ergeben sich eine Reihe wesentlicher Unterschiede. Sie beginnen bei der interaktiven Eins-zu-eins-Kommunikation der Telekommunikation, im Unterschied zum passiven Konsum der Eins-zu-viele-Kommunikation des Rundfunks.[30] Dementsprechend unterscheiden sich auch die transportierten Inhalte. Für geschäftliche Kommunikation werden Telekommunikationsdienste verwendet, Bildungs- und Unterhaltungsangebote werden über den Rundfunk konsumiert. Der Grund dafür liegt in der technisch-ökonomischen Struktur der Kommunikationssysteme. Frühe Versuche, das Telefon als Massenmedium für Unterhaltungszwecke zu verwenden, sind an den hohen Kosten und

---

28 Da es sich dabei oft um Töchter multinationaler Konzerne handelte, war die Abschottung nur begrenzt wirksam. Transnationale Dienste werden auf kooperativer Basis angeboten.

29 Wer Inhalte reguliert und nach welchen Kriterien, ist national unterschiedlich geregelt. In den USA hat beispielsweise das Recht auf Meinungsfreiheit („Freedom of Speech") oberste Priorität. Das First Amendment der US-Verfassung beschränkt die Inhaltsregulierung und im Communications Act 1934 wurde auch der Regulierungskommission eine Einschränkung der Meinungsfreiheit untersagt (vgl. Schoof/Brown 1995, S.337). Ob Inhaltsregulierung erlaubt ist, hängt von der Interpretation ab, welche „speech" vom First Amendment geschützt ist. Beispielsweise fällt laut US Supreme Court Pornographie nicht unter die Schutzbestimmung, wobei aber die Abgrenzung zur „indecent speech" (fuck, shit etc.) und deren regulatorische Behandlung zu Problemen führt.

30 Zu Kommunikationsmustern und zur Rolle der Benutzer siehe Abschnitt 5.2 (Abbildung 22).

der geringen Qualität, beispielweise für die Übertragung von Musik, gescheitert.[31]
Der Rundfunk bietet sich hingegen aufgrund der geringen Kosten der verwendeten
Verteiltechnik als Unterhaltungsmedium an.

Die Tarifierung ist im Fall der Telekommunikationsdienste nutzungsabhängig, das
heißt zeit- und distanzabhängig, während sie im Fall des Rundfunks nutzungsunab-
hängig ist, also unabhängig davon, wie lange und über welche Distanz kommuni-
ziert wird.

Schließlich unterscheidet sich auch der gesamtgesellschaftliche Nutzen von Telekommunikation und Rundfunk beträchtlich. Die ökonomische Bedeutung der Telekommunikation beruht auf ihrer Koordinationsfunktion in der Wirtschaft, auf den
Vorleistungen für sämtliche anderen Wirtschaftssektoren. Darüber hinaus entwickelt
sich der Telekommunikationsmarkt selbst zu einem bedeutenden Sektor, sowohl
gemessen am Umsatz als auch an den Arbeitsplätzen. Während die wirtschaftliche
Bedeutung des Telekommunikationssektors ungleich höher ist als jene des Rundfunksektors,[32] verhält es sich bei der kulturellen Bedeutung genau umgekehrt.

2.2. Konvergenz

Wie oben ausgeführt wurde, entwickelten sich Telekommunikation und Rundfunk
über Jahrzehnte hinweg weitgehend getrennt voneinander und wurden weder in der
Politik noch in der Wirtschaft als Einheit wahrgenommen und behandelt. Es entstanden sektorspezifische Muster der Sichtweise und des staatlichen Handelns, die
weltweit weitgehend einheitlich waren.

Das Trennende zwischen Telekommunikation und Rundfunk, die in Abschnitt 2.1
zusammengefaßten dominanten Charakteristika der Subsektoren, begannen jedoch
ab den 70er Jahren zu erodieren und verlangen zusehends nach neuen, adäquaten
Politikmustern. Die dafür maßgebenden Veränderungen und Trends im elektronischen Kommunikationssektor lassen sich allgemein als das Verschwimmen von
traditionellen Grenzen zusammenfassen. Zum einen werden die Grenzziehungen
zwischen Telekommunikation und Rundfunk auf verschiedenen Ebenen brüchig,
dieser Trend wird nachfolgend unter dem Begriff *Konvergenz* analysiert. Zum ande-

---

31   Siehe Pool 1983, S.32.

32   In Österreich standen beispielsweise im Jahr 1992 rund 18.000 Telekommunikationsbeschäftigte
der ÖPTV und ein Umsatz von 40 Mrd. Schilling 3.000 Mitarbeitern des ORF und einem Umsatz
von 9 Mrd. Schilling gegenüber.

ren verlieren die nationalen Grenzziehungen an Bedeutung, eine Entwicklung, die mit dem Begriff *Globalisierung* zusammengefaßt wird. Daraus folgt die Notwendigkeit einer globalen Perspektive, v.a. aber auch einer transnational abgestimmten Politik im elektronischen Kommunikationssektor.

Den Konvergenztrend im Kommunikationssektor unterteile ich aus analytischen Gründen in zwei Schritte. Ein grobes Schema der zeitlichen Abfolge und des Inhalts der Konvergenzschritte im elektronischen Kommunikationssektor bietet Abbildung 3. Ausgangspunkt sind die bis in die 70er Jahre weitgehend getrennten Bereiche Telekommunikation, Rundfunk und Informatik, die sich im großen und ganzen unabhängig voneinander etablierten. Die Zeitangaben zu den Konvergenzschritten sind Richtwerte, die sich an den Entwicklungen in den fortgeschrittenen Industrieländern orientieren. Wie bereits im Einführungskapitel hingewiesen, ist die Konvergenz nicht als totale Verschmelzung, als Fusion zu verstehen.[33] Weiters sollte betont werden, daß der Konvergenztrend nicht für alle Teilbereiche der betroffenen Sektoren in gleicher Stärke wirksam wird.

Abbildung 3:   Schematische Darstellung der Konvergenzschritte im elektronischen Kommunikationssektor

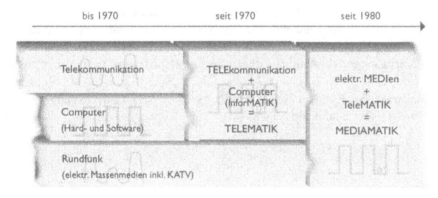

Der erste Konvergenzschritt setzte in den 70er Jahren ein. Die Grenzziehungen zwischen Telekommunikation und Informatik begannen brüchig zu werden, das Ergebnis dieses Konvergenzprozesses wurde als TELEMATIK bezeichnet. Der Begriff Telematik, der sich aus TELEkommunikation und InforMATIK zusammensetzt, etablierte sich v.a. durch dessen Verwendung im 1978 publizierten Bericht „L´informatisation de la société"[34] an den französischen Präsidenten. Die

---

33   Zum Verständnis der Konvergenz in dieser Arbeit siehe Abschnitt 1.2.
34   Siehe Nora/Minc 1978.

„télématique" entwickelte sich zu einem zentralen Leitbild im Telekommunikationssektor der 80er und 90er Jahre und hat inzwischen sowohl in der Politik als
auch in Forschung und Lehre Einzug gehalten. Der bereits Anfang der 70er Jahre in
den USA geprägte Begriff COMPUNICATIONS (COMPUter + Telecommu-
NICATIONS) – der auch für das Kunstwort Telematik als Vorbild diente[35] –
konnte sich hingegen nicht durchsetzen.[36] Er beschreibt zwar das selbe Konvergenz-
Phänomen, betont aber – entsprechend der wirtschaftlichen Stärke der USA – die
Rolle des Computersektors.

Die vorliegende Studie konzentriert sich auf den zweiten Konvergenzschritt. Ab den
80er Jahren erodieren nun die traditionellen Grenzen zwischen Telematik und dem
elektronischen Massenmedium Rundfunk. Bislang wurden zwar Rundfunk und
Printmedien, nicht aber die Telekommunikation dem Medienbereich zugeordnet.
Der zweite Konvergenzschritt ist daher durch das Verschwimmen der Grenzen zwischen (Massen-) Medien und Telematik charakterisiert. Die Konvergenz in Richtung Mediamatik – dem Produkt dieses Konvergenzprozesses – beschränkt sich,
speziell auf der Unternehmensebene, nicht nur auf den elektronischen Kommunikationssektor, sondern erfaßt auch die Printmedien, die im Zuge der Liberalisierung
des Rundfunks bereits massiv im privaten Rundfunkbereich tätig wurden.[37] In
Abbildung 4 ist die Entwicklung in Richtung Mediamatik-Industrien schematisch
dargestellt. Neben der Telematik und dem Mediensektor wird auch der Unterhal-
tungselektronik-, aber vor allem der Softwaresektor eine bedeutende Rolle spielen.
Die Unterhaltungselektronik ist insbesonders ein Hoffnungsträger für die Marktentwicklung von Virtual Reality-Anwendungen. Unterhaltungselektronikfirmen,
beispielsweise Sony und Nintendo, betätigen sich aber auch zunehmend im Rund-
funk- und Telekommunikationsmarkt.

---

35   Vgl. Nora/Minc 1978, S.11.
36   Siehe Oettinger 1971.
37   Mitte der 90er Jahre sind bspw. in Deutschland bereits sämtliche große Verlagshäuser am
     Privat-TV beteiligt.

Abbildung 4:   Mediamatik-Industrien

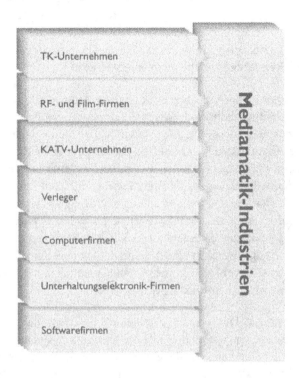

2.2.1. Erster Schritt: TELEMATIK

Der Computersektor etablierte sich in den Industrieländern ab den 40er Jahren des 20. Jahrhunderts und entwickelte sich zum Bindeglied zwischen Telekommunikation und Rundfunk. Vorerst führte seine Verschränkung mit dem Telekommunikationssektor, speziell ab den 70er Jahren, zu umfassenden Veränderungen: Ein unregulierter Sektor auf der Basis von digitaler Technik und ein stark regulierter Sektor auf der Basis von Analogtechnik trafen aufeinander. Das Resultat ist, kurz zusammengefaßt, ein schrittweise liberalisierter und digitalisierter Telematiksektor. Als Konsequenz der Konvergenz gibt es kaum noch Computer ohne Telekommunikationskapazität und Telekommunikationseinrichtungen ohne datenverarbeitende Kapazität. Weiters sind Computer und Telekommunikationsdienste, zum Beispiel Online-Dienste wie Bildschirmtext, nach objektiven Kriterien oft nicht mehr unterscheidbar. Die Telematik beschreibt die Konvergenz von Telekommunikation und Computertechnik auf mehreren Ebenen. Eine zentrale Triebkraft der Veränderung ist die Digitalisierung der Telekommunikation und der damit verbundene Einzug des

Computers in die traditionelle Domäne analoger Technik. Im Telekommunikationssektor beginnt also die Ablösung analoger, elektromechanischer Technik durch digitale, elektronische Technik, die bereits im Computersektor verwendet wurde. Zur
schrittweisen Digitalisierung kommt es in allen Teilbereichen: bei den Endeinrichtungen, bei der Vermittlungs- und Übertragungstechnik.[38]

Endeinrichtungen. Durch die Verwendung der Mikroelektronik fällt bei den
Endgeräten die Unterscheidbarkeit zwischen Computer und Telekommunikationseinrichtungen zusehends weg. Die *Flexibilität* bei der Nutzung des Gerätes wurde
auf diese Weise erhöht und die Verbesserung der Benutzerfreundlichkeit ermöglicht.
In der Praxis zeigt sich jedoch, daß bei den Endgeräten, etwa bei Telefonapparaten,
zwar die Funktionalität gesteigert, die Benutzerfreundlichkeit aber weitgehend ver-
nachlässigt wird. Der Trend geht in Richtung Multifunktionalität, möglichst viele
Dienste sollen mit einem Gerät verfügbar gemacht werden, beispielsweise Telefon,
Fax, Videotex, Teletex und Internetdienste. Die Motivationen für diese Produkt-
innovationen im Endgerätemarkt sind weniger Platzprobleme am Schreibtisch im
Fall von getrennten Geräten, als vielmehr Kostenersparnis und die Möglichkeit der
Verknüpfung verschiedener Anwendungen.

Vermittlungstechnik. Den größten Marktanteil innerhalb der Telekommunika-
tionseinrichtungsindustrie hält traditionell die Vermittlungstechnik. Hier vollzieht
sich schrittweise der Übergang von der elektromechanischen, verdrahteten Logik hin
zur Datenverarbeitungslogik der digitalen Technik. Der Umstellungsprozeß begann
in den 70er Jahren und soll in den Industrieländern im wesentlichen bis zum Jahr
2000 abgeschlossen sein. Die Vermittlungsaufgabe wird nun durch eine EDV-
Anlage bewältigt. Bei den „digitalen" Telefonnetzen (in Österreich: OES) ist vorerst
zwar die Übertragung zwischen den Vermittlungsämtern digitalisiert, nicht aber das
letzte Teilstück zum Teilnehmer, dort erfolgt die Übertragung weiterhin analog.
Erst die Umstellung auf ISDN (Integrated Services Digital Network) bringt auch die
Digitalisierung des letzten Teilstückes bis zum Konsumenten.[39] Die Digitalisierung der Vermittlungstechnik ist ebenfalls durch Kostenersparnisse beziehungsweise zusätzliche Einnahmemöglichkeiten motiviert. Für die Netzbetreiber ergeben
sich eine Reihe von Vorteilen: Die Anschaffungskosten von Digitaltechnik sind
geringer als bei Analogtechnik; die Personalkosten sinken, da der Wartungsaufwand
bei Computeranlagen generell geringer ist als bei elektromechanischen Vermitt-
lungseinrichtungen – zusätzlich erlauben sie auch Fernwartung; die Betriebskosten
sinken, da der Platzbedarf und auch der Bedienungsaufwand bei Digitaltechnik weit
geringer sind als bei analoger Technik; schließlich ist aufgrund der Softwaresteue-

---

38   Zur Digitalisierung siehe auch Abschnitt 4.3.1.1.
39   Für einen Überblick und eine ausführlichere Beschreibung siehe Bauer/Latzer 1993.

rung die Flexibilität weitaus höher, die Möglichkeiten für das Angebot zusätzlicher Dienstmerkmale sind größer und deren Einführung – Veränderung von Software statt Austausch elektromechanischer Hardware – vereinfacht sich. Mit der Digitalisierung wird auch die Voraussetzung für die Integration der verschiedenen Dienste in einem Netz (ISDN) geschaffen.[40]

Die technische Konvergenz von Computer und Telekommunikationstechnik ermöglicht eine Fülle von Innovationen im Dienste- und Gerätemarkt. Die Ausschöpfung dieser neuen Marktchancen war aber zunächst durch das traditionelle Regulierungsregime noch beträchtlich eingeschränkt. Wie oben bereits ausgeführt, gab es im Telekommunikationssektor strikte nationale Marktzutrittsbarrieren. Geräte und Dienste unterlagen einer in der Regel zeit- und kostenintensiven Zulassungsprüfung, bevor sie am Markt angeboten werden konnten, der Wettbewerb war dementsprechend gering. Darüber hinaus wurden nationale Zulassungsprüfungen nicht gegenseitig anerkannt, für das europaweite Angebot eines Gerätes mußte die Zulassungsprozedur in jedem Land von neuem durchlaufen werden. Daraus resultierte ein Wettbewerbsnachteil für die europäischen Firmen gegenüber amerikanischen Unternehmen, die am homogenen US-Markt tätig waren.

Aufgrund der unterschiedlichen Regulierung der beiden Sektoren, die aufeinandertrafen – der unregulierte Computersektor und der stark regulierte Telekommunikationssektor –, mußte in der Telematik vorerst weiterhin unterschieden werden, ob es sich nun um Telekommunikationsgeräte und -Dienste oder Computer handelt; auch die unternehmensbezogenen Konvergenzmöglichkeiten waren anfänglich durch regulatorische Auflagen eingeschränkt.

2.2.1.1.   Reform der Politik

Durch die Telekommunikationspolitik, genauer gesagt, durch die nationale und supranationale Regulierungspolitik, werden die neuen Marktchancen in der Telematik beeinflußt. Als Entscheidungsgrundlage für die Förderung oder Einschränkung der Konvergenz der Sektoren dienen nationale Abschätzungen der ökonomischen, aber auch der sozialen und politischen Konsequenzen. Nora und Minc problematisierten beispielsweise Ende der 70er Jahre die Bedrohung der nationalen Souveränität Frankreichs durch die schwer kontrollierbare Computerindustrie – konkret durch IBM und internationale Datenbankanbieter – und diskutierten mögliche Strategien

---

40   Zum Digitalisierungsgrad und der ISDN-Verbreitung in Industrieländern siehe Abbildung 16 in Abschnitt 4.3.1.1.

zur Wahrung der nationalen Unabhängigkeit.[41] Wegen der unterschiedlichen wirtschaftlichen Stärke von Ländern und Regionen im Computer- und Telekommunikationssektor variieren auch Inhalt und Tempo der Reformen. Während sich die USA
v.a. im Computermarkt stark fühlen, gilt das in Europa für den Telekommunikationsmarkt. Dementsprechend wurde in Europa auch anfänglich eine restriktivere
Linie bei der Öffnung der Telekommunikationsmärkte für die Computerindustrie,
aber auch für ausländische Telekommunikationsfirmen verfolgt. Eine Ausnahme
bildete Großbritannien, wo von Anfang an unter der politischen Führung Margaret
Thatchers eine offensive Liberalisierungspolitik nach amerikanischem Muster
vollzogen wurde, die Großbritannien die Bezeichnung „Trojanisches Pferd amerikanischer Ideen in Europa" einbrachte.[42] In der Folge erodierte das alte Paradigma der
Telekommunikationspolitik nach und nach auch in anderen europäischen Ländern.
Die Telekommunikationsmärkte werden nun schrittweise in Richtung Marktöffnung reformiert. Das Reformtempo variiert entsprechend den spezifischen nationalen Interessen, die Richtung der Reform ist jedoch weitgehend einheitlich. Vorläufer
sind die USA, Großbritannien und Japan, die sich durch die Marktöffnung positive
Effekte, nämlich eine Expansion ihrer Weltmarktanteile erhoffen. Die meisten
europäischen Industrieländer verzögern die Reform, vor allem Kleinstaaten, die
durch die Öffnung der sektoralen und nationalen Grenzen mehr Nachteile als Vorteile für die bisher protektionistisch gehegte nationale Industrie erwarten.

Die oben skizzierte *Rechtfertigung* des alten Paradigmas der Telekommunikationspolitik wird zunehmend kritisiert. Die Telematik, insbesonders die Verwendung von
Digitaltechnik, aber auch von Mobilkommunikation verändert die Kostenstruktur
dramatisch. Daran zerbrach auch schrittweise der ursprüngliche Konsens über die
„natürliche" Monopoleigenschaft von Telefonnetzen. Vorerst wurde der Monopolbereich auf die regionalen Netze eingeschränkt,[43] ein gutes Jahrzehnt später wird nun
auch in lokalen Netzen Wettbewerb zugelassen.

Die Bedeutung der kommerziellen Benutzer nimmt durch den Reformprozeß zu.
Deren Interesse, ein vielfältiges Angebot und niedrige Preise, haben zusehend
höheres Gewicht als das traditionelle Ziel des Schutzes der nationalen Industrie aus
beschäftigungs- und technologiepolitischen Kalkülen. In den USA waren es sowohl
die Großbenutzer als auch die Vertreter der kleinen und privaten Nutzer, die in Rich-

---

41 Siehe Nora/Minc 1978.
42 „In short, during the 1980s Britain seemed to represent a Trojan horse for American ideas in
    Western Europe." (Dyson/Humphreys 1990b, S.7)
43 In den USA wurde entsprechend dem „Modified Final Judgement" (1982) im Telefon-Fernver-
    kehrsnetz Konkurrenz für AT&T zugelassen, auf lokaler Ebene behielten die Bell Operating
    Companies (BOCs) jedoch ihr Monopol.

tung Zerschlagung des Monopols und Öffnung der Märkte argumentierten. Die Großbenutzer, meist multinationale Konzerne, wollen ihre Telekommunikationskosten senken und zu diesem Zweck auch eigene Netze aufbauen. Kleinbenutzer wollten ein reichhaltiges Produktangebot zu günstigeren Preisen und vertrauten diesbezüglich auf mehr Wettbewerb. Sie mißtrauten gleichzeitig dem zum Moloch gewordenen Monopolisten.[44]

Aus der Ungleichzeitigkeit der nationalen Reformen resultiert international gesehen eine *asymmetrische Marktstruktur*, die vorerst für jene Länder, die ihre Märkte frühzeitig geöffnet haben, von Nachteil ist. Während ausländische Firmen bereits in ihre Märkte eindringen, bleibt der nationalen Industrie zunächst der Zugang zu ausländischen Märkten versperrt. In den 80er Jahren war vor allem die USA von dieser Situation betroffen. Das zeigte sich auch deutlich in den steigenden Handelsbilanzdefiziten für Telekommunikationseinrichtungen.[45] Als Reaktion darauf verstärkten die USA den politischen und wirtschaftlichen Druck auf die restlichen Industrieländer, dem Beispiel der Liberalisierung zu folgen. Die Lösung des Asymmetrieproblems durch die Rücknahme der Marktöffnung war keine realpolitische Option. Statt dessen stieg der Anpassungsdruck auf die restlichen Staaten mit jedem zusätzlichen Land, das Liberalisierungsschritte setzte. Schlußendlich blieb den Ländern einzig das Nachziehen in die Liberalisierung, der inhaltliche und zeitliche Harmonisierungdruck nahm überhand.

Zusammenfassend ist die international einsetzende, weitgehend gleichförmige Reform der nationalen Telekommunikationsmärkte durch folgende *Trends* charakterisierbar:[46]
  • Globalisierung
  • Liberalisierung
  • Re- und Neuregulierung
  • Reorgansiation
  • Privatisierung
  • Harmonisierung

Globalisierung. Nachdem zunehmende internationale Wirtschaftsverflechtungen und internationale Arbeitsteilung für etliche Branchen bereits wesentliche Veränderungen mit sich gebracht haben – die nicht zuletzt durch die Fortschritte in der

---

44 Zur „Ironie der Regulierungsreform" in den USA siehe Horwitz 1989.

45 Die Handelsbilanz für Telekommunikationsgeräte der USA sank von +270 Mio. US-Dollar im Jahr 1982 auf -1,3 Mrd. US-Dollar im Jahr 1984 (OECD 1988, S.111).

46 Zur Analyse der Telekommunikationsreform siehe Schnöring 1992, Noam 1992, OECD 1993, Grande 1993, Dyson/Humphreys 1990, Latzer 1995b.

Telekommunikation ermöglicht und vereinfacht wurden –, wird seit den 80er Jahren auch der Telekommunikationssektor selbst von der Globalisierung erfaßt: bei der Produktion von Geräten, aber auch beim Netz- und Dienst-Angebot, wo die Möglichkeit der nationalen Zuordnung durch ein Geflecht von Beteiligungen und strategischen Partnerschaften verlorengeht.[47] Der Globalisierungstrend ist jedoch nicht nur ökonomisch festzumachen. Statistiken über das Ausmaß ausländischer Direktinvestitionen, über den Außenhandel, über strategische transnationale Allianzen und die Zahl der transnational tätigen Unternehmen greifen zu kurz. Der Globalisierungstrend ist auch durch neue Problemstellungen charakterisiert, die keine nationalstaatlichen Lösungen zulassen oder ihnen Folgeprobleme aufbürden. Die globale Bedrohung durch Nuklearwaffen, globale Umweltschutz- (Treibhauseffekt etc.) und Gesundheitsprobleme (Seuchen etc.) sind Beispiele dafür, wo nationalstaatliche Politik alleine versagen muß. Globale Politik, die Notwendigkeit der Abstimmung nationalstaatlicher Politik und damit die Verlagerung von Kompetenzen auf die supranationale Ebene, ist mit einem Souveränitätsverlust der Nationalstaaten verbunden.[48] Zunehmender, sich komplizierender Abstimmungsbedarf ergibt sich auch im Kommunikationssektor,[49] u.a. mit der rasch wachsenden Zahl von Akteuren in liberalisierten Märkten. Eine globale Harmonisierung auf supranationaler Ebene ist sowohl bei der Technik (Frequenzen etc.) als auch in der Politik (Regulierung) notwendig. Die spezielle politische Behandlung des Kommunikationssektors (Sonderstatus) resultiert nicht zuletzt aus dessen Koordinationsfunktion für die globale Wirtschaft und Politik.

Liberalisierung. Die Voraussetzung für eine rasche Globalisierung der Telekommunikation schafft die Liberalisierung, also die Öffnung der Märkte für nationalen und internationalen Wettbewerb. Zur Vermeidung häufig auftretender Mißverständnisse ist zu betonen, daß dies weder die restlose Beseitigung von staatlichen Eingriffen bedeutet (da sich z.B. faire Wettbewerbsbedingungen gerade im Kommunikationssektor nicht automatisch durch das freie Spiel der Marktkräfte einstellen) noch notwendigerweise die Privatisierung öffentlicher Unternehmen (wenn auch der Übergang in den Privatbesitz ebenfalls als Trend im Telekommunikationssektor erkennbar ist). Generell kommt es zu einer schrittweisen Liberalisierung in sämtlichen Industrieländern. Sie begann bei den Endgeräten und wurde bei den Diensten und schließlich auch bei der Infrastruktur, den Netzen fortgesetzt. Anfang der 90er Jahre waren die Endgeräte und die Dienste mit Ausnahme des drahtgebundenen Tele-

---

47   Zur Charakterisierung der Globalisierung in der Telekommunikation und anderen Wirtschaftsbranchen siehe Petrella 1990.

48   Vgl. dazu OTA 1989, S.156ff.

49   Technische und soziale/politische Standardisierung als Basis globaler Kommunikation; supranationale Abstimmung der Frequenzzuweisung etc.

fondienstes bereits weitgehend liberalisiert. Die Öffnung der restlichen Teilmärkte, des Telefondienstes – der nach wie vor bis zu 90 Prozent der Diensteinnahmen der nationalen Telefonfirmen erwirtschaftet – und der Infrastruktur ist Mitte der 90er Jahre erst in wenigen Ländern vollzogen. Der Reformfahrplan der EU sieht jedoch die komplette Liberalisierung des Telekommunikationsmarktes bis spätestens 1998 vor.[50]

Re- und Neuregulierung. Die schrittweise Öffnung der Märkte zieht eine Re- und Neuregulierung nach sich. So wird etwa versucht, faire Wettbewerbsbedingungen mittels staatlicher Regulierungen zu garantieren. Speziell in der Übergangszeit vom Monopol zum Wettbewerb nimmt der Regulierungsbedarf tendenziell zu.

Reorganisation. Die Reorganisation betrifft vor allem die nationalen Telefongesellschaften, im speziellen die PTTs (Post-, Telefon- und Telegraphenunternehmen), die in den 70er Jahren dominante Organisationsform in Europa. Dabei werden im wesentlichen folgende Ziele angestrebt:
- Auslagerung aus der öffentlichen Verwaltung
- Trennung der geschäftlichen und hoheitlichen Aufgaben
- Trennung bzw. Abgrenzung der Geschäftsbereiche Briefpost, Telekommunikation, Bank- und Busdienst
- Organisationsreform in Richtung Kundenorientierung.

Privatisierung. Die Privatisierung, der Wechsel der Eigentumsverhältnisse, zeichnet sich ebenfalls als Trend ab. Anfang der 90er Jahre waren noch in etwa der Hälfte der OECD-Länder die Telefongesellschaften in staatlichem Besitz, und es existierten keine Pläne, dies zu verändern.[51] Privatisierungsabsichten und -aktivitäten gab es damals bereits in den Niederlanden, in Deutschland und Schweden. Bis Mitte der 90er Jahre haben die Privatisierungspläne weltweit zugenommen, auch in Österreich wurde z.B. der Beginn der Privatisierung der Post- und Telekom Austria für spätestens Ende 1999 festgesetzt.[52] In den OECD-Ländern ist Mitte der 90er Jahre jedoch nach wie vor der Großteil der PTOs mehrheitlich in staatlicher Hand (siehe Abbildung 5).

Harmonisierung. Zu einer Harmonisierung im Telekommunikationssektor (Technik & Politik) kommt es zunehmend auf überregionaler politischer Ebene:

---

50 Nur den kleinen oder schwach entwickelten Märkten von Spanien, Portugal, Griechenland, Irland und Luxemburg werden für die Liberalisierung der Telefonie Übergangsfristen von fünf bzw. zwei Jahren (Luxemburg) zugestanden.

51 In Österreich, Australien, Finnland, Frankreich, Irland, Island, Griechenland, Schweiz und der Türkei gab es Anfang der 90er Jahre noch keine Privatisierungspläne (vgl. OECD 1993).

52 Zur österreichischen Poststrukturreform siehe Latzer 1996b.

weltweit etwa durch ITU (International Telecommunications Union)-Empfehlungen und das GATS (General Agreement on Trade in Services)-Abkommen über den Handel mit Dienstleistungen; europaweit durch die Arbeit der EU-Kommission[53] sowie des Normungsinstituts ETSI (European Telecommunications Standards Institute); in Amerika durch das NAFTA (North American Free Trade Agreement)-Abkommen zwischen den USA, Kanada und Mexiko sowie durch den Freihandelsvertrag der USA mit Kanada; bilateral durch Verträge, die das Angebot von I-VANS (International Value Added Services) regeln.[54]

Abbildung 5 zeigt den Entwicklungstrend bei Organisation und Besitzstrukturen der PTOs in den Industrieländern (Basis: 24 OECD-Länder). Im Laufe der letzten zwei Jahrzehnte nahm demnach die Marktorganisation: <PTT-Struktur + mehrheitlich staatlicher Besitz> (insbesonders im letzten Jahrzehnt) von 20 auf 6 drastisch ab, während die Kombinationen: <Telekom getrennt + mehrheitlich staatlicher Besitz> von 2 auf 12, und <Telekom getrennt + mehrheitlich Privatbesitz> von 3 auf 6 anstiegen. Die wesentlichen Veränderungen vollzogen sich also im letzten Jahrzehnt. Die Abbildung verweist somit auf die zeitliche Verzögerung zwischen dem Erkennen der Veränderungen in den 70er Jahren (kognitiver Paradigmenwechsel) und der organisatorisch/ institutionellen Reaktion darauf (organisatorisch/institutioneller Paradigmenwechsel).

Abbildung 5 :   Entwicklungstrends bei Organisation und Besitzstruktur der PTOs in den Industrieländern; Mitte der 70er bis Mitte der 90er Jahre (Basis: 24 OECD-Länder)

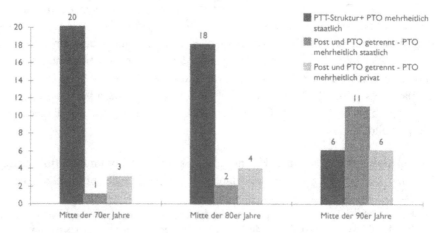

---

53   Vgl. Dang-Nguyen/Schneider/Werle 1993.
54   Für eine ausführlichere Beschreibung siehe Abschnitt 6.5.

Mitte der 70er Jahre	PTT-Struktur	PTO von Briefpost getrennt
mehrheitlich staatlich	Australien, Belgien, Dänemark, Deutschland, Finnland, Frankreich, Griechenland, Großbritannien, Irland, Island, Italien, Luxemburg, Neuseeland, Niederlande, Norwegen, Österreich, Portugal, Schweden, Schweiz, Türkei Gesamt: 20	Japan Gesamt: 1
mehrheitlich privat		Kanada[1], Spanien, USA Gesamt: 3

Mitte der 80er Jahre	PTT-Struktur	PTO von Briefpost getrennt
mehrheitlich staatlich	Australien, Belgien, Dänemark, Deutschland, Finnland, Frankreich, Griechenland, Island, Italien, Luxemburg, Neuseeland, Niederlande, Norwegen, Österreich, Portugal, Schweden, Schweiz, Türkei Gesamt: 18	Irland, Japan* Gesamt: 2
mehrheitlich privat		Großbritannien, Kanada[1], Spanien, USA Gesamt: 4

Mitte der 90er Jahre	PTT-Struktur	PTO von Briefpost getrennt
mehrheitlich staatlich	Griechenland, Island, Luxemburg, Österreich, Schweiz, Türkei Gesamt: 6	Australien, Belgien (49,9%)*, Dänemark (49%)*, Deutschland, Finnland, Frankreich, Irland, Japan (34%)*, Norwegen, Portugal (26,3%)*, Schweden, Gesamt: 11
mehrheitlich privat		Großbritannien, Kanada, Niederlande, Neuseeland, Spanien, USA Gesamt: 6

1   Die für internationale Telekommunikation zuständige Teleglobe war bis Mitte der 80er Jahre in staatlicher Hand.
*   teilprivatisiert
PTO   Public Telecommunications Operator
PTT   Post-, Telefon- und Telegrafenunternehmen
Quelle: Angaben aus Fuest 1992; OECD 1995; Knoll 1996; eigene Recherchen

Mit der Liberalisierung des Telekommunikationsmarktes verbessern sich die Rahmenbedingungen der *unternehmensbezogenen Konvergenz* von Telekommunikations- und Computerfirmen. Konzerne produzieren zunehmend für beide Sektoren. Der japanische Konzern NEC zählte bereits Ende der 80er Jahre bei der Telekommunikationsausstattung, bei Computern und Halbleitern zu den weltweit fünf größten Produzenten. Der Computergigant IBM stieg in den 80er Jahren vermehrt in den Telekommunikationssektor ein, beispielsweise im Telefon-Nebenstellenmarkt und

bei Videotex. Der 1984 aufgespaltene und des Monopols enthobene US-Telefon-
konzern AT&T nutzte die Erlaubnis, nun auch in den internationalen Computersektor einzudringen. Ein weiteres Beispiel ist die Software-Firma Microsoft, die verstärkt in den Telekommunikationsmarkt einstieg. Die unternehmensbezogene Konvergenz nahm zu, jedoch wurden auch Kollisionsprobleme deutlich (unterschiedliche Firmenkulturen und Marktcharakteristika), die manche Konvergenz-Projekte
scheitern ließen. Beispielsweise hat der Computergigant IBM die auf Telefon-
Nebenstellenanlagen spezialisierte Firma ROLM wieder verkauft.

Die neuen Dienstleistungs-Angebote der Telematik wurden als Mehrwertdienste[55]
oder auch als nicht-reservierte Dienste klassifiziert, wobei die Zuteilung meist Probleme schuf. Die Kategorisierung war politisch/regulatorisch motiviert, technische
und funktionale Kriterien ließen sich aufgrund der Konvergenz meist nicht schlüssig anwenden. Im wesentlichen strebten die PTTs nach der Beibehaltung eines möglichst großen Monopolbereiches, die potentiellen Konkurrenten hingegen nach der
Öffnung des Dienstemarktes für den Wettbewerb.

Die Nutzung der sich durch die Telematik bietenden neuen Möglichkeiten für den
Dienste- und Gerätemarkt wird durch den regulatorischen Rahmen maßgebend beeinflußt. Die schrittweise Liberalisierung verbesserte die Voraussetzungen für eine
Konvergenz, die über die technische Ebene hinausgeht. Das traditionelle politische
Paradigma des Telekommunikationssektors wurde brüchig, ein neues beginnt sich
abzuzeichnen. Die Entwicklung in Richtung Telematik ist noch nicht abgeschlossen. Sie überlappt sich zeitlich und inhaltlich mit dem nächsten Konvergenzschritt
von Telematik und Rundfunk und geht darin zusehends auf.

Der *Rundfunksektor* war, mit Ausnahme des Kabelrundfunks, vom ersten Konvergenzschritt im elektronischen Kommunikationssektor der 70er und 80er Jahre nicht
betroffen. Das traditionelle Politikmuster wurde aber auch hier brüchig. Wie bei der
Telekommunikation setzt sich auch im Rundfunk ein Liberalisierungstrend durch
(siehe Abbildung 6). Ab den 70er Jahren etablierten sich vermehrt Privatsender, in
den 80er Jahren stieg die Zahl der privaten TV-Stationen in Europa auf knapp 30
an.[56] Die zentrale (technische) Rechtfertigung für die Monopolregulierung, die *Frequenzknappheit*, ließ sich aufgrund des technischen Fortschritts, der Verbreitung
von KATV, direkt sendendem Satellitenfernsehen (DBS, Direct Broadcasting Satellite) und anderen alternativen Distributionsmöglichkeiten für Videos nicht länger
aufrecht erhalten. Gekoppelt mit neoliberaler Politik kam es parallel zur Telekom-

---

55   Value added services, enhanced services; zur Entwicklung des Mehrwertdienstmarktes in
     Europa vgl. Bouwman/Latzer 1994; zur österreichischen Entwicklung siehe Bauer/Latzer 1993.
56   Conseil 1992, S.15.

munikationsreform der 80er Jahre zur schwerpunktmäßigen Einführung des kommerziellen Rundfunks. Bis in die 80er Jahre war kommerzielles Fernsehen, sofern es überhaupt zugelassen war, meist ebenfalls strikt reguliert.[57] Der *öffentlich-rechtliche Rundfunk* wurde durch die kommerzielle Konkurrenz vorerst nicht existentiell gefährdet, schlitterte aber in eine Identitätskrise.[58] Mitunter kam es zur Privatisierung, wie etwa im Fall des populärsten französischen Senders TF1.[59] Die zentralen *Kritikpunkte* am öffentlich-rechtlichen Rundfunk sind:

- zunehmende Ununterscheidbarkeit von Privatsendern („Selbstkommerzialisierung")
- mangelnde Effizienz
- parteipolitische Beeinflussung[60]
- verpflichtende Gebühren.

Im Zuge der Liberalisierung wird der öffentlich-rechtliche Rundfunk strikteren Effizienzkriterien unterworfen, er verliert seine Monopolstellung und an Reichweite. Die politische Einflußnahme nimmt ab, die Zuschauerorientierung („Quotenorientierung") steigt an, die Minderheiten- und Qualitätsprogramme werden reduziert („Selbstkommerzialisierung"). Insgesamt erhöht sich die Anzahl der TV-Kanäle drastisch, deren Spezialisierung (Spartenkanäle) nimmt zu. In den USA sind alleine die via Satellit übertragenen TV-Kanäle in den Jahren 1976 bis 1994 von vier auf 99 angewachsen.[61] Mit der *dualen* Rundfunkordnung, dem Nebeneinander von öffentlich-rechtlichem und privatem Rundfunk, sollen die unterschiedlichen Vorteile beider Systeme genutzt sowie die Nachteile kompensiert werden. Der Wettbewerb durch kommerzielle Programme soll die Vielfalt stärken und die geringere Abhängigkeit der öffentlich-rechtlichen Sender von Werbeeinnahmen eine unabhängige Programmgestaltung ermöglichen.

In Abbildung 6 ist der Liberalisierungstrend in den Rundfunksektoren der Industrieländer (Basis: 24 OECD-Länder) dargestellt. Die Länder mit staatlichem Rundfunkmonopol sanken von 19 (Mitte der 70er Jahre) auf 1 (Mitte der 90er Jahre), wobei – wie im Telekommunikationssektor – der stärkere Liberalisierungsschub im letzten Jahrzehnt erfolgte.

---

57 Beispielsweise durch die Duopolregulierung in Großbritannien.

58 Für Reformvarianten des öffentlich-rechtlichen Rundfunks in der Mediamatik siehe Abschnitt 6.6.2.

59 Vgl. Hoffmann-Riem 1992, S.153.

60 Die Kritik bezieht sich v.a. auf die parteipolitische Beeinflussung des operativen Geschäftes und plädiert für mehr Unabhängigkeit der öffentlich-rechtlichen Unternehmen im Rahmen der politisch vorgegebenen Richtlinien. (Siehe dazu auch Abschnitt 6.6.2.)

61 Noam 1995, S.3.

Abbildung 6:   Liberalisierungstrend in den Rundfunkmärkten der Industrieländer;
                 Mitte der 70er bis Mitte der 90er Jahre (Basis: 24 OECD-Länder)

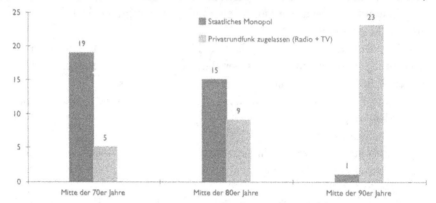

	Mitte der 70er	Mitte der 80er	Mitte der 90er
Staatliches Monopol	Belgien, BRD, Dänemark, Finnland, Frankreich, Griechenland, Italien, Irland, Island, Luxemburg, Neuseeland[1], Niederlande, Norwegen, Österreich, Portugal, Schweden, Schweiz, Spanien, Türkei	Belgien, Dänemark, Finnland, Griechenland, Irland, Luxemburg, Neuseeland[1], Niederlande, Norwegen, Österreich, Portugal, Schweden, Schweiz, Spanien, Türkei	Österreich[2]
	Gesamt: 19	Gesamt: 15	Gesamt: 1
Privatrundfunk zugelassen (Radio + TV)	Australien (1956), Großbritannien (1959), Japan (1950), Kanada (1960), USA (1941)	Australien, BRD (1984), Frankreich (1984), Großbritannien, Italien (1980), Island (1986), Japan, Kanada, USA	Australien, Belgien (1989), BRD, Dänemark (1992) Finnland (1987), Frankreich, Griechenland (1991), Großbritannien, Italien, Irland (1988), Island, Japan, Kanada, Luxemburg (1991), Neuseeland, Niederlande (1989), Norwegen (1989), Portugal (1992), Schweden (1992), Schweiz (1992), Spanien (1989), Türkei (1993), USA
	Gesamt: 5	Gesamt: 9	Gesamt: 23

1   Private Radiostationen existieren seit Mitte der 70er und 80er Jahre, aber noch keine privaten Fernseh-
      stationen.
2   Zwei Regionalradiostationen seit 1995.
Quelle: Angaben aus Kleinsteuber/Wiesner/Wilke 1990; OECD 1993b; Hans-Bredow-Institut 1996; eigene
          Recherchen

Der Rahmen für nationale regulatorische Reformen wird auch im Rundfunksektor
durch internationales Recht abgesteckt, wobei insbesonders „Free Flow of Information"-Bestimmungen, EU-Direktiven und die Europäische Menschenrechtskonven-

tion[62] von Bedeutung sind. Der Schutz des öffentlichen Rundfunks ist auf europäischer Ebene nicht gewährleistet, er bedarf nationaler Festlegungen. Im transnationalen Wettbewerb werden die öffentlichen Sender genauso behandelt wie ihre kommerziellen Konkurrenten.[63]

2.2.2. Zweiter Schritt: MEDIAMATIK

Im Unterschied zum ersten Konvergenzschritt, der Telematik, ist der zweite, die Mediamatik, noch mehr in Planung als realisiert. Sie ist einerseits als direkte Erweiterung des ersten Konvergenzschrittes, der Telematik, zu verstehen, als deren Ausdehnung auf breitbandige Kommunikation. Andererseits ergeben sich aufgrund der Verflechtung mit dem Mediensektor ganz andere Kategorien von Problemstellungen und Auswirkungen als im ersten Konvergenzschritt.

2.2.2.1. Dimensionen der Konvergenz

Für die Analyse der Konvergenz bieten sich mehrere Blickwinkel und analytische Kategorisierungen an. Die Konvergenz kann in verschiedene Prozesse und Bereiche unterteilt werden, die sich gegenseitig beeinflussen. Garnham schlägt beispielsweise die Unterscheidung in die Konvergenz der Distributionswege, der Medienformen, der Arten des Medienkonsums, der Zahlungsweise und in Märkte für Privathaushalte und für Geschäftskunden vor.[64] Je nach analytischer Schwerpunktsetzung auf einen dieser Teilprozesse variieren die technischen, politischen und sozialen Problemstellungen.

Für ein erstes grundlegendes Verständnis der Konvergenzproblematik von Telematik und Rundfunk wird nachfolgend eine weitere Variante der Unterteilung gewählt. Es wird zwischen folgenden *drei Ebenen* unterschieden:[65]

    (1) technisch, die Netzebene
    (2) funktional, die Dienste-Ebene
    (3) unternehmensbezogen, die Firmenebene.

---

62   Artikel 10 der Europäischen Menschenrechtskonvention ist zentral für die Etablierung der Rundfunkfreiheit in Europa und dient beispielsweise in Österreich als wichtigster Ansatzpunkt zur Durchsetzung von Wettbewerb im Rundfunkbereich. (Der Europäische Gerichtshof hat bereits im November 1993 entschieden, daß das Österreichische Rundfunkmonopol Art. 10 der Europäischen Menschenrechtskonvention verletzt.)

63   Vgl. Hoffmann-Riem 1992, S.154ff.

64   Vgl. Garnham 1995, S.70.

65   Vgl. OECD 1992b, Kelly 1994.

(1) Auf **technischer Ebene** verbessern v.a. folgende Innovationen die Voraussetzung für die Konvergenz: Digitalisierung, Glasfasertechnik und drahtlose Breitbandtechnik. Die im Telekommunikationssektor schwerpunktmäßig in den 80er Jahren einsetzende Digitalisierung weitet sich in den 90er Jahren auch auf Teile des Rundfunksektors aus und schafft somit die Basis für eine bessere Integration der beiden Bereiche. Die Glasfaser- und drahtlose Breitbandtechnik eröffnen Kapazitäten, die die gemeinsame Übertragung von Rundfunk- und Telekommunikationsdiensten auf einem Netz erlauben.

Die Netzintegration setzt vorerst im Telematik-Bereich ein. Telefondienst, Fax und Videotex werden über das selbe Netz transportiert. Als nächster Schritt kommt es zur Integration von Sprach- und Datenübertragungsdiensten im ISDN (Integrated Services Digital Network). Als letzter Integrationsschritt sind integrierte Breitbandnetze (IBN) geplant, die auch als Full Service Networks (FSN) bezeichnet werden. Sie sollen die integrierte Übertragung von Rundfunk- und Telematikdiensten ermöglichen. Ein alternativer Lösungsansatz in Richtung Dienste-Integration wird mit der Verbesserung der *Kompressions- und Reduktionstechnik* verfolgt, wodurch auch breitbandige Dienste etwa Videokonferenzen und Filme, auf bestehenden schmalbandigen Telefonnetzen angeboten werden können.[66]

Die *Integration* via ISDN wird bereits seit Ende der 60er Jahre von den PTOs und deren Hauptlieferanten propagiert, nicht zuletzt als machterhaltende Strategie der Monopolisten und ihrer bevorzugten Zulieferfirmen. Die Furcht der Benutzer vor einer verstärkten Abhängigkeit von einem Anbieter führt zu Akzeptanzproblemen des ISDN und zu Gegenkonzepten der Weiterentwicklung der elektronischen Kommunikationsinfrastruktur. Die Basis für eine weitgehende Integration ist die Trennung von Netz und Dienst, die erst durch die technische Konvergenz von Übertragungsmedien und regulatorischen Veränderungen ermöglicht wird. Sprachtelefon-Dienste, Datenübertragungs-Dienste und Videotex können aufgrund der vereinheitlichenden Digitalisierung sowohl über diverse drahtgebundene (Telefon, Kabelrundfunk) als auch über drahtlose Netze (Satellitenkommunikation, terrestrischer Rundfunk, zellulare Funktechnik) übertragen werden. Im Idealfall ist jede Form der Informationsübertragung über jedes Netz möglich.

Statt an einem neu zu errichtendem integrierten Breitbandnetz kann daher auch an der gemeinsamen Nutzung und an der *Verknüpfung* bestehender Netze gearbeitet werden, an der Verbesserung der Verbindung zwischen Netzen (interconnection) und der Interoperabilität. So können einzelne Applikationen über verschiedene Netze abgewickelt werden, ohne daß dies die Benutzung erschwert und die Benutzer dies

---

66   Siehe dazu auch Abschnitt 4.3.1.5.

überhaupt realisieren. Zur Verwendung mehrerer kabelloser und -gebundener, privater und öffentlicher Netze kommt es derzeit bereits in der internationalen Mobilkommunikation. An einem Telefonat von Konsumenten in zwei Ländern mit liberalisierten Telekommunikationsmärkten sind mitunter fünf bis acht Netzanbieter beteiligt. Eine Voraussetzung für die gemeinsame Nutzung ist die Sicherstellung des fairen Zugangs zu Netzen. In Europa wird dies mit dem Konzept „Open Network Provision – ONP" angestrebt, in den USA mit der „Open Network Architecture – ONA".[67] Ein anderer Weg der gemeinsamen Nutzung von Infrastruktur wird im Rundfunkbereich beschritten. KATV-Gesellschaften werden häufig durch sogenannte „must carry"-Regulierungen verpflichtet, terrestrische TV-Programme, in der Regel jene des öffentlichen Rundfunks, zu übertragen. Regulierungen, die den Zugang zu KATV-Netzen auch für andere potentielle Programmanbieter sichern, sind bisher die Ausnahme. Sie werden jedoch im Zuge der Transformation von KATV zu integrierten Breitbandnetzen neu diskutiert.

Für KATV-Netze wurden meist Kupfer-Koaxialkabel verwendet. Diese Netze sind zwar ebenfalls breitbandig, jedoch aufgrund ihrer Topographie als reine Verteilnetze nur eingeschränkt für Telematik-Dienste verwendbar. Daher werden sie schrittweise in Richtung verstärkte Interaktivität umgerüstet. Strukturell betrachtet setzen sich folgende Merkmale der Telematik nun auch im Rundfunksektor durch:
- Digitaltechnik ersetzt schrittweise analoge Technik
- Radio- und Fernsehdienste werden zunehmend über Kabel angeboten
- Verteilnetze werden in Richtung Vermittlungsnetze umgerüstet, um die Interaktivität der Infrastruktur zu stärken.[68]

Die Zielvorstellungen der technischen Konvergenz variieren. Sie beinhalten multifunktionale Multimedia-Endgeräte sowie *ein* universell verfügbares integriertes Breitbandnetz, oder aber ein Netz, bestehend aus kompatiblen, miteinander verbundenen Netzen (Netz von Netzen), das v.a. auch integrierte Breitbandnetze enthält.[69]

(2) Die zentrale **gesellschaftliche Funktion** des Rundfunks ist Unterhaltung und Bildung, während die Telekommunikation schwerpunktmäßig den geschäftlichen Kommunikationsbedarf abdeckt. Zu einer Auflösung dieser Unterscheidung

---

67 In den USA tritt die ältere Strategie der „Open Network Architecture" etwas in den Hintergrund. Die Schaffung und Sicherung des Netzes von Netzen soll gemäß dem US Telecommunications Act of 1996 durch offenen und gleichen Zugang, Interconnection-Verpflichtungen und faire Kompensationsregelungen gewährleistet werden.

68 KATV ist zwar von jeher kabelgebunden, jedoch entsprechend dem Rundfunkprinzip als reines Verteilmedium konzipiert.

69 Vgl. Abbildung 17 und 18 in Abschnitt 4.3.1.3.

kommt es vorerst durch sogenannte „*hybride Dienste*".[70] Diese entstehen auf zwei verschiedene Arten:
- durch die Verwendung einer Kombination aus Rundfunk und Telekommunikationstechnik
- durch die Verwendung bestehender Dienste in einer neuen Art, die die traditionellen funktionalen Abgrenzungen durchbricht.

Beispiele für die erstgenannte Variante sind Videotex, Videokonferenzen und Video on Demand (VOD). Im ursprünglichen Konzept von Videotex wird die Telefonleitung zur Übertragung (Telekommunikationstechnik), das Modem und ein Decoder zur Übersetzung der Signale (Computertechnik) und ein TV-Gerät zur Darstellung der Informationen (Rundfunktechnik) kombiniert.[71] Bei Videokonferenzen werden ebenfalls Rundfunk-, Computer- und Telekommunikationstechnik benutzt. Für Video-on-Demand können alternativ beide Übertragungswege verwendet werden: die Kupfer-Zweidrahtleitung des Telefonnetzes in Verbindung mit der Kompressionstechnik ADSL (Asynchronous Digital Subscriber Line) und das KATV-Netz in Verbindung mit Set-Top-Boxes (Dekoder), die an das TV-Gerät angeschlossen werden. Die Videos werden in einem speziellen Computer (Videoserver) digital gespeichert und können von dieser Filmdatenbank mit dem Heimterminal abgerufen werden.

Audiotex, Data-Broadcasting, Geschäfts-TV und Teletex[72] sind Beispiele für hybride Dienste, die bestehende Dienste in neuer grenzüberschreitender Form verwenden. Audiotex-Applikationen sind im wesentlichen Telefongespräche zu erhöhten Gebühren, wobei der Benutzer keine zusätzliche Ausstattung benötigt.[73] Der Telefonapparat dient als Audiotex-Terminal. Die Konvergenz mit dem Rundfunkbereich findet insoferne statt, als schwerpunktmäßig Unterhaltung via Audiotex angeboten wird und in der Folge die Telekommunikations-Regulierungsinstitutionen vor klassische Aufgaben der Rundfunkregulierung stellt (Inhalts- und auch Werbungsregulierung). Bei Data-Broadcasting und Geschäfts-TV wird Rundfunktechnologie für geschäftliche Kommunikation eingesetzt. Teletex, das technisch gesehen die Austastlücke des Bildaufbaus im Fernsehen für die Übermittlung von Textseiten nutzt, bietet eingeschränkte Interaktivität (Abruf der Seiten) und unterscheidet sich

---

70   Vgl. OECD 1992b, S.38ff; Kelly 1989.

71   Zur vergleichenden Analyse der Videotex-Entwicklung in Europa und den USA siehe Bouwman/Christoffersen 1992.

72   Teletex wird in Österreich unter dem Markennamen Teletext und in Deutschland als Videotext angeboten.

73   Zur vergleichenden Analyse der Audiotex-Entwicklung in Europa und den USA siehe Latzer/Thomas 1994.

dadurch von traditionellen Rundfunkdiensten. Während Audiotex der Telekommunikation zugeordnet wird, werden die restlichen hier beschriebenen hybriden Dienste als Rundfunk-Dienste klassifiziert und den entsprechenden Regulierungsmodellen unterworfen. Ein Musterbeispiel der Konvergenz ist das Internet. Hier versagen die traditionellen Klassifikationsschemata gänzlich. Über Internet werden nicht nur Datenbanken angeboten, elektronische Post verschickt und telefoniert, sondern man kann auch Radio hören und Videos anschauen.[74]

Der Ausgangspunkt des zweiten Konvergenzschrittes ist, anders als bei der Entstehung der Telematik, nicht die Digitalisierung, sondern vielmehr die funktionale Konvergenz, die Überschneidung auf der Dienste-Ebene, die die eindeutige Zuordnung zur Telekommunikation einerseits oder zum Rundfunk andererseits erschwert bzw. unmöglich macht. Die Relevanz der Zuordnung ergibt sich aus den unterschiedlichen Regulierungen der Subsektoren. Die Klassifikation birgt Konfliktpotential, da sie die Marktbedingungen beeinflußt. Die dem Rundfunksektor zugeordneten Dienste Teletex und Pay-TV[75] könnten aufgrund ihres interaktiven Charakters und der Beschränkung auf eine geschlossenen Benutzergruppe auch als Telekommunikations-Mehrwertdienste klassifiziert werden, mit wesentlichen Konsequenzen für deren Regulierung und für die politische Verantwortlichkeit für die Dienste.[76]

(3) Die Ausgangsbedingungen für **unternehmensbezogene Konvergenz** sind, wie im Fall der Telematik, vorerst vom regulatorischen Rahmen abhängig. Folgende Varianten der Konvergenz auf Unternehmensebene bieten sich an:[77]

- eine Firma produziert Geräte/Software für beide Sektoren (dual manufacture)
- eine Firma, die für den Telekommunikationssektor produziert, und eine, die für den Rundfunksektor produziert, sind im gemeinsamen Besitz (cross-ownership)
- ein Unternehmen bietet sowohl Telekommunikations- als auch Rundfunk-Dienste an (cross-provision).

Ein Beispiel für *cross-provision* sind KATV-Betreiber in Großbritannien, die gleichzeitig Telefondienste anbieten. Im Jahr 1995 hatten sie bereits eine Million Telefonkunden. Die Konvergenz liegt in diesem Fall eher auf der Unternehmensebene, der cross-provision, und weniger bei der Technik, da weitgehend getrennte Technik für die beiden Dienste verwendet wird. Sie wurden im letzten Teilstück

---

74 Zur Dienste-Entwicklung siehe Abschnitt 4.3.2.
75 Genaugenommen ist nur ein Teil der Pay-TV-Dienste interaktiv (siehe auch Abschnitt 4.3.2).
76 Vgl. Stoetzer 1991, S.13.
77 Vgl. OECD 1992, S 13f.

zum Teilnehmer (local loop) vorerst nicht auf einem Kabel integriert. In Westeuropa ist der Großteil der PTOs am Betrieb von KATV-Netzen beteiligt. In Dänemark, Deutschland und Schweden ist die Beteiligung „dominant", in Frankreich, Irland, Niederlande, Finnland und Norwegen ist sie „erheblich".[78] Insgesamt wird der Schwerpunkt der unternehmensbezogenen Konvergenz anfänglich weniger beim Dienst-Angebot, als vielmehr bei den Hardware- Produzenten erwartet.[79] Vor allem in den USA kam es Anfang der 90er Jahren zu einer Reihe von Übernahmen, Beteiligungen und Kooperationen zwischen Telekommunikations-, Kabelrundfunk- und Medienunternehmen mit dem Ziel der vertikalen Integration entlang der Wertschöpfungskette: von der Inhaltsproduktion über das Dienst-Angebot zur Infrastruktur.[80] Auch Unterhaltungskonzerne wie Sony Pictures Entertainment, Twentieth Century Fox, Viacom-Paramount, Walt Disney Co. und Warner Bros. diversifizieren in den (interaktiven) Multimediamarkt.[81] Die Softwarefirma Microsoft ist ebenfalls zunehmend an Entwicklungen im Multimediamarkt beteiligt. Ein weiteres Beispiel unternehmensbezogener Konvergenz (cross-provision) ist die kanadische Firma Cancom (Canadian Satellite Communications).[82] Die in Abbildung 7 zusammengefaßten Allianzen im Kommunikations-Dienstemarkt verdeutlichen den Konvergenztrend auf Unternehmensebene. Sie zeigen die zunehmende Verknüpfung der Telekommunikations-, Rundfunk-, Computer- und Filmbranche im Dienst-Angebot.

Auf der Suche nach *empirischer Evidenz* für die Konvergenz von Telematik und Rundfunk findet man also vor allem hybride Dienste, multimediale Endgeräte – im wesentlichen PCs, die neben Datenverarbeitungskapazität und Telekommunikationsfunktionen auch Rundfunkempfang ermöglichen – und Unternehmen, die sowohl Telekommunikationsdienste als auch KATV anbieten. Die Konvergenz mit terrestrischem Radio und Fernsehen ist in der frühen Phase der Entwicklung gering, zu Überschneidungen kommt es bisher v.a. mit KATV. Dies ist naheliegend, zumal sich deren Infrastruktur mit steigendem Diffusionsgrad[83] gut für den Einstieg in den Telekommunikationsmarkt eignet. Ein wesentlicher Faktor für das internationale Voranschreiten der Konvergenz ist auch hier die jeweilige staatliche Regulierung. Das folgende Beispiel illustriert die grenzüberschreitenden Konsequenzen

---

78   Siehe Ungerer 1995, S.68.

79   Vgl. OECD 1992.

80   Für Beispiele der Konvergenz auf Unternehmensebene siehe ITU 1995, S.63ff.

81   Siehe dazu Keen 1996.

82   „We are involved in both telecoms and broadcasting. We are, so to speak, at the convergence of the two worlds." (Racine 1995, S.19)

83   In Belgien und den Niederlanden gab es 1994 bereits mehr KATV-Teilnehmer als TV-Haushalte, während in Großbritannien die Diffusion nur 4,5 Prozent (gemessen an TV-Haushalten) betrug (ITU 1995, A-76ff). Siehe Abbildung 10 in Abschnitt 3.2.

asymmetrischer Marktregulierung: US-Telefonfirmen, die in den USA in ihrem jeweiligen Monopolbereich nicht in das KATV-Geschäft einsteigen durften, nutzten das weltweit am weitestgehend liberalisierte Umfeld Großbritanniens, um dort vorerst lokales KATV anzubieten. Als nächster Schritt folgte das gleichzeitige Angebot von Telefondiensten.

Abbildung 7: Bestehende und angekündigte Allianzen im Kommunikations-Dienstemarkt (Auswahl), Stand: 1995

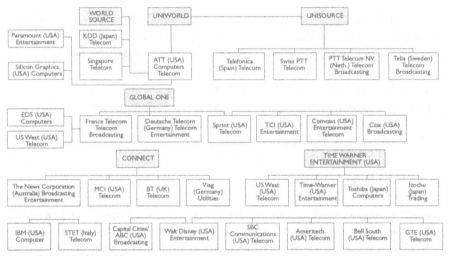

Quelle: Petrazzini 1996, S.28

Es sind v.a. „*line-of-business*"- und „*cross-media*"-Restriktionen, die die Konvergenz wesentlich hemmen.[84] In etlichen Ländern, auch in den relativ stark liberalisierten Märkten Großbritanniens und Japans, existieren Regulierungen, die dominanten Rundfunk- und Telekom-Firmen den Einstieg in das jeweils andere Geschäftsfeld untersagen. Der Abbau derartiger Restriktionen erfolgt schrittweise; sie sind teilweise zeitlich limitiert, wie in Großbritannien. Die Übergangsfristen werden mit der Verfolgung des öffentlichen Interesses gerechtfertigt. Es soll gewartet werden, bis faire Wettbewerbsbedingungen gesichert sind. Konkurrenz durch ausländische Investoren wird traditionell durch Beschränkungen des ausländischen Ein-

---

84 In den USA durften die lokalen Telefongesellschaften (Bell Operating Companies, BOC) in ihrem jeweiligen Monopolbereich keine KATV-Dienste anbieten. Die Errichtung der KATV-Infrastruktur und deren Vermietung an KATV-Firmen war hingegen erlaubt. Diese Regulierung sollte u.a. die Entfaltung der Kabel-Industrie schützen. (Über 60 Prozent der US-Haushalte haben inzwischen einen KATV-Anschluß, das Netz führt an über 95 Prozent der Haushalte vorbei.) Der US Telecommunications Act of 1996 hob die „line-of-business"-Restriktionen in den USA weitgehend auf.

flusses (foreign ownership restrictions) unterbunden, die allerdings im Zuge der Liberalisierung ebenfalls abgebaut werden. All diese Restriktionen sind besonders bei konvergenten, hybriden Diensten problematisch (bspw. VOD), deren eindeutige Zuordnung entlang der traditionellen Kriterien nicht mehr möglich ist. Aufgrund der zunehmenden Globalisierung der Märkte ist die zeitliche Harmonisierung der Reformschritte für die nationalen Anbieter von wirtschaftlichem Interesse, da anderenfalls unterschiedliche wirtschaftliche Ausgangsbedingungen für den internationalen Wettbewerb verstärkt werden.

Im Unterschied zur Telematik steckt der zweite Konvergenzschritt in Richtung Mediamatik noch weitgehend in den Kinderschuhen. Was seine technische Gestaltung betrifft, kursieren zum Teil einander konkurrenzierende Visionen.[85] Die staatliche Politik konzentriert sich meist noch auf die Umsetzung einer Regulierungsreform, die es erlaubt, die Chancen und Möglichkeiten der Telematik zu nutzen. Gleichzeitig beginnt in den 90er Jahren bereits die Diskussion über die Zielvorstellungen/Visionen der weiterführenden Konvergenz in Richtung Mediamatik und es werden Schritte zu ihrer Gestaltung gesetzt.[86]

2.2.2.2. Konvergenzhemmnisse

Weitreichende Konvergenz bedingt auch Kollisionen. Bei der Analyse von Konvergenzbewegungen ist daher auch das Kollisionsverhalten zu beachten. Dies im speziellen dann, wenn die Konvergenz über eine Annäherung hinausgeht und auf Verschränkungen von Teilbereichen abzielt, wie etwa bei den Subsektoren der elektronischen Kommunikation. Der spektakulärste Fehlschlag von Konvergenz auf Unternehmensebene war das Scheitern des angekündigten 30 Milliarden US-Dollar Mergers zwischen dem größten US-KATV-Betreiber TCI (Tele-Communications, Inc.) und der Telefonfirma Bell Atlantic. Einerseits konnte keine Einigung über die Firmenbewertungen erzielt werden, andererseits wurde auch die KATV-Preisregulierung des FCC – die die Profite mindert – für das Scheitern verantwortlich gemacht.[87]

Die zentralen Konvergenzhemmnisse beeinflussen den Konvergenzprozeß zeitlich und inhaltlich. Sie können in drei Gruppen zusammengefaßt werden:

- *Firmenkultur; Ökonomie.* Unterschiede in den ökonomischen Rahmenbedingungen von Telematik und Rundfunk haben auch zu unterschiedlichen Firmenkulturen und unterschiedlichen Anforderungen an das Management in den Industriezweigen geführt, die nur schwer miteinander ver-

---

85   Siehe Abschnitt 4.3.
86   Siehe dazu Kapitel 3.
87   Siehe dazu Burstein/Kline 1995, S.363ff.

einbar sind. Der kulturell-politische Fokus auf Privatkunden im Rundfunkbereich steht beispielsweise der ökonomisch-politischen Ausrichtung auf kommerzielle Kunden im Telematiksektor gegenüber. Weiters sind die Umsätze und Profite im Telematikbereich um ein Vielfaches höher als im Rundfunkbereich.

- *Regulierung.* Im wesentlichen limitieren „line-of-business"- und „cross media"-Regulierungen sowie Beschränkungen des ausländischen Einflusses die gegenseitige Durchdringung der Teilmärkte. Sie beruhen auf Überlegungen zur Begrenzung nationaler und globaler Marktmacht einzelner Firmen.
- *Institutionelle Reformresistenz.* Institutionelle Trägheit, kombiniert mit machtpolitischen Kalkülen fördert in bürokratischen und politischen Institutionen die Tendenz, Reformen zu blockieren. Die Reformresistenz ist insbesonders dann hoch, wenn die Veränderungen mit Verschiebungen von Kompetenzen und damit von politischen Einflußmöglichkeiten verbunden sind.[88]

Entwicklungsgeschichtlich betrachtet ist es vor allem die *staatliche Politik*, die eine frühzeitige Konvergenz der Bereiche und damit den marktgesteuerten Test des Kollisionsverhaltens verhindert.[89] Die Aufspaltung des Kommunikationssektors in Subsektoren ist weniger markt-, sondern vielmehr politisch gesteuert, wobei die Ausformungen in den einzelnen Staaten zum Teil beträchtlich variieren, wie bereits die frühe Geschichte des Telekommunikationssektors zeigt. Während in Europa die Konvergenz von Telegraf und Telefon von staatlicher Seite vorangetrieben wurde, zwang die US-Regierung im Jahr 1913 die Telefonfirma AT&T, die Übernahme der Telegrafenfirma Western Union wieder rückgängig zu machen.[90] Die regulatorischen Grenzziehungen in den einzelnen Ländern scheinen oft willkürlich gesetzt zu sein. Getrennt wird zwischen elektronischen und nichtelektronischen Medien, zwischen dem regionalen und landesweiten Angebot, aber auch zwischen nationalem und internationalen Angebot. Das deklarierte gemeinsame Motiv hinter den Begrenzungen ist die Einschränkung von Machtkonzentration.

Der *US Telecommunications Act of 1996* [91] bringt eine einschneidende Reduktion der „line-of-business"- und „cross-media"-Restriktionen und erzeugt damit – auf-

---

88 Für eine Begründung der bürokratischen Reformresistenz siehe die Bürokratietheorie nach Downs 1967.
89 Erst dann können die Konsumentenpräferenzen als mögliche weitere Konvergenzhemmnisse wirksam werden.
90 Pool 1983, S.30.
91 http://www.bell.com/legislation/s652final.html

grund der daraus entstehenden asymmetrischen Regulierungssituation – Anpassungsdruck auf andere Industrieländer, dem Beispiel zu folgen. In den USA wird der lokale Telefonmarkt für Wettbewerb geöffnet, ohne die Telefon-Fernverkehrsfirmen auszuschließen; die RBOCs (Regional Bell Operating Companies) können im Gegenzug in den Fernverkehrsmarkt einsteigen[92] und dürfen auch wieder Geräte produzieren. Auch für den KATV- und den Electronic Publishing-Markt werden die regulatorischen Auflagen reduziert. Für die Rundfunkanstalten bringt das Gesetz die Möglichkeit, digitale Dienste anzubieten; die Begrenzung auf eine maximale Anzahl von Stationen fällt, nun dürfen sie auch in das KATV-Geschäft einsteigen. Ähnliche legislatorische Veränderungen sind auch in anderen Ländern zu erwarten. Nicht zuletzt, weil sich sonst für die weiterhin restriktiv regulierten Firmen Nachteile im globalen Wettbewerb ergeben würden.

Aussagen über die Gewichtung von Konvergenzhemmnissen können nur eingeschränkt generalisiert werden. Sie hängen von den Spezifika der jeweiligen Regulierungen und v.a. von der politischen Kultur der Staaten ab, vom Umgang und der Abwicklung von Reformen, von der nationalen Präferenzsetzung etc. Die Ausgangsbedingungen variieren beträchtlich. Während etwa die Europäische Union nicht nur mit den generellen Unterschieden zwischen Rundfunk und Telekommunikation konfrontiert ist, sondern auch mit äußerst unterschiedlichen Ansätzen innerhalb der Rundfunk- und Telekommunikationssektoren der einzelnen Mitgliedsländer,[93] stellen sich derartige Konvergenzprobleme in Japan nicht.[94] Die nationalen Spezifika und Einflußfaktoren auf die Wahl der Strategie in Richtung Mediamatik und deren Umsetzungschancen werden im nachfolgenden Kapitel u.a. anhand des Fallbeispiels Japan analysiert.

---

92 Bis zum Vorhandensein von Konkurrenz („facility based") nur jeweils außerhalb ihres Versorgungsgebietes. Für eine ausführliche Analyse der Veränderungen durch den US Telecommunications Act of 1996 siehe Baldwin/McVoy/Steinfield 1996, S.301ff.

93 Siehe Garnham/Mulgan 1991.

94 Für einen Vergleich von regulatorischen Hürden für die Konvergenz von Telekommunikation und KATV in den USA, Japan und der EU siehe Patel 1992.

3. Mediamatik: Ausgangsbedinungen & politisch-ökonomische Strategien

Die Ausgangsbedingungen für die Mediamatik, zum Beispiel die Verbreitung von Kommunikationsdiensten und die Konditionen der nationalen Politik, variieren v.a. zwischen Industrie- und Entwicklungsländern beträchtlich. Dementsprechend unterschiedlich sind auch die Interessenlagen in der globalen Politik. Vorgegeben werden Richtung und Tempo der weltweiten Veränderungen von der Triade USA, Japan und EU. Die exemplarische Analyse der japanischen NII-Strategien soll die Fülle an Maßnahmen, deren spezifische, interessenbezogene Ausrichtung und die „Hidden Agenda" der Initiativen aufzeigen.

3.1. Ausgangsbedingungen einer globalen Entwicklung

Die Vision der „National Information Infrastructure" (NII) wurde bald um das Schlagwort der „Global Information Infrastructure" (GII) beziehungsweise der „Global Information Society" (GIS) erweitert.[1] Ist es aber wirklich ein globaler, ein weltweiter Trend, der sich gegenwärtig im elektronischen Kommunikationssektor vollzieht?

Trotz der Aufbruchstimmung in den Industrieländern und der verheißungsvollen Visionen von der „Informationsgesellschaft", trotz der Betonung des Globalisierungstrends und der angestrebten Global Information Infrastructure sollte das Gesamtbild der weltweiten Entwicklung nicht aus den Augen verloren werden. Dazu zählt das Faktum, daß Anfang der 90er Jahre in rund 50 Ländern, und damit für mehr als die Hälfte der Weltbevölkerung, nicht einmal ein Telefonanschluß pro 100 Einwohner zur Verfügung stand,[2] daß in etlichen Ländern Anfang der 90er Jahre erst 5 bis 7 Telefonanschlüsse pro 10.000 (!) Einwohner installiert waren, während es

---

1 Im März 1994 stellte US Vice President Al Gore das amerikanische Konzept der GII auf einer Konferenz der International Telecommunications Union (ITU) in Buenos Aires vor. Seit der im Februar 1995 abgehaltenen G7-Konferenz der bedeutendsten Industriestaaten zum Thema Information Society ist die GIS auch Teil ihrer Agenda.

2 Vgl. Maitland 1994, S.13.

im Vergleich dazu in den OECD-Länder bereits durchschnittlich 4.500 Telefonanschlüsse pro 10.000 Einwohner gab.[3] Im Fall von Diensten wie Online-Datenbanken, Internet und Videokonferenzen sind die Verbreitungsunterschiede noch krasser. Dementsprechend unterschiedlich sind auch die Interessen und Zielsetzungen der Industrie- und der Entwicklungsländer. Solange die Basisversorgung bei Telefon, Fernsehen und Computer nicht sichergestellt ist, sind digitales Fernsehen, Internet, Virtual Reality und integrierte Breitbandnetze zweitrangige Themen. Die Einbeziehung in GII-Strategien erfolgt von außen, wobei die Entwicklungsländer danach trachten, daß sich der Abstand zu den Industrieländern – bezüglich der Diffusion von Diensten, aber auch beim Einfluß auf Märkte und globale Strategien – im Zuge der GII-Initiativen nicht noch weiter vergrößert.[4]

Die folgende Abbildung 8 zeigt die Diffusionsunterschiede von Telefonanschlüssen, Fernsehgeräten und PCs in ausgewählten Industriestaaten und Entwicklungsländern. Demnach sind die Verbreitungsunterschiede bei Telefonanschlüssen und PCs bedeutend höher als beim Fernsehen. In dieser Statistik wurden jedoch nur 39 wirtschaftlich bedeutende Staaten als Grundgesamtheit herangezogen. Die „armen" Entwicklungsländer sind hier gar nicht erfaßt; deren Berücksichtigung würde die ausgewiesenen Diffusionsunterschiede noch beträchtlich vergrößern.[5] Es gibt auch keine Hinweise dafür, daß sich die Disparitäten im Entwicklungsstand der nationalen elektronischen Kommunikationssysteme durch den Konvergenztrend verringern werden, falls dieser ohne gezielte Begleitmaßnahmen vollzogen wird. Eine wesentliche Restriktion für den Ausbau der Kommunikationsinfrastruktur ist die Schuldenkrise der Entwicklungsländer. Weiters ist zu beachten, daß die Telefon-Ausbaukosten höher zu veranschlagen sind, als in den Industrieländern. Während dort Durchschnittskosten von rund 1.500 US-Dollar pro zusätzlichem Telefonanschluß angenommen werden, liegen die Installationskosten in Afrika bei etwa 6.000 US-Dollar pro Anschluß.[6]

---

3   Vgl. OECD 1995a, S.40.

4   Zur Problematik der damit zusammenhängenden Unterteilung in Info-Rich und Info-Poor siehe Haywood 1995.

5   Hoffnungen auf einen rascheren Aufholprozeß der Entwicklungsländer in der Telefonpenetration werden in die Verwendung von Mobilkommunikation anstatt der investitionsintensiveren leitungsgebundenen Netze gesetzt.

6   Jones 1996, S.20; zur Diffusion von Telekommunikationsdiensten in Entwicklungsländern siehe Antonelli 1991.

Abbildung 8:   Durchschnittliche Diffusion von Telefonanschlüssen, Fernsehapparaten und PCs (pro 100 Einwohner) in ausgewählten Industrie- und Entwicklungsländern, Stand: 1994

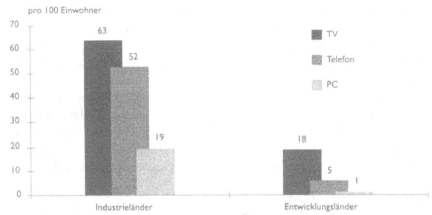

Anm.:   Als Grundgesamtheit dienten 39 wirtschaftlich bedeutende Staaten
Quelle: Daten aus ITU 1995, S.42

Auch in den Entwicklungsländern zeichnen sich politische Reformen im Telekommunikations- und Rundfunksektor ab, v.a. sind die für Industrieländer bereits beschriebenen Liberalisierungs- und Privatisierungstrends[7] zu beobachten, die mit einem starken Anstieg des ausländischen Einflusses verbunden sind.[8] Während in den Industrieländern die Privatisierung oft dem Stopfen von Budgetlöchern dient, wird in Entwicklungsländern versucht, damit ausländische und inländische Investitionen in die Infrastruktur anzukurbeln.[9] Die Industriestaaten drängen auf eine rasche weltweite Öffnung der Märkte und wollen dies v.a. durch Initiativen der World Trade Organization (WTO) vorantreiben. Die Entwicklungsländer bremsen, da sie befürchten, ihre Märkte würden von ausländischen Firmen übernommen, noch bevor sich die nationalen Akteure etablieren können. Sie plädieren daher für eine behutsamere Vorgangsweise bei der Öffnung der Märkte, als sie von den bedeutendsten Industriestaaten in den G7-Prinzipien zur Förderung der „Global Information Society" vorgesehen ist.[10]

---

7   Allein in Lateinamerika wurden in Argentinien, Chile, Mexiko, Peru und Venezuela die Mehrheitsanteile an den PTOs verkauft (Maitland 1994, S.14). Zur vergleichenden Analyse der Regierungsstrukturen in ausgewählten Entwicklungsländern siehe Levy/Spiller 1994.

8   Zu strategischen Optionen von Entwicklungsländern anhand des Beispiels Mexiko siehe Cowhey/Aronson/Székely 1989. Zur politisch-ökonomischen Analyse von Telekommunikationsreformen in Entwicklungsländern siehe Petrazzini 1995.

9   Vgl. Maitland 1994, S.12.

10   Siehe Jones 1996, S.17ff. Die G7-Prinzipien und deren Umsetzungsmaßnahmen wurden im Rahmen der Ministerkonferenz der sieben wichtigsten Industriestaaten zum Thema Informationsgesellschaft im Februar 1995 in Brüssel festgelegt.

3.2. Dominanz der Triade

Die Konvergenzproblematik, die Transformation zur „globalen Informationsgesellschaft", ist also in erster Linie ein Thema der Industrieländer, wobei auch innerhalb dieser Gruppe wegen der Unterschiede der Marktstärken und politischen Kulturen erhebliche Interessendivergenzen existieren. Die „Trendsetter", und gleichsam der Motor für das neue Politikmuster im elektronischen Kommunikationssektor, sind die Triade USA, Japan, Europäische Union. Deren zentrales Ziel ist die Vergrößerung ihrer Weltmarktanteile im Hoffnungsmarkt multimediale Kommunikation. Im Vordergrund des Wettbewerbs stehen industriepolitische Ziele (Strukturreform), Arbeitsplätze und Wirtschaftswachstum – und erst in zweiter Linie gesellschaftspolitische Visionen, die auf neu gestalteten Kommunikationssystemen aufbauen.

Einen deutlichen Beleg für die Dominanz der Triade im elektronischen Kommunikationssektor bietet die Liste der zwanzig größten Unternehmen im weltweiten Markt für Geräte und Dienste (siehe Tabelle 3): Acht davon stammen aus Japan, sieben aus Europa und fünf aus den USA.

Als Indikator für die bereits bestehenden Zugangsmöglichkeiten zu Multimedia-Anwendungen beziehungsweise für den Anschluß an den Information Highway wurde von der ITU eine Kombination aus TV-, Telefon- und PC-Dichte herangezogen.[11] Die 17 bestgereihten Länder[12] sind in Abbildung 9 zusammengefaßt. Im Vergleich zur Unternehmensstatistik ist hier die Position Japans weniger gut. Die Liste wird von den USA angeführt und erst an zehnter Stelle folgt Japan als erstes asiatisches Land. Weiters fällt auf, wie sehr die Telefon-, TV- und PC-Verbreitung in den einzelnen Ländern variieren. Das trifft auch für KATV, Satelliten-TV, Videotex und Internet[13] zu und ist einer der Gründe, warum unterschiedliche, länderspezifische Strategien zur Entwicklung der Mediamatik notwendig sind. Besonders kraß sind die Unterschiede bei den zum terrestrischen Fernsehen alternativen Anschlüssen (KATV und Satelliten-TV). Während ihre kombinierte Diffusion Mitte der 90er Jahre in Belgien, Niederlande und der Schweiz bereits jene der (terrestrischen) Fernsehhaushalte überstiegen hat, liegt sie in Frankreich, Spanien und Italien – gemessen an den TV-Haushalten – unter 15 Prozent (siehe Abbildung 10).

---

11   Siehe ITU 1995, S.42.
12   Grundgesamtheit: 39 wirtschaftlich bedeutende Staaten.
13   Siehe Abbildung 21, Abschnitt 4.3.1.1.

Tabelle 3:   Die zwanzig größten Info-Kommunikations-Unternehmen (Geräte und Dienste, nach Umsätzen gereiht), Stand: 1994

Firmen	Land	Umsatz in Mrd. US-Dollar
NTT	Japan	79
AT&T	USA	72
IBM	USA	64
Sony	Japan	44,7
NEC	Japan	43,3
Deutsche Telekom	BRD	37,7
Matsushita	Japan	37,3
Fujitsu	Japan	36,6
Hitachi	Japan	30,2
Toshiba	Japan	29,9
HP	USA	25
Siemens	BRD	23,5
France Télécom	Frankreich	23,3
BT	Großbritannien	22,6
Motorola	USA	22,2
Philips	Niederlande	21,1
STET	Italien	20,9
Alcatel Alsthom	Frankreich	20,4
GTE	USA	19,9
Canon	Japan	19,3

Quelle: Daten aus ITU 1995, S.2

Bei den Telematik-Diensten hat das leitungsgebundene Telefon hingegen nach wie vor unangefochten die höchste Penetration. In Abbildung 11 ist die Entwicklung der Telefonpenetration der letzten beiden Jahrzehnte dargestellt. Im Vergleich dazu lag die höchste Mobiltelefonpenetration (pro 100 Einwohner) Mitte 1996 bei 25 Prozent (Schweden, siehe Abbildung 12) und für Faxgeräte im Jahr 1992 (pro 100 Telefonanschlüsse) bei 10 Prozent (Japan).[14] Für die Beurteilung der Zugangsmöglichkeiten zu Multimedia-Anwendungen ist schließlich nicht nur die PC-Penetration, sondern auch die Verbreitung von Modems[15] ausschlaggebend (siehe Abbildung 13). Die kombinierte Verbreitung von PCs und Modems liegt deutlich unter den PC-Diffusionswerten, in Privathaushalten meist sogar unter fünf Prozent.

---

14   Vgl. OECD 1995a, S.45.

15   Modems (MODulation, DEModulation) dienen der Ver- und Rückwandlung analoger in digitale Signale und sind – da die Digitalisierung derzeit meist nur bis zur letzten Telefonvermittlungsstelle reicht – für die Anbindung des Computers an das Telefonnetz nach wie vor notwendig.

Abbildung 9:   Multimedia-Anschlüsse: PC-, TV- und Telefonpenetration pro 100
               Einwohner; die 17 bestgereihten Länder (berechnet anhand der
               Kombination aus PC-, TV- und Telefonpenetration), Stand: 1994

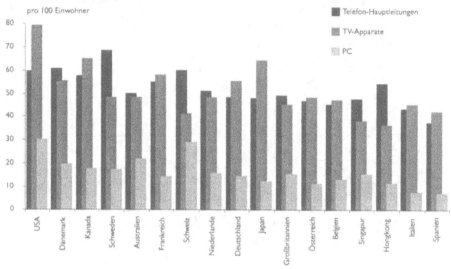

Quelle: Daten aus ITU 1995, S.42

Abbildung 10:   Kabel- und Satelliten-TV-Penetration (in Prozent der TV-Haus-
                halte) in ausgewählten OECD-Ländern, Stand: 1994

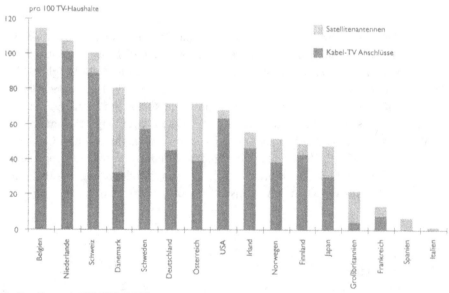

Quelle: Daten aus ITU 1995, A-76ff

Abbildung 11: Telefonhauptanschlüsse pro 100 Einwohner in ausgewählten OECD-Ländern, Stand: 1974-1994

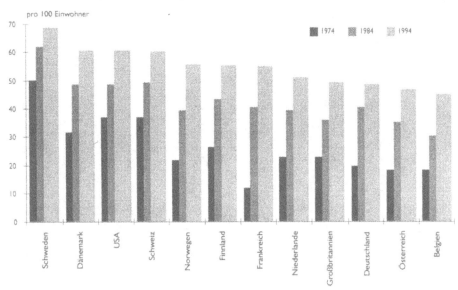

Quelle: Daten aus OECD 1988, 1990; Antonelli 1991, ITU 1995

Abbildung 12: Mobiltelefon-Penetration pro 100 Einwohner in ausgewählten OECD-Ländern, Stand: 5/96 bzw. Ende 1995*

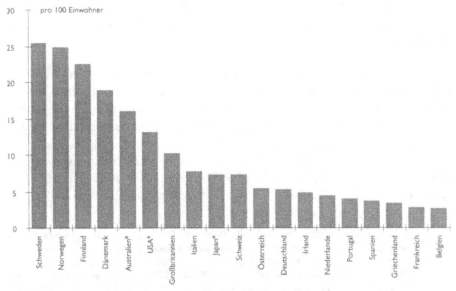

Quelle: Daten aus Financial Times – Mobil Communication, 16. Mai 1996; *Mobile Communication International, Mai 1996; *Cellular Telecommunication Industry Association

Abbildung 13:   PC- und Modempenetration in den Privathaushalten ausgewählter
OECD-Länder, Stand: 1995

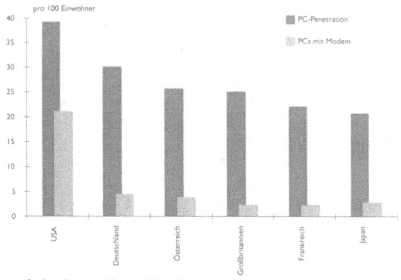

Quelle: Daten aus Hansen 1996, S.95

In beinahe allen Industrieländern wurden und werden *Strategieprogramme* in Richtung „Informationsgesellschaft" oder synonym verwendeter Begriffe erarbeitet und
dementsprechende *Pilotprojekte* gestartet. Dies geschieht auf globaler, nationaler
und regionaler Ebene.[16] Auch hier gingen die wegweisenden Visionen und Konzepte von der Triade USA, Japan und EU aus, wie bereits in Abschnitt 1.5 ausgeführt wurde.

In den *USA* starteten die Initiativen schwerpunktmäßig im Jahr 1993; es wurde u.a.
die „Information Infrastructure Task Force" eingesetzt, die bereits etliche Berichte
veröffentlichte (u.a. „The National Information Infrastructure: Agenda for Action",
„Putting the Information Infrastructure to Work", „The Information Infrastructure:
Reaching Society´s Goals", „Global Information Infrastructure: Agenda for Cooperation"). Ausgangspunkt der *EU-Initiativen* in Richtung Informationsgesellschaft
war das Dezember 1993 veröffentlichte Weißbuch „Growth, Competitiveness,
Employment: The Challenges and Ways Forward into the 21st Century" (COM

---

16   Siehe Ministry for Research Demark 1994, Ministry for Finance Finland 1995; zu Initiativen in
      Nordeuropa siehe Ohlin 1995; zu Deutschland siehe Kubicek 1996a und <http://www.iid.de/
      overview.html> (u.a. für: „Info 2000: Deutschlands Weg in die Informationsgesellschaft"); zu
      Großbritannien siehe Dutton/Blumler/Garnham/Mansell/Cornford/Peltu 1994; zu US-NII-
      Berichten siehe <http://iitf.doc.gov>; zur US-Strategie vgl. Drake 1995; zu EU-Aktivitäten siehe
      <http://www.ispo.cec.be>; zum US-EU-Vergleich siehe Univ. of Bremen 1995; zu nationalen
      Information Superhighway-Visionen vgl. ITU 1995, S.35ff.

(93)700). Die Europäische Union ließ in der Folge ebenfalls Strategiepapiere erarbeiten, etablierte 1994 kommissionsintern das ISPO (Information Society Project Office)[17] und 1995 die externen Beratungsgremien „Forum Information Society" und die „High Level Group of Experts on the Social and Societal Aspects of the Information Society" mit Fachleuten aus den Mitgliedsländern.[18] Die *G7-Staaten* legten 1995 ihre Prinzipien für die Förderung der Global Information Society (GIS) fest und einigten sich auf transnationale Pilotprojekt-Themen.[19] Etliche Länder wie *Dänemark* (1994) und *Schweden* (1995) publizierten ihre Konzepte für die Informationsgesellschaft; in *Österreich* ist 1996 ein dementsprechendes Weißbuch der Regierung in Ausarbeitung; in *Deutschland* ließ die Bundesregierung 1995 einen Bericht erstellen und das Parlament setzte 1996 eine Enquete-Kommission ein. Auf regionaler Ebene wurden etwa „Bayern online", die „Datenbahn Salzburg" und der „Data-Highway Burgenland" gestartet.[20]

Auf den ersten Blick scheinen die Konzepte und Initiativen zur „Informationsgesellschaft", zur Errichtung „Nationaler Informations-Infrastrukturen", von „Information Superhighways" und „Infobahnen" weitgehend übereinzustimmen. Erst die politisch-ökonomische Analyse der Praxis der Mediamatik-Politik verdeutlicht die nationalen Besonderheiten und auch die Hidden Agenda hinter den Initiativen. Das folgende Fallbeispiel der japanischen Strategien – der Japanischen Informations-Infrastruktur (JII)-Initiativen – soll das verdeutlichen. Die Wahl fiel aus mehreren Gründen auf Japan: Es ist jenes Land, wo der Begriff der Informationsgesellschaft seinen Ursprung hat, es zählt zu den Vorreiterländern der Reform im Kommunikationssektor, gilt als der Herausforderer innerhalb der Triade, legte die detailliertesten NII-Pläne vor, hatte mit innovativen Strategien[21] bereits vielbeachtete und v.a. weitgehend unerwartete Erfolge in anderen globalen Wirtschaftssektoren und ist – last not least – im Vergleich zu den USA und der EU hinsichtlich seiner NII-Initiativen weitaus weniger erforscht.

In der *Japan-Studie* soll gezeigt werden, wie an der Gestaltung des Kommunikationssystems des 21. Jahrhunderts gearbeitet wird; welchen Platz die Konvergenzproblematik in der Strategie einnimmt; welche multidisziplinären Faktoren die

---

17   Für das ISPO sind die Generaldirektionen III (Industrie) und XIII (Telekommunikation) der EU-Kommission zuständig.

18   Zum „Forum Information Society" siehe <http://www.ispo.cec.be/infoforum/isf.html>; zu den Aktivitäten der „Social Experts Group", insbesonders für deren Bericht: „Building the European Information Society for us all", siehe <http://www.ispo.cec.be/hleg/hleg.html>.

19   Für eine Liste der Projekte siehe Abschnitt 4.3.2.2.

20   Für eine Liste deutscher Pilotprojekte siehe BMWI 1996, Anhang C; zu österreichischen Pilotprojekten siehe Bruck/Mulrenin 1995.

21   Beispielsweise im Automobil- und Computersektor.

Wahl der Strategien und deren Realisierungschancen beeinflussen. Es soll damit auch darauf hingewiesen werden, wie eingeschränkt die Übertragbarkeit von nationalen Strategien ist, wie sehr nationale, politisch/kulturelle Spezifika prägend und unhinterfragte Analogieschlüsse daher irreführend sind.

In *Frankreich* hatte beispielsweise die Analyse und das frühzeitige Erkennen des ersten Konvergenzschrittes, der Telematik, zu umfangreichen politischen Strategieinitiativen in den 80er Jahren mit nachhaltigem Einfluß auf die Gestaltung des Kommunikationssystems geführt.[22] Das weltweit vielzitierte Erfolgsbeispiel der Telematik, nämlich das französische Videotex-System Télétel inklusive dem Terminal Minitel[23], ist ein Produkt der zentralistisch gesteuerten französischen Reaktion auf das Erkennen und Analysieren des Konvergenzschrittes. Wie sieht die Situation nun im Fall des zweiten Konvergenzschrittes aus? Gibt es vergleichbare staatliche Initiativen?

3.3. Fallbeispiel Japan

Auch in Japan haben sich weitgehend getrennte Subsektoren für Telekommunikation und Rundfunk etabliert, wenngleich – im Unterschied zu den meisten anderen Industrieländern – die politische Zuständigkeit in einem Ministerium zusammengefaßt wurde. Die Regulierungsziele und -inhalte der Telekommunikations- und Rundfunkpolitik sind aber auch hier unterschiedlich und entsprechen den in Kapitel 2 beschriebenen weltweiten Mustern. Die Reformen (Liberalisierung, Harmonisierung, Privatisierung) erfolgen ebenfalls im Gleichklang mit jenen in anderen Industrieländern. Telematik und Rundfunk werden in der japanischen Diskussion als „Info-Kommunikation" zusammengefaßt, das sich abzeichnende elektronische Kommunikationssystem wird oft als *„multimediale Info-Kommunikation"* bezeichnet. Die Strategien in Richtung multimediale Info-Kommunikation werden nachfolgend als JII (Japanische Informations-Infrastruktur) -Initiativen zusammengefaßt.[24]

---

22   Zur Analyse des französischen Telematik-Programmes siehe Humphreys 1990.

23   Das Verschenken der Billigterminals Minitel an Privathaushalte, gekoppelt mit einem speziellen Kiosk-Vergebührungsmodell, erwies sich weltweit als einzige Erfolgsstrategie (vor allem auch aufgrund der Umwegrentabilitäten über boomende Videotex-Applikationen) der ansonsten gescheiterten Versuche, Videotex-Systeme als interaktive Massenmedien einzuführen, und damit die Haushalte an den elektronischen Markt anzubinden.

24   Für eine ausführlichere Darstellung des japanischen Info-Kommunikationssektors und der JII-Initiativen siehe Latzer 1995c. Die Länderstudie beruht großteils auf Experteninterviews, die ich während eines dreimonatigen Forschungsaufenthaltes durchführte.

Abbildung 14: Die zentralen Akteure des japanischen Info-Kommunikationssektors

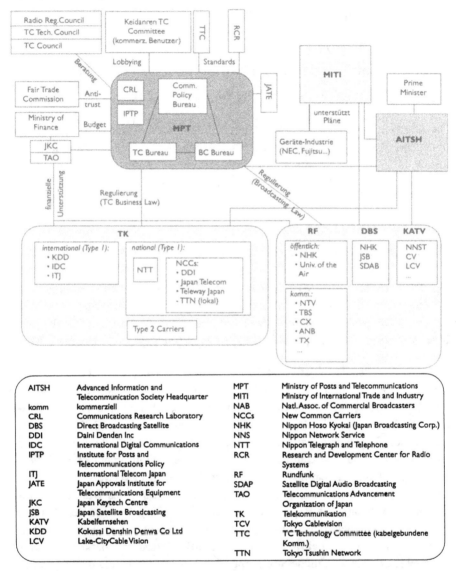

AITSH	Advanced Information and Telecommunication Society Headquarter	MPT	Ministry of Posts and Telecommunications
		MITI	Ministry of International Trade and Industry
komm	kommerziell	NAB	Natl. Assoc. of Commercial Broadcasters
CRL	Communications Research Laboratory	NCCs	New Common Carriers
DBS	Direct Broadcasting Satellite	NHK	Nippon Hoso Kyokai (Japan Broadcasting Corp.)
DDI	Daini Denden Inc	NNS	Nippon Network Service
IDC	International Digital Communications	NTT	Nippon Telegraph and Telephone
IPTP	Institute for Posts and Telecommunications Policy	RCR	Research and Development Center for Radio Systems
ITJ	International Telecom Japan	RF	Rundfunk
JATE	Japan Appovals Institute for Telecommunications Equipment	SDAP	Satellite Digital Audio Broadcasting
		TAO	Telecommunications Advancement Organization of Japan
JKC	Japan Keytech Centre		
JSB	Japan Satellite Broadcasting	TK	Telekommunikation
KATV	Kabelfernsehen	TCV	Tokyo Cablevision
KDD	Kokusai Denshin Denwa Co Ltd	TTC	TC Technology Committee (kabelgebundene Komm.)
LCV	Lake-CityCable Vision		
		TTN	Tokyo Tsushin Network

Das *Policy-Network* des japanischen Info-Kommunikationssektors ist in Abbildung
14 skizziert. Es gibt einen groben Überblick über die Hauptakteure der JII-Initiativen. Einige Hintergrundinformationen zu den einzelnen Institutionen sind im Anhang zusammengefaßt.

In den nachfolgenden Ausführungen werden die wesentlichen JII-Initiativen beschrieben und multidisziplinäre Faktoren analysiert, die die Wahl der Strategien und deren Umsetzungschancen beeinflussen.

3.3.1. Japanische Informations-Infrastruktur (JII)-Initiativen

Die zentralen Strategien und Aktivitäten der JII-Initiativen stammen von den traditionellen Akteuren des Info-Kommunikationssektors, von der marktdominierenden Firma NTT (Nippon Telegraph & Telephone) und den Ministerien MPT (Ministry of Posts and Telecommunications) und MITI (Ministry of International Trade and Industry).[25]

3.3.1.1. Ministry of Posts and Telecommunications (MPT)

Die JII-Aktivitäten des MPT haben speziell seit 1993 stark zugenommen. Das Ministerium setzt *Ad-hoc-Expertengruppen* zur Analyse spezifischer Fragestellungen ein, startet *strategische Initiativen* und fördert *Pilotprojekte* zur Errichtung von Infrastruktur und zur Entwicklung von Anwendungen.

Zentrales Ziel der JII-Initiative ist die Restrukturierung der japanischen Ökonomie. Mit der Konzentration auf Info-Kommunikationssysteme soll die notwendige Umstrukturierung der Industrie an der Schwelle zum 21. Jahrhundert geschafft werden. Die konzeptionelle Basis der MPT-Aktivitäten bildet der 1994 präsentierte Bericht des *Telecommunications Council*: „Reforms toward the Intellectually Creative Society of the 21st Century. Program for the Establishment of High-Performance Info-Communications Infrastructure."[26] Der Titel verweist bereits auf die Zielsetzung: Die Errichtung eines Breitbandnetzes als Basis des Wandels zur Informationsgesellschaft. Die Expertengruppe und das MPT gehen von der Vision aus, daß eine multimediale Info-Kommunikationsinfrastruktur u.a. zur Lösung folgender anstehender *Probleme* beiträgt: rasch alternde Bevölkerung, Überkonzentration in Stadtgebieten, wirtschaftliche Strukturprobleme, mangelhafte und ungleich verteilte Lebensqualität, Umweltschutzprobleme und Globalisierungsdefizite.[27] Die angestrebte Info-Kommunikationsinfrastruktur wurde folgendermaßen definiert:

---

25   Zu den JII-Aktivitäten sonstiger Akteure siehe Anhang, Abschnitt G.
26   Siehe Telecommunications Council 1994.
27   Vgl. MPT 1994, S.26f; Telecommunications Council 1994, S.3.

> „A comprehensive entity that encompasses network infrastructure, terminals, software applications, human resources, public and private info-communications systems, as well as social value and lifestyles related to the informatization of society."[28]

Diese Struktur läßt sich mit Hilfe eines *vierschichtigen Modells* darstellen (siehe Tabelle 4). Auf allen vier Ebenen soll eine entsprechende integrative Infrastruktur geschaffen werden. Breitbandnetze und attraktive Applikationen sind allein nicht genug. Neben der Entwicklung und der Installation entsprechender Hard- und Software (inklusive regulatorischer Begleitmaßnahmen) sowie der Förderung von Anwendungen müssen, laut Expertenmeinung, auch das *Wertesystem* der Bevölkerung, der Lebens- und Arbeitsstil in Japan reformiert werden. Als die zentralen *Hindernisse* bei der Erreichung der angestrebten Info-Kommunikationsinfrastruktur wurden die Anpassung des Lebensstils an eine informatisierte Welt, der Schutz der Privatsphäre, der Verlust von Arbeitsplätzen und das Schrumpfen der jetzigen Industrie antizipiert.

Tabelle 4:   Struktur der geplanten japanischen Info-Kommunikationsinfrastruktur

Infrastruktur		Implikationen	Soziale Anforderungen
Werte Rechtlicher Rahmen	Ebene 4	Lebensstile Arbeitsstile	• Reform persönlicher Werte und des sozioökonomischen Systems
Informatisierung der Ausbildung, medizinischen Versorgung, Regierungsdienste (Inhalte)	Ebene 3 (relevante Industrie)	Anwendungsdatenbanken, Anwendungen	• Entwicklung „kreativer" Technologien • Effizienzsteigerung bei öffentlichen Diensten • Diversifikation von Anwendungen
Informations-Kreislaufsystem (Plattform)	Ebene 2 („Type 2" Unternehmen)	Informationsverarbeitungs- und Übertragungshilfsmittel etc.	• Diversifikation und Verbesserung von Funktionen
Informations-Übertragungssystem (Distribution)	Ebene 1 („Type 1" Unternehmen)	Physische Übertragungsmedien	• Stabile Versorgung • Faire Benutzung • Erschwingliche Tarife

Quelle: Telecommunications Council 1994, S.2; MPT 1995, S.25

Als technische Infrastuktur sieht der Expertenbericht die Vollversorgung mit einem *Glasfaser-Breitbandnetz* bis 2010 vor, also innerhalb von 15 Jahren. Für 2010 werden 75 Millionen Teilnehmer erwartet, davon 54 Millionen Privathaushalte. Unter dieser Annahme soll der *Multimedia-Markt*[29] im Jahr 2010, gemessen an Umsatz und Beschäftigten, der größte Wirtschaftssektor Japans sein. Zu den existierenden Multimedia-Märkten von 67 Billionen Yen (rund 670 Mrd. US-Dollar) kommen

---

28   Telecommunications Council 1994, S.2.
29   Eine genaue Definition des Multimedia-Marktes fehlt.

demnach noch weitere 56 Billionen Yen hinzu, das ergibt in Summe einen Markt-
wert von 123 Billionen Yen. Weiters wird prognostiziert, daß circa 2,43 Millionen
Arbeitsplätze durch die Errichtung des Glasfasernetzes geschaffen werden, das sind
3,6 Prozent der prognostizierten Gesamtbeschäftigung. Zum Vergleich dazu waren
1985 2,2 Prozent der Beschäftigten in der Automobilbranche und 1,5 Prozent in der
Elektrotechnik & Kommunikations-Ausstattungsindustrie tätig.[30]

Den Marktprognosen stehen folgende *Kostenabwägungen* gegenüber: Bei nicht ver-
grabenen Kabeln werden – je nach technischer Spezifikation – zwischen 33 und 53
Billionen Yen veranschlagt, ansonsten verdoppelt sich der Investitionsaufwand; es
kommen nochmals 42 Billionen Yen für die Verlegung der Kabel unter der Erde
hinzu.

Für die Errichtung des *Glasfaserbreitbandnetzes* wurde ein dreistufiger *Ausbauplan*
vorgelegt:[31]
- Bis zum Jahr 2000 werden landesweit alle bedeutenden städtischen Gebiete
  verkabelt, plus alle Schulen, Krankenhäuser etc. (Diffusionsgrad im Jahr
  2000: 20%)
- Alle Städte mit mehr als 100.000 Einwohnern werden bis zum Jahr 2005
  an das Netz angeschlossen. (Diffusionsgrad im Jahr 2005: 60 %)
- Im Jahr 2010 wird das landesweite Glasfasernetz fertiggestellt.

Zur Analyse von Detailproblemen setzt das MPT laufend *Ad-hoc-Expertengruppen*
ein, beispielsweise zur Digitalisierung des Rundfunks, zur Konvergenzproblematik
und zur multimedialen Mobilkommunikation.[32]

Eine zentrale Empfehlung[33] des Telecommunications Council war die *Förderung*
der Konkurrenz zwischen Telekommunikationsfirmen und *KATV-Betreibern*. Das
MPT änderte auch Anfang 1994 seine bisherige Strategie. Die Konkurrenzfähigkeit
der im internationalen Vergleich schwach entwickelten japanischen KATV-Industrie
soll demnach mittels gezielter Initiativen für den Wettbewerb mit der marktdominierenden Telekommunikationsfirma NTT deutlich erhöht werden.[34]

---

30   Vgl. MPT Press Release, Januar 1994: „Toward the creation of a New Info-communications
      Industry"; die Zahlen stammen aus einer Input-Output-Analyse.
31   Telecommunications Council 1994, S.5.
32   Für einen Überblick siehe Tabelle 28 im Anhang, Abschnitt B.
33   Ausgewählte Empfehlungen sind im Anhang, Abschnitt C, zusammengefaßt.
34   Siehe dazu Anhang, Abschnitt D.

Die JII-Initiativen des MPT umfassen weiters die Unterstützung von *Pilotprojekten* und *Experimenten.* Die für JII zentralen *Multimedia-Projekte* sind in Kansai Science City angesiedelt. Kansai Science City ist eine *virtuelle Stadt* mit starker symbolischer Bedeutung. Sie liegt in den Präfekturen Kyoto, Nara und Osaka. Ihre Konstruktion zielt auf die Wiederbelebung einer Region ab, die in der frühen Geschichte Japans hohe Bedeutung hatte. Einerseits soll aus der historisch-spirituellen Kraft der Region geschöpft werden, die lange Zeit das Machtzentrum Japans war, andererseits soll die gegenwärtige Bedeutung der Region nun durch den Einsatz neuester Technologien gestärkt werden. Kyoto, Nara und Osaka initiierten ein 1987 beschlossenes Gesetz, welches die finanzielle Unterstützung in Form von Fonds und steuerlichen Anreizen sichert. Das größte Projekt der Region, das Advanced Telecommunications Research Institute (ATR), wurde bereits 1986 gestartet und wird hauptsächlich vom Japan Keytech Center finanziert.[35] Die Existenz des ATR war für das MPT ein entscheidender Grund, die zentralen JII-Experimente, das *„Multimedia Pilot Model Project"* und die *„B-ISDN Experiments",* in Kansai Science City anzusiedeln.[36]

Im Rahmen der NII-Initiativen *kooperiert* das MPT verstärkt mit anderen Ministerien. Auffallend und gleichzeitig symptomatisch für die *Konkurrenzsituation* von MPT und MITI ist, daß es bis Mitte 1994 keine Kooperationsprojekte der beiden Ministerien gab. Die verstärkte Zusammenarbeit des MPT im Rahmen der JII-Aktivitäten erfolgt schließlich nicht nur mit externen Partnern, sondern auch intern. So haben beispielsweise die drei zentral für den elektronischen Kommunikationssektor zuständigen Organisationseinheiten[37] ihren Entscheidungsfindungsprozeß durch die Einführung wöchentlicher Treffen der Generaldirektoren im Jahr 1993 verändert. Im März 1994 wurde innerhalb des Communications Policy Bureau des MPT das *„Multimedia Promotion Office"* eingerichtet. Aufgabe dieser Abteilung ist die Formulierung von Policy-Zielen für die „Multimedia-Gesellschaft", die Verbreitung und Erklärung dieser Ziele, insbesonders auch der Kontakt mit privaten Firmen.[38]

---

35 Im ATR arbeiten rund 300 Mitarbeiter an verschiedensten Facetten des „Human-oriented communications systems – HOCS", an verbesserten Mensch/Maschine-Schnittstellen, Hochleistungs-Kommunikationssystemen etc.

36 Die Trennung der inhaltlich eng zusammenhängenden JII-Projekte ist notwendig, da sie unterschiedliche Finanzierungsquellen haben. Die zentralen vom MPT geförderten JII-Projekte sind in Tabelle 29 im Anhang, Abschnitt E, zusammengefaßt.

37 Telecommunications Bureau, Broadcasting Bureau, Communication Policy Bureau.

38 Vgl. MPT News 1994 5 (4).

3.3.1.2.   Ministry of International Trade and Industry (MITI)

Die Strategie und Rolle des MITI hat sich Anfang der 90er Jahre stark gewandelt. Ein Trend in Richtung Lockerung der Markteingriffe und ein Rollenwechsel vom Förderer der Produzenten hin zum Anwalt der Konsumenten zeichnet sich ab. Kritiker interpretieren die Veränderungen als „akute Identitätskrise" und als Machtverlust. Dem MITI wird weiters interessenpolitisch motivierte Einseitigkeit vorgeworfen, da die propagierte Liberalisierung nur selektiv gefordert wird, beipielsweise jedoch nicht im vom MITI kontrollierten Energiesektor.[39]

Das *Industrial Structure Council*, ein zentrales Beratungsorgan des MITI, empfiehlt seit Jahrzehnten die industriepolitischen Schwerpunktsetzungen des Ministeriums. In den 60er Jahren waren es die chemische Industrie sowie die Schwerindustrie, in den 70er Jahren Computer und Halbleiter, in den 80er Jahren Computersoftware und Umweltschutztechnologien. In den 90er Jahren konzentriert sich das MITI auf ökonomische Reformen und die Erhöhung der Lebensqualität, das beinhaltet Deregulierung und Wettbewerb sowie das „Social Infrastructure"-Programm.[40] In diesem Programm des MITI ist unter anderem ein Projekt zur landesweiten Glasfaserverkabelung beinhaltet. Die zentralen JII-Aktivitäten des MITI sind jedoch im *„Program for Advanced Information Infrastructure"* und im *„Program 21"* eingebettet.[41]

3.3.1.3.   Nippon Telegraph and Telephone (NTT)

Bereits im Jahr 1990, also noch bevor in den USA oder vom japanischen MPT NII-Pläne geschmiedet wurden, veröffentlichte der japanische Marktführer NTT ein Zukunftskonzept mit dem Titel *„Visual, Intelligent&Personal Service"* (VI&P). Darin strebt NTT die Errichtung eines B-ISDN-Netzes bis zum Jahr 2015 mit einem Investionsvolumen von rund 45 Billionen Yen (rund 450 Mrd. US-Dollar) an. Das B-ISDN-Netz soll alle Haushalte mittels Glasfaser versorgen, der Baubeginn wurde mit 1995 festgelegt. Wie Hayashi[42] betont, wurde diese „Vision" in den USA oft fälschlicherweise als nationaler japanischer NII-Plan interpretiert.

Im Jänner 1994 präsentierte NTT sein grundlegendes Konzept für das multimediale Zeitalter (*„NTT's Basic Concept and Current Activities for the Coming Multimedia*

---

39   Experteninterviews; Siehe Nikkei Weekly, 6. Juni 1994; Economist, 22. Jänner 1994.
40   Siehe Nikkei Weekly, 6. Juni 1994.
41   Siehe dazu Anhang, Abschnitt F.
42   Vgl. Hayashi 1993.

Age").[43] Darin werden die wesentlichen Veränderungen im Info-Kommunikations-sektor und die spezifische Rolle von NTT analysiert. Als Ziel der Aktivitäten wird die Förderung des Lebensstandards sowie der Industrie angegeben.

3.3.1.4. Nippon Hoso Kyokai (NHK)

Im Gegensatz zu NTT ist das Rundfunkunternehmen NHK im Rahmen der JII-Initiativen kaum initiativ, was u.a. auf dessen politisch heikle Situation als öffent-lich-rechtliches Unternehmen zurückgeführt wird. NHK scheint seine Einbindung in das JII-Projekt weitgehend dem MPT zu überlassen.[44] Zur generellen Förderung von hochauflösendem Fernsehen (HDTV) in Japan wird seit 1991 täglich ein zehn-stündiges Hi-Vision-Programm via Satellit (analog) ausgestrahlt.[45] Die Grundvor-aussetzung für ein verstärktes NHK-Engagement in den NII-Initiativen ist die Digi-talisierung des Rundfunks (siehe Tabelle 9 in Abschnitt 4.3.1.1). NHK steht laut Experteninterviews der raschen Digitalisierung skeptisch gegenüber. Für eine Über-gangszeit von 10 bis 20 Jahren wird es bei terrestrischem Rundfunk notwendig sein, sowohl analog als auch digital zu senden. Bei einem späteren Start der Digita-lisierung verkürzt sich die Übergangsperiode. Darüber hinaus gibt es noch konkur-renzierende Standards, die Gefahr der Fehlinvestition ist dementsprechend groß.[46]

Weiters wurde vom Telecommunications Council vorgeschlagen, NHK und die fünf kommerziellen Rundfunknetze bis 2010 von drahtloser Technik auf Glasfaserüber-tragung via NTT-Netz umzustellen.[47] Kritiker dieses Vorschlages geben wiederum zu bedenken, daß dadurch Basisfunktionen, im speziellen die Gewährleistung eines Universaldienstes gefährdet sind.

In einer Presseinformation zur *„Vision for the 21st Century and Its Challenge -- NHK´s Future Framework"* wurden folgende Ziele formuliert:[48]

---

43   Siehe NTT 1994.

44   Das „Hi-Vision City"-Projekt zur Förderung regionale Märkte wird etwa vom Ministerium vor-angetrieben. Ende 1994 gab es rund 40 Hi-Vision-Modellstädte, die in der Regel mit einem stadtweiten Video-Informationsnetz ausgestattet sind (vgl. MPT News 1994 5 (11)).

45   Fünf Stunden werden von NHK und fünf Stunden von kommerziellen TV-Stationen gestaltet. Bis Mitte 1994 wurden etwa 30.000 Hi-Vision-Geräte in Japan verkauft.

46   Zur Förderung der Digitalisierung wird am ISDB (Integrated Services Digital Broadcasting) -System geforscht, das Flexibilität beim Angebot verschiedenster Rundfunkdienste gewährlei-sten soll (vgl. New Breeze, Autumn 1994, S.11).

47   Japan Times, 30. Mai 1994.

48   Vgl. NHK Press Information, 3 February 1993.

- die Rechtfertigung des öffentlich-rechtlichen Status (Qualitäts-verbesserung)
- das Bestehen im Wettbewerb mit kommerziellen Anbietern (mehr Effizienz)
- die Kombination und Integration von terrestrischem und Satelliten-Rundfunk
- den Ausbau des Hi-Vision-Rundfunks
- die Förderung transnationaler Rundfunktätigkeit
- die Entwicklung des digitalen Rundfunks.

3.3.2. Multidisziplinäre Einflußfaktoren

Die oben skizzierten Initiativen zur Gestaltung des elektronischen Info-Kommuni-kationssektors des 21. Jahrhunderts sind mannigfaltig, umfangreich und ambitiös. Die Konvergenzproblematik wird darin explizit berücksichtigt.

Nachfolgend werden verschiedenste Faktoren identifiziert, die die Formulierung und Umsetzungschancen der Pläne beeinflussen. Die Analyse beginnt bei den allgemei-nen politischen und sozialen Faktoren und wendet sich danach einigen Spezifika des japanischen Info-Kommunikationssektors zu.

3.3.2.1.   Kulturelle/politische Faktoren

Die isolierte Betrachtung eines Sektors führt zu Erklärungsnotständen und Fehlin-terpretationen. Das trifft in verstärktem Ausmaß für den infrastrukturell bedeutenden elektronischen Info-Kommunikationssektor zu, der in enger Wechselwirkung mit der Gesamtentwicklung eines Landes steht.

Bei der Analyse ist zu beachten, daß sich nicht nur der japanische Info-Kommunika-tionssektor im Umbruch befindet. Die gesamte Politik und Ökonomie des Landes ist von umfassenden Veränderungen betroffen. Die Reformen des Kommunikations-sektor finden somit in einem äußerst labilen und sich wandelnden Rahmen statt. Japan befindet sich in den 90er Jahren in einer *Dekade der Desillusion*, nicht in der ursprünglich erwarteten goldenen Dekade.[49] Eine Regierungskrise[50] mit sieben

---

49   Vgl. Fortune, 13. Juni 1994, S.21.

50   Premierminister Tsutomu Hata, der die JII als prioritären Politikbereich und konkrete Schritte im
      Mai 1994 ankündigte, trat nach einer nur 59 Tage dauernden Regierungszeit zurück.

Regierungen innerhalb von fünf Jahren verdeutlicht die Probleme beim Verlassen des Einparteiensystems.[51] Nicht nur in der Parteienlandschaft, auch bei den lange gepflegten Managementprinzipien[52] und dem Erziehungs- und Bildungssystem[53] stehen Veränderungen an. Mit der Zusammenfassung des gegenwärtigen Wandels als Heisei-Reformation wird die Bedeutung des Umbruchs mit jener der Meiji-Periode im 19. Jahrhundert auf eine Ebene gestellt.[54]

Die Reform des Info-Kommunikationssektors ist in ihrer Wechselwirkung mit diesen Veränderungen, den daraus resultierenden *strukturellen Problemen* und den *kulturellen Besonderheiten* zu analysieren:

- Eine rasch alternde Bevölkerung (koreika shakai), der die Möglichkeiten der modernen Info-Kommunikation zugute kommen soll.
- Ein vergleichsweise geringer Lebensstandard der Bevölkerung, der mittels multimedialer Info-Kommunikation erhöht werden soll.[55]
- Das Problem, speziell im Dienstleistungssektor personell überbesetzt zu sein, gekoppelt mit den Managementprinzipien Lebensarbeit und Senioritätsprinzip, die technisch induzierten Personalabbau erschweren[56] und daher ein hohes Wirtschaftswachstum für die Finanzierung benötigen.
- Große regionale Unterschiede zwischen Regionen, mit einem dominanten Zentrum Tokio-Osaka. Die ausgebaute Info-Kommunikationsinfrastruktur soll die regionalen Disparitäten mildern.[57]
- Das im internationalen Vergleich starke Vertrauen in die Technik, auch in ihre Rolle als gesellschaftlicher Problemlöser. Ambitiöse Projekte wie der Kommunikations-Infrastrukturausbau stellen keine Besonderheit in Japan dar. Das Vertrauen in die Möglichkeiten der Technik sowie die

---

51 Seit den 50er Jahren regierte die konservative LDP alleine.

52 Z. B.: Lebensbeschäftigung, konsensuale Entscheidungsfindung und Senioritätsprinzip in strikt hierarchischen Systemen.
    Neuere Umfragen zeigen weiters, daß – entgegen früheren Annahmen – auch in Japan die Entlohnung das oberste Ziel der Arbeitnehmer ist (siehe Bosse 1994).

53 Die Veränderungen gehen in Richtung der verstärkten Förderung von Kreativität.

54 „Heisei" bezeichnet die 1989 begonnene Herrschaft von Kaiser Akihito. Vgl. Fortune, 13. Juni 1994, S.22.

55 Das MPT-Projekt „Hi-Vision City" wird beispielsweise explizit als Beitrag zur Erhöhung der Lebensqualität gefördert (vgl. MPT News 1994 5 (11)).

56 Das Personaleinsparungspotential der elektronischen Info-Kommunikation kann so nur eingeschränkt genutzt werden.

57 Dezentralisierung wurde vor zwei Jahrzehnten mit der Verbesserung der Zuginfrastruktur (Shinkhansen) angestrebt. Die Strategie schlug fehl und hatte sogar die gegensätzliche Wirkung, nämlich eine Verstärkung der städtischen Konzentration. Die Peripherie wurde nicht als attraktiver Standort erkannt, sondern als Ort, der nun besser von der Metropole aus erreichbar ist.

geringe Scheu vor ihrer Anwendung wird auch anhand aufsehenerregender Architekturprojekte deutlich.[58] Hinzu kommt eine vergleichsweise geringe Neigung zur Konservierung des Bestehenden.[59]

Kulturelle/gesellschaftliche Faktoren scheinen in Japan großtechnologische Projekte mehr zu fördern als in anderen Ländern. Mögliche negative Effekte neuer Technologien, etwa den Daten- und Konsumentenschutz betreffend, werden – v.a. im Unterschied zu europäischen Ländern – kaum diskutiert, die Bedeutung des Technology Assessment ist sowohl in der Wissenschaft als auch in der Politik vernachlässigbar.

3.3.2.2. Kommunikationsinfrastruktur-Faktoren

Im internationalen Vergleich der Industrieländer liegen die Diffusionsunterschiede weniger bei Telefon und Fernsehen als vielmehr im Computer- und KATV-Bereich.[60] Die spezifischen Ausgangsbedingungen für JII-Initiativen sind die vergleichsweise geringe Diffusion von Computernetzen, speziell von Computern in Privathaushalten, und der relativ schwach entwickelte KATV-Sektor. Tabelle 5 zeigt den Rückstand Japans im Vergleich zu den USA.

Tabelle 5:   Die Verwendung der Info-Kommunikation in Japan und den USA

	USA	Japan
% der PCs, die mit LANs verbunden sind	52,0 %	8,6 %
PC-Diffusion	15,8 %	5,7 %
Markt für Datenbanken, in Mrd. Yen	1.276	216
Zahl der CD-ROMs	4.000*	1.000*
KATV-Anbieter	11.075	149**
KATV-Teilnehmer in Mio.	57,21	1,08**

*   circa
* *   nur „urban-type" KATV (Multikanal-KATV)
Quelle: MPT, zitiert in Nikkei Weekly, 16. Mai 1994

---

58   Die Pläne reichen von einem 800 m hohen Millenium Tower der Obayashi Corp. für 17.000 Büros bis hin zur 2.000 m hohen Pyramide der Shimizu Corp., die Platz für 1 Million Menschen bieten soll. Ein weiterer Plan von Takenaka/Esco hat ein 1.000 m hohes Gebäude zum Ziel. Zum Vergleich: der Sears Tower in Chicago ist 447 m hoch. Auf vom Meer zurückgewonnenen Land soll das Mitte der 80er Jahre vorgestellte Projekt des Tokyo Teleport entstehen. Suzuki will damit Platz für 100.000 Beschäftigte und 60.000 Bewohner schaffen. Vgl. Asiaweek, 11. Mai 1994, S.35.

59   Tokio zählt zu jenen Städten, die sich am schnellsten wandeln.

60   Siehe Abbildung 8 und 10 in Abschnitt 3.2.

Beim Diffusionsvergleich von Internet soll Japan noch 1993 hinter Südkorea gelegen sein.[61] Im Jahr 1994 wurden wesentliche Fortschritte bei Computernetzen und insbesonders bei Internet erzielt.[62] Vereinzelte lokale „Virtual Communities", wie die von Rheingold beschriebene COARA, sind innovativ, aber keinesfalls repräsentativ für die Gesamtentwicklung.[63] „Grassroots"-Bewegungen im Info-Kommunikationsbereich haben keine starke Tradition und es gibt nur geringe Erfahrung mit der Verwendung elektronischer „Community-Networks" via KATV oder Computernetzen.

Insgesamt ergeben sich, verglichen mit den USA und Europa, *unterschiedliche Ausgangspositionen* und Anforderungen für das Design der zukünftigen Info-Kommunikation in Japan. Das wird auch durch vergleichende Studien der Geschäftskommunikation in den USA und Japan belegt, die die Unterschiede in der Verwendung von Diensten und Technik aufzeigen.[64] Der Rückstand Japans in der Diffusion von Kommunikationssystemen sollte jedoch nicht überbewertet werden. Verwiesen sei auf die Worte des Managing Director des Unternehmerverbandes Keidanren:

> „(...) Japan started with zero 40 years ago and has accomplished in the last ten or 15 years what the rest of the world spent 100 years to build."[65]

Nach den JII-Plänen der Ministerien MPT und MITI sollen *KATV-Gesellschaften* den Wettbewerb auf der Infrastrukturebene beleben. Auf Expertenebene wird jedoch bezweifelt, daß die Kabelindustrie stark genug ist, um eine effektive Wettbewerbssituation mit NTT herbeizuführen.

Grundsätzlich ist bei den Verbreitungszahlen von *KATV* Vorsicht geboten. Es muß zwischen zwei Gruppen unterschieden werden:
- Die weitaus größere Gruppe beschränkt sich auf die Verbreitung von bis zu sieben terrestrischen Programmen in Gebieten mit Empfangsproblem.

---

61 Für einen internationalen Vergleich siehe Abbildung 21 in Abschnitt 4.3.2.2.

62 Japans größtes PC-Netz war Mitte 1993 das „PC-Van" der NEC-Corporation mit 578.000 Teilnehmern (InfoCom Research 1994, S.130). Das zweitgrößte PC-Netz, „Nifty-Serve" mit einer halben Million Teilnehmern, bot bis Ende 1994 nur einen auf die Mail-Funktion eingeschränkten Zugang zum Internet an. Bis Anfang 1995 sind beide Netze auf je eine Million Teilnehmer angewachsen.

63 Siehe Rheingold 1993.

64 Eine vom MPT in Auftrag gegebene Studie zeigt Unterschiede in der Wahl der Kommunikationsdienste. In Japan dominiert Telefax, während in den USA das Telefon und elektronische Post bevorzugt werden. Japanische Arbeitnehmer unternehmen doppelt soviele Geschäftsreisen als ihre US-Kollegen (MPT News 1994 5 (1)).

65 Kazuo Nukazawa, Managing Director des Unternehmerverbandes Keidanren, zitiert in Fortune, 13. Juni 1994, S.24.

Die Benutzer zahlen in der Regel keine Gebühren.[66] Eine Kapazitätsaus-
weitung auf der bestehenden Infrastruktur in Richtung Multikanalsystem
ist in der Regel aus technischen Gründen nicht möglich.

• Die vom MPT als *„städtisches" (urban-type) KATV* bezeichnete Gruppe ist
  mit den Multikanalsystemen in anderen Industrieländern vergleichbar.[67]

Aufgrund von „cross-provision"-Restriktionen dürfen NHK und NTT kein KATV
anbieten, sie können sich jedoch begrenzt an Unternehmen beteiligen. Auf rechtlicher Ebene wird zwischen den beiden KATV-Kategorien nicht unterschieden. Die
Differenzierung ist aber für die Einschätzung der Leistungfähigkeit der japanischen
KATV-Industrie im Rahmen der JII-Pläne essentiell.

Bis 1993 wurde vom MPT eine Politik betrieben, die das Wachstum der KATV-
Industrie behinderte.[68] Durch die Lizenzpolitik wurden die einzelnen Gesellschaften
klein gehalten, das Entstehen von Mehrsystembetreibern behindert. Darüber hinaus
gab es noch Probleme mit dem Wegerecht, da ab einer Größe von 500 Teilnehmern
nicht nur eine lokale Bewilligung, sondern auch eine des Bautenministeriums benötigt wurde.[69] Die maximale ausländische Beteiligung wurde auf ein Drittel der
Stimmrechte limitiert und etliche Lizenzen sind zeitlich limitiert.

Neben der MPT-Politik sind es – v.a. im Vergleich mit den USA – die stark aus-
geprägte *Homogenität* und die – v.a. im Unterschied zu Europa – schwache
Außenorientierung und geringe Fremdsprachenkenntnis der japanischen Bevölkerung, die laut Marktbeobachtern die Diffusion von KATV hemmen.

Mit 1,6 Millionen Teilnehmern im März 1994 lag die Diffusion von „urban-type"
KATV unter fünf Prozent.[70] Die gesamte Penetration von KATV in Japan betrug

---

66   Die Kosten werden entweder von der Fernsehgesellschaft übernommen, da sie Universaldienst-
     Verpflichtungen hat, oder von den Besitzern jener Gebäude, die den schlechten Empfang
     verursachen.

67   Um als „urban-type" KATV zu gelten, müssen drei Kriterien erfüllt sein: (1) mehr als fünf
     zusätzliche Programme, (2) Möglichkeit der Zweiwegkommunikation (nicht gleichzusetzen mit
     dem Angebot eines interaktiven Programms!), (3) die Anzahl der möglichen Teilnehmer ist
     größer als 10.000.

68   Die Strategie, die Entwicklung der KATV-Industrie zum Schutz der Rundfunkindustrie regula-
     torisch zu behindern, wurde anfänglich in den meisten Ländern verfolgt.

69   Die Wegerechte, die Erlaubnis in Städten aufzugraben, wurden in vielen Fällen verweigert, da
     KATV-Firmen nicht als „public utilities" (Versorgungsunternehmen) anerkannt sind – im
     Unterschied zu ihren Mitbewerbern beispielsweise aus dem Energiesektor.

70   Gemessen an den NHK-Haushalten.

im März 1993 24,3 Prozent, das waren 8,3 Millionen Teilnehmer.[71] Die einzelnen Kabelsysteme sind jedoch extrem klein.[72] Der größte japanische KATV-Betreiber war 1995 Nippon Network Service mit nur 100.000 Teilnehmern.[73] Die Größe der Firmen ist aber bedeutend für das Angebot von zusätzlichen Tele-Diensten. Die Zahlen machen deutlich, daß die KATV-Industrie in Japan eine weitaus schlechtere Ausgangsposition für NII-Aktivitäten hat als in den USA und im Großteil Europas.

Die MPT-Prognose, daß bis zum Jahr 2000 die Zahl der potentiell an das KATV-Netz anschließbaren Haushalte auf 20 Millionen anwachsen wird, stufen Industrieexperten als sehr optimistisch ein. In einer weiteren Prognose wird eine 40 bis 60 prozentige Diffusion von KATV im Jahr 2010 erwartet, dh, daß mit mehr als zehnjährigen Verspätung die derzeitige KATV-Dichte der USA erreicht werden soll.[74]

3.3.2.3.   Institutionelle und regulatorische Faktoren

Weitere Einflußfaktoren für die JII-Strategie ergeben sich aus den Besonderheiten der staatlichen *Regulierung*, der *Kompetenzverteilung* zwischen Ministerien und der angestrebten *NTT-Entflechtung*.

Die Regulierung des japanischen Info-Kommunikationssektors kann als *pragmatisch, flexibel,* und *„soft"* charakterisiert werden.[75] Sie wird maßgeblich von der öffentlichen Verwaltung gestaltet. Der Einfluß der Gerichte ist geringer als in den USA und stärker als in etlichen europäischen Ländern. Eine japanische Besonderheit ist, daß über zwei Drittel der Aktivitäten in Form von *„administrativer Führung"* (administrative guidance – gyousei shidou) vollzogen werden, einer Form von nichtbindenden Empfehlungen an die Industrie.[76] Die Bedeutung der formalen, dokumentierten Regulierung ist gering. Daraus folgt Flexibilität, aber auch eine

---

71 In der ITU-Statistik sind nur die Gesamtzahlen ausgewiesen (vgl. Abbildung 10 in Abschnitt 4.3.2.2).

72 Es gab 1992 knapp 24.666 Systeme mit maximal 50 Teilnehmern, 30.400 mit 51 bis 500 Teilnehmern und nur 1.371 Systeme mit mehr als 500 Teilnehmern (siehe InfoCom Research 1994, S.110).

73 Im Vergleich dazu hatte Telekabel, der größte österreichische KATV-Betreiber, Ende 1995 rund 360.000 Teilnehmer.

74 Für eine detaillierte Analyse des japanischen KATV-Sektors siehe Sugaya 1995.

75 Zur Analyse der Regulierung des japanischen Telekommunikations- und Rundfunksektors siehe Glynn 1992, Weinberg 1991; Marcus/Marcus 1994.

76 Die administrative Führung der Industrie ist jedoch nur in der Theorie nichtbindend, da die Firmen auf das Entgegenkommen der Verwaltung angewiesen sind (Lizenzen, öffentliche Aufträge etc.).

Undurchsichtigkeit der Entscheidungsfindung. Die Verbindungen zwischen der Bürokratie und der „geführten" Industrie sind sehr stark. Weinberg bezeichnet die japanische Regulierung als *„Verhandlungsmodell"* (bargaining model) in einer partnerschaftlichen Beziehung zwischen Industrie und Verwaltung, im Unterschied zum Modell der *„formalen Rationalität"* (formal rationality) in den USA.[77] Das Funktionieren einer flexiblen, informellen Regulierung wird auf spezifische Charakteristika der japanischen Gesellschaft zurückgeführt, u.a. auf die weitestgehende Vermeidung von Konflikten und Konfrontationen sowie auf bestimmte Organisationsprinzipien in der öffentlichen Verwaltung und der Industrie.[78]

Im Unterschied zum Großteil der Industrieländer, wo Telekommunikation und Rundfunk von verschiedenen Institutionen reguliert werden, ist in Japan das MPT für beide Bereiche verantwortlich. Diese gute institutionelle Voraussetzung für die Bewältigung von Konvergenzproblemen wird durch die traditionelle *Rivalität von MPT und MITI* geschmälert.[79] Die Kompetenzverteilung zwischen den Ministerien im grenzüberschreitenden Info-Kommunikationssektor ist ungeklärt. Die Kompetenzstreitigkeiten sind ein Indiz für die Konvergenz von Computer- und Kommunikationssektor und für die Dominanz informeller Regelungen in der öffentlichen Verwaltung.

Eine anderer Besonderheit und gleichzeitig ein hilfreicher Erklärungsansatz für die Konkurrenz der Ministerien ist das *„Amakudari"-Prinzip*, das als „Hinuntersteigen vom Himmel" übersetzt werden kann. De facto bedeutet es, daß Ministerialbeamte, die in der Hierarchie der Ministerien nicht weiter aufsteigen können, auf gute Jobs in den regulierten beziehungsweise betreuten Firmen transferiert werden. Im strikt hierarchischen Personalsystem gibt es nur die Wahl zwischen Auf- und Ausstieg. Je größer der Wirtschaftsbereich, den das Ministerium betreut, desto bessere, lukrativere Jobs in der Privatindustrie kann es seinen Beamten in Aussicht stellen, und umso höher ist das Renommee des Ministeriums.[80] Folglich ist die Konkurrenz um den Hoffnungsmarkt „multimediale Info-Kommunikation" besonders intensiv. Daraus resultieren auch Reibungsverluste für die Umsetzung der JII-Initiativen.

---

77   Siehe Weinberg 1991, Marcus/Marcus 1994, S.2ff.

78   Zur Analyse der öffentlichen Verwaltung in Japan siehe auch Tsuji 1984.

79   Laut Marktbeobachtern konzentrierte sich die Konkurrenz von MPT und MITI in den 70er Jahren auf KATV, in den 80er Jahren auf Telekommunikation und erweiterte sich in den 90er Jahren auf den multimedialen Info-Kommunikationssektor.

80   In Japan gibt es eine inoffiziellen Rangordnung der Ministerien bezüglich Prestige und Macht. Sie wird traditionell vom Finanzministerium, dem Außenministerium und dem MITI angeführt. Das MPT hat im Lauf des letzten Jahrzehnts mit steigender Bedeutung des Wirtschaftsbereichs Telekommunikation stark aufgeholt. Die Teilprivatisierung von NTT hat dazu wesentlich beigetragen.

Die Aufrechterhaltung des Amakudari-Prinzips wird zunehmend kritisiert. Für das Prinzip spricht, daß damit die Attraktivität steigt, für Ministerien zu arbeiten, und auch der Ansporn groß ist, in dieser Position gute Arbeit für die Firmen zu leisten, um später einen guten Job in einem Unternehmen zu bekommen. Nur selten wehren sich Firmen gegen die Übernahme von Personal in entscheidende Positionen des Unternehmens.[81] Beim Telekommunikationsgiganten NTT kam es jedoch 1994 zum Konflikt. Das MPT wollte seinen ehemaligen Vice-Minister,[82] Shigeo Sawada, der durch das Amakudari-System zum Unternehmen kam, zum NTT-Präsidenten machen. Das NTT-Management wollte hingegen die Funktionsperiode des amtierenden Präsidenten Masashi Kojima verlängern und hat sich schlußendlich auch durchgesetzt. Dafür war u.a. ein strategischer Fehler der Regierung verantwortlich. Die von NTT geforderte Telefon-Gebührenerhöhung wurde bereits vor der Entscheidung über den NTT-Präsidenten abgelehnt. Damit fiel auch das wichtigste Druckmittel der Verwaltung weg.[83]

Ein weiterer Einflußfaktor auf die JII-Initiativen ist die seit über einem Jahrzehnt diskutierte *Reform von NTT*, der marktdominierenden Firma im Info-Kommunikationssektor. NTT wurde 1987 teilprivatisiert,[84] wobei das Finanzministerium weiterhin den Mehrheitsanteil (66 Prozent) hält. Das MPT will NTT entflechten, um so den Wettbewerb im Sektor zu fördern. Das NTT-Management und die Gewerkschaft Zendentsu stellen sich gegen die Entflechtung, da sie ihren Einfluß gefährdet.[85]

Die Strategie des Ausbaus der JII-Infrastruktur, im konkreten die Finanzierung der Glasfaserverkabelung der Privathaushalte, und die Form der NTT-Reform stehen in enger Wechselwirkung zueinander. Falls private Firmen ohne große staatliche Unterstützung die Verkabelung vornehmen sollen, bietet sich dafür vorerst eine finanzstarke NTT an. In diesem Szenario wird NTT nur geringfügig reformiert werden, um die Firma nicht zu schwächen. Entscheidet man sich hingegen für ein stärkeres Engagement des Staates und für die starke Konkurrenzierung von NTT (durch KATV etc.), dann wird NTT auch einschneidend entflochten werden. Eine endgültige Entscheidung über die NTT-Reform war für 1995 vorgesehen, sie wurde jedoch ein weiteres Mal verschoben.

---

81 Amakudari hat starke Auswirkungen sowohl im Rundfunk als auch im Telekommunikationssektor. Nicht nur bei NTT, sondern beispielsweise auch bei DDI und KDD befinden sich ehemalige MPT-Beamte in Top-Managementpositionen.

82 Der ranghöchste Beamte des Ministeriums hat den Titel Vice-Minister.

83 Vgl. Nikkei Weekly, 23. Mai 1994, S.8.

84 Basierend auf dem 1985 beschlossenen NTT-Gesetz.

85 Mit einem Organisationsgrad von fast 100 Prozent ist Zendentsu eine der größten Gewerkschaften. Für eine politisch-ökonomische Analyse des japanischen Telekommunikationssektors siehe Sato 1994.

3.3.3. Zusammenfassung

Mit der Analyse der japanischen JII-Initiativen wurde die Vielfalt der derzeit gesetzten Maßnahmen verdeutlicht, ebenso die Fülle an multidisziplinären Einflußfaktoren, die deren Auswahl und Realisierungschancen beeinflussen. Die Länderstudie zeigt Kategorien von Einflußfaktoren auf, die zu berücksichtigen sind, und bietet damit auch einen Analyserahmen für NII-Initiativen anderer Staaten. Der politisch-ökonomische, akteursbezogene Ansatz eignet sich besonders gut zur Analyse der Hidden Agenda der NII-Aktivitäten. Die starke Prägung der Einflußfaktoren durch nationale Besonderheiten unterstreicht die Grenzen der Übertragbarkeit nationaler Erfahrungen.

Die JII-Initiativen werden weniger von der Nachfrage- als von der Angebotseite geprägt. Die MPT-, NTT- und MITI-Aktivitäten sind tendentiell von Partikularinteressen bestimmt. Wesentliche Punkte der Hidden Agenda der JII-Initiativen sind die ungeklärte NTT-Reform, die Beschleunigung der Liberalisierung des Telekommunikations- und Rundfunksektors, die Förderung von Wettbewerbern, der Interessenkonflikt zwischen Ministerien, Maßnahmen gegen die Rezession und die notwendige Restrukturierung der japanischen Industrie.

Der aus dem Konvergenztrend resultierende Paradigmenwechsel von der getrennten zur integrativen Politik für den Telekommunikations- und Rundfunksektor wurde in Japan in den 90er Jahren vorerst auf der kognitiven Ebene vollzogen. Das belegen die oben zusammengefaßten Strategieprogramme und von Ministerien eingesetzte Expertengruppen, die explizit auf die Konvergenzproblematik Bezug nehmen. Auch in den Anfang 1996 publizierten MPT-Plänen zur „Second Info-Communications Reform" wird die Berücksichtigung des Konvergenztrends eingefordert.[86] Die Reformpläne zielen im wesentlichen auf die Beschleunigung der Liberalisierung des Telekommunikations- und Rundfunksektors ab. Erste Schritte eines Paradigmenwechsels auf der organisatorisch/institutionellen Ebene sind ebenfalls bereits zu beobachten. Sie beschränken sich jedoch bislang auf die Einsetzung von Koordinationsgremien auf politischer Ebene und in Ministerien und zielen weniger auf eine grundlegende Reform in Richtung integrative Politikoptionen (wie sie in Kapitel 6 skizziert werden).

---

86   Siehe dazu New Breeze Vol.8 (2), April 1996, S.17ff; die erste Info-Communications Reform wurde Mitte der 80er Jahre durchgeführt.

4. Der Mediamatik-Baukasten: Technik- & Dienste-Entwicklung

Die konkrete Weiterentwicklung der technischen Infrastruktur und des Dienste-Angebotes im elektronischen Kommunikationssektor ist noch weitgehend unbestimmt. Wohin führt die Konvergenz? Welche Muster der gesellschaftlichen Aneignung neuer Kommunikationstechniken zeichnen sich ab und welche Diffusionsfaktoren sind dafür ausschlaggebend? Einschätzungen der zukünftigen gesellschaftlichen Bedeutung und des Regulierungsbedarfs gehen von konkreten Annahmen über die Konvergenz im Kommunikationssektor aus. Meist bleiben diese Annahmen jedoch implizit, ohne adäquate Berücksichtigung von Optionen und deren Konsequenzen. So macht es beispielsweise für die Folgenabschätzung und die entsprechende Politikformulierung einen wesentlichen Unterschied, ob die Substitution bestehender Dienste vorhergesagt wird oder nicht; ob von der Erwartung eines integrierten Universalnetzes ausgegangen wird oder von der Entwicklung einer Vielzahl miteinander verbundener Netze.

Da die politischen Steuerungsmöglichkeiten der Technik- und Dienste-Entwicklung beschränkt sind, prägt v.a. auch die Qualität und der Umgang mit Prognosen die nationalstaatlichen und supranationalen Strategien. Die Prognosefähigkeit wird jedoch meist – trotz gravierender Fehler in der Vergangenheit – überschätzt, wie die Geschichte der Kommunikationstechnik eindrucksvoll belegt. Ansätze aus der Innovations- und Diffusionsforschung bieten Verbesserungsmöglichkeiten, die Unsicherheit der Prognose läßt sich jedoch nicht beseitigen. Weiters ist das Phänomen zu beachten, daß Prognosen verschiedener Institutionen (Experten) häufig miteinander, jedoch nicht mit der Realität korrelieren. Das läßt sich sowohl für Wirtschaftsprognosen als auch für Verbreitungsprognosen von Tele-Diensten zeigen.[1]

Der Politik des konvergierenden Kommunikationssektor stellt sich die Aufgabe, die existierenden Prognoseschwächen entsprechend zu berücksichtigen. Nach einer kurzen Geschichte der Fehlprognosen und einem Überblick über mögliche Diffusionsfaktoren folgt die Skizze der Technik- und Dienste-Entwicklung im elektronischen Kommunikationssektor, die in groben Zügen ein Bild der technischen Ver-

---

1   Siehe Fleissner (1980) für die Analyse von Wirtschaftsprognosen und die Länderstudien in Bouwman/Christoffersen (1992) für Bildschirmtext-Prognosen.

zweigungen und Trends zeichnet. Die Ergebnisse der Analyse sprechen für die Formierung eines Mediamatik-Baukastens.

4.1. Prognoseschwächen

Fehlprognosen haben in der Entwicklung der Kommunikationstechnik Tradition.
So wurde etwa die zukünftige Bedeutung und Weiterentwicklung sowohl des Buch-
drucks als auch des Telefons falsch eingeschätzt:
- Der zentrale Nutzen des *Buchdrucks,* die Vervielfältigungskapazität, wurde
  anfangs verkannt. Gutenbergs vorrangiges Ziel war die Entwicklung einer
  Schönschreibmaschine. Angeblich mißtrauten die Mönche der neuen
  Technik und verglichen jedes Exemplar mit der Druckvorlage. Denn auch
  sie vermuteten vorerst fälschlicherweise den Zweck des Buchdrucks in der
  Schönschrift.[2]
- Fehleinschätzungen gab es auch beim *Telefon.* Die größte amerikanische
  Telegrafengesellschaft Western Union Telegraph schätzte das Anwen-
  dungspotential des Telefons völlig falsch ein und war Ende des 19. Jahrhunderts nicht einmal bereit, 100.000 US-Dollar für das Patent zu bezahlen. Das Angebot von Alexander Graham Bell soll mit der Bemerkung
  „What use could this company make of an electrical toy?" abgelehnt
  worden sein.[3] Der mangels Interessenten an seinem Patent selbst zum
  Unternehmer gewordene Bell entwickelte hingegen eine bemerkenswert
  realistische Voraussicht des praktischen Nutzens des Telefons,[4] die als
  „self-fulfilling prophecy"[5] interpretiert werden kann.

Dennoch sind auch Erfinder, wie das Beispiel Gutenbergs zeigt, vor Fehleinschätzungen der zukünftigen Nutzung ihrer Inventionen nicht gefeit:

> „Thomas Edison thought that the main use for the phonograph he had invented
> would be for mailing records as letters."[6]

---

2   Siehe Lau 1993, S.832.
3   Mackenzie 1928, S.158. Der Vergleich des Telefons mit einem Spielzeug war in der frühen
     Geschichte des Telefons keine Seltenheit (vgl. Aronson 1977).
4   Siehe einen Brief Bells aus dem Jahr 1878 an die Electric Telephone Company, zitiert in: Pool et
     al. 1977, S.156f.
5   Siehe Pool et al. 1977, S.129.
6   Pool 1983, S.27.

Auch die gesellschaftliche Aneignung neuer Kommunikationstechniken wurde oft falsch vorhergesagt. Edison war überzeugt davon, daß sich der Phonograph mehr in der geschäftlichen als in der privaten Kommunikation etablieren wird. Die Verbreitung ging aber in Richtung Unterhaltungskommunikation – der Phonograph wurde zum Medium der Privatsphäre.[7]

In der Analyse der aktuellen Medienentwicklung sollte beachtet werden, daß sich der zentrale Verwendungszweck von Kommunikationstechniken in ihrem *Lebenszyklus* meist verändert: Trotz der zutreffenden Prognose Bells im Fall des Telefons wurde Anfang des 20. Jahrhunderts die praktische Bedeutung des Telefons in der Übertragung von Musik gesucht.[8] In Budapest wurde im Jahr 1898 eine „Telefon-Zeitung" eingerichtet, die Musik, Theater und Nachrichten übertrug, nach fünf Jahren 6.000 Teilnehmer hatte und als Kommunikationsmittel der Elite bis nach dem ersten Weltkrieg in Verwendung war.[9] Während also das Telefon anfänglich mit einem Radio-Konzept verwendet wurde, war die *Radio-Technik* ursprünglich als interaktive Individualkommunikation gedacht. Die schwerpunktmäßige gesellschaftliche Nutzung der beiden Innovationen entwickelte sich dann bekanntlich in entgegengesetzte Richtungen.

Weiters sollte nicht vergessen werden, daß heute als selbstverständlich Angenommenes zum Zeitpunkt der Einführung der Kommunikationstechniken noch weitgehend unklar war: Die Möglichkeit und die Bedeutung der Übertragung von Stimmen wurde noch in der zweiten Hälfte des 19. Jahrhunderts völlig falsch eingeschätzt. Flichy zitiert eine Bostoner Zeitung, die im Jahr 1865 die Sprachübertragung nicht nur als technisch unmöglich, sondern auch als „von keinerlei Interesse" beurteilte.[10] Ähnlich verweisen Burstein&Kline auf die Analyse eines New York Times-Reporters im Jahr 1939:

> „,The Problem with television' he wrote, ,is that the people must sit and keep their eyes glued on a screen; the average American family hasn´t time for it.'"[11]

Die Dokumentation der Fehlprognosen läßt sich bis in die jüngste Telekommunikationsgeschichte fortsetzen. Kaum jemand hat den Faxboom vorausgesehen, obwohl die Technik bereits seit Jahrzehnten bekannt und am Markt war. Die Diffusion des Mobiltelefon-Dienstes wurde ebenfalls stark unterschätzt. Die US-Telefonfirma AT&T, ein Pionier in der Entwicklung der Mobiltelefonie, stellte 1984 auf-

---

7 Siehe Flichy 1991.
8 Bell hatte ursprünglich auch an der Entwicklung eines Musiktelegrafen gearbeitet.
9 Vgl. Aronson 1977, Briggs 1977. Zu ähnlichen Anwendungen des „Radio-Konzeptes" der Telefonie kam es auch in den USA.
10 Siehe Flichy 1991, S.142.
11 Burstein/Kline 1995, S.56.

grund falscher Prognosen seine diesbezüglichen Aktivitäten ein, stieg aber ein Jahr-
zehnt später durch den Kauf von McCaw wieder in den Markt ein.[12] Zu falschen
Markteinschätzungen kam es auch im Computersektor. Ken Olson, Gründer der
Digital Equipment Corporation (DEC), mutmaßte im Jahr 1977:

> „There is no reason anyone would want a computer in their home."[13]

Das Bildtelefon ist bereits seit über einem Vierteljahrhundert auf dem Markt und hat
den oftmals prognostizierten Durchbruch nach wie vor nicht geschafft.[14] Auch die
weltweite Videotex-Entwicklung[15] wurde überoptimistisch falsch prognostiziert.
Laut Schätzungen sollen überhaupt nur fünf Prozent des Datenverkehrs in neuen
Diensten von Anwendungen stammen, die bereits in der Einführungsphase bekannt
waren oder vorhergesehen wurden.[16]

Die Geschichte der Kommunikationstechnik rät also zu größter Vorsicht bei Einschätzungen der aktuellen Entwicklungen im elektronischen Kommunikationssektor, bei Verbreitungsprognosen und Vorhersagen über die zentrale Verwendung
und damit über die gesellschaftliche Bedeutung neuer Medien in einer frühen Entwicklungsphase. Bei der Analyse von Internet, Video-on-Demand und anderen neuen
Diensten sollte dies berücksichtigt werden.

Wo liegen nun die Gefahren von Fehlprognosen für die Kommunikationspolitik
und welche Schlüsse lassen sich aus der eingeschränkten Prognosefähigkeit für die
gegenwärtige Strategie im konvergierenden Kommunikationssektor ziehen?

Analysen und Prognosen bilden u.a. die Basis für die politische Strategiebildung.
Fehlprognosen führen nicht nur zu wirtschaftlichen Verlusten, indem private und
öffentliche Ressourcen fehlgeleitet werden. Nutzungsprognosen dienen auch als
Entscheidungsgrundlage, welche staatlichen Eingriffe gerechtfertigt sind, welches
Regulierungssystem angewandt werden soll. Die spezifischen Restriktionen des
jeweiligen Regulierungssystems haben in der Folge wesentlichen Einfluß auf die
Entwicklungsmöglichkeiten des Dienstes. Somit beeinflussen schlußendlich Prog-
nosen die Entwicklung von Technik und Diensten.

---

12   Financial Times, 3.10.1995, S.12.

13   Kalil 1995, S.2.

14   Zur Analyse des Scheiterns der Bildtelefonie siehe Noll 1992; für eine optimistische Sichtweise
      vgl. Kraut/Fish 1995.

15   In Österreich und Deutschland wurde Videotex unter dem Markennamen Bildschirmtext einge-
      führt. Zur internationalen Verbreitung siehe Abbildung 21 in Abschnitt 4.3.2.2.

16   Pattay 1993; zitiert in Hellige 1993, S.193. Natürlich muß auch dieser Schätzung mit der not-
      wendigen Skepsis begegnet werden.

Überoptimistische Prognosen, wie sie derzeit auch zum Information Highway verbreitet werden, können den Markt stimulieren, Unternehmen und Konsumenten motivieren, in den Bereich zu investieren. Sie können aber auch den Effekt haben, daß soziale Auswirkungen und Arbeitsplatzeffekte falsch eingeschätzt werden und es in der Folge zu regulatorischen Überreaktionen kommt. Eine weitere Gefahr überoptimistischer Prognosen ist, daß bei zu hohen Erwartungen, die sich dann offensichtlich nicht erfüllen, auch der tatsächliche Nutzen von den Konsumenten nicht mehr anerkannt wird. Diese und viele weitere Schlüsse lassen sich aus der *Technikgeschichte* ableiten. Etliche Hinweise und Lehren bietet die Analyse von gescheiterten Strategien – von *Flops*[17] –, so etwa der Bildschirmtexteinführung (Btx)[18] in Österreich und Deutschland vor mehr als zehn Jahren. Das Leitbild war damals die Integration der Privathaushalte in den elektronischen Massenmarkt. In Anlehnung an die deutschen Prognosen wurden für Österreich 100.000 Teilnehmer innerhalb von drei Jahren vorausgesagt. Die Benutzerzahlen blieben jedoch unter einem Zehntel dieses Wertes. Die überzogenen Akzeptanzerwartungen führten zu Einführungsverzögerungen und Überreaktionen bezüglich des sozialen Regulierungsbedarfs. Besonders deutlich war dies in Deutschland, wo ein eigener Staatsvertrag über Btx zwischen Ländern und Bund abgeschlossen wurde. Es kam zu einer starken Polarisierung in Befürworter und Gegner von Btx, das konstruktive Miteinander von verschiedenen Interessengruppen geriet ins Hintertreffen. Die österreichische Variante wiederum war zum einen davon geprägt, daß die Interessengruppen nicht oder erst sehr spät in den Designprozeß miteingebunden wurden, zum anderen wohl auch davon, daß bei den Kritikern noch ein stärkerer Technikdeterminismus in Hinblick auf die Folgen des Einsatzes von Kommunikationstechnologie vorherrschte.

Das Prognoseproblem läßt sich durch die Beachtung der Analyseergebnisse der Technikforschung lindern, bleibt jedoch bestehen und sollte dementsprechend in der Politik des Sektors berücksichtigt werden. Ein leichtfertiger Umgang mit Prognosen ist es, wenn ausländische Vorhersagen, wie im Beispiel der österreichischen Btx-Einführung, übernommen, und damit nationale Spezifika (kulturell, technisch, ökonomisch) ignoriert werden. Auch in der gegenwärtigen Diskussion des Information Highway droht diese Gefahr durch die kritiklose Übernahme von Leitbildern, Visionen, Prognosen und Erfahrungen aus anderen Ländern. Die bei anderen Gelegenheiten hervorgehobenen und auch in der Rundfunk-Diskussion als erhaltenswert betonten Unterschiede in der (Alltags)Kultur, im politischen und wirtschaftlichen

---

17 Der Ausdruck Flopanalyse ist von Hellige (1993, S.211) entlehnt. Flopanalysen sind bei politischen und wirtschaftlichen Entscheidungsträgern unbeliebt, da sie an alten Wunden rühren. Der bedeutende Beitrag der Analyse wird verkannt: die Lehren, die man für zukünftige Strategien daraus ziehen kann.

18 Siehe Latzer 1992, Schneider 1989.

System, im Konsum- und Kommunikationsverhalten sollten daher auch im Rahmen der Bewertung der US-Strategien und Erfahrungen rund um den Information Highway nicht unberücksichtigt bleiben. Man sollte sich beispielsweise vor Augen halten, daß es in Europa eine weitaus bescheidenere Tradition und Praxis der Mitbestimmung von Benutzern in diesem Sektor gibt, daß in den USA weitaus mehr praktische Erfahrungen mit kommunalen elektronischen Kommunikationssystemen via Computer und KATV vorhanden sind und auch die Rahmenbedingungen für kommerzielle und nichtkommerzielle Initiativen ganz andere sind.

Eine *politisch/strategische Option* der Begegnung von Prognoseschwächen ist die Konzentration auf die Verbesserung der regulatorischen Rahmenbedingungen und weniger auf die Förderung ausgewählter Systeme und Dienste. Die Rahmenbedingungen beschränken sich nicht nur auf telekommunikationspolitische Entscheidungen im engeren Sinn, zu ihnen zählen auch allgemeine wirtschaftspolitische Bestimmungen, etwa die Gewerbeordnung. Falls staatliche Förderungen vorgenommen werden, so sollten – abhängig von den Stärken der inländischen Industrie – weniger die Hardware als vielmehr die Dienste und Anwendungen unterstützt werden. Falls Anwendungen gefördert werden, dann unter Auflagen wie beispielsweise der Benutzerbeteiligung, die der Erreichung kollektiver, gesamtgesellschaftlicher Zielsetzungen dienlich sind.[19]

4.2. Diffusionsfaktoren

Eine weitere Möglichkeit, Prognoseschwächen zu begegnen, bietet die Analyse von Diffusionsfaktoren. Die interdisziplinäre Technikforschung eröffnet dafür etliche Ansatzpunkte. Sie hat sich im letzten Jahrzehnt vermehrt der systematischen Analyse von *Diffusionsfaktoren* gewidmet, von Faktoren also, die die Verbreitung von Techniken und Diensten beeinflussen.[20] Die Diffusion steht am Ende des Innovationsprozesses, der sich aus der Invention (Erfindung), der Innovation (Markteinführung) und der Diffusion (Marktdurchdringung) zusammensetzt.

---

19   Für Empfehlungen zur österreichischen Telekommunikationspolitik siehe Latzer/Ohler/Knoll 1994; Knoll/Latzer/Leo/Ohler/Peneder 1994.

20   Zur Innovationsforschung, zur Sichtweise der Diffusion als spezifische Art der Kommunikation und der Betonung von verhaltenstheoretischen Aspekten siehe Rogers 1995a; für einen Überblick über aktuelle Ansätze der Diffusionsforschung im Telekommunikationssektor siehe Stoetzer/Mahler 1995.

Gravierende Unterschiede in der Akzeptanz und Verbreitung treten nicht nur zwischen verschiedenen Diensten, sondern auch bei der Diffusion gleichartiger Dienste in verschiedenen Ländern auf. Der Vergleich der Zeiträume zwischen der kommerziellen Einführung und dem Erreichen einer fünfzigprozentigen Diffusion in den US-Haushalten belegt die unterschiedliche Diffusionsgeschwindigkeit bei Telekommunikations- und Rundfunkdiensten (siehe Tabelle 6). Während das Telefon 70 Jahre benötigte, waren es beim KATV 40 Jahre, bei Farbfernsehgeräten 11 Jahre und beim Schwarzweißfernsehgerät nur 7 Jahre.

Auch die international vergleichende Videotex-Forschung belegt die unterschiedliche Verbreitungsgeschwindigkeit in den einzelnen Ländern. In Frankreich benutzten Mitte 1994 fast ein Drittel der Haushalte (6,9 Millionen Teilnehmer) das Videotex-System, in Deutschland waren es nicht einmal zwei Prozent der Haushalte (rund 560.000 Teilnehmer), in Österreich weniger als ein Prozent (20.000 Teilnehmer).[21]

Tabelle 6:   Die Diffusionsgeschwindigkeit ausgewählter Kommunikationstechniken in den USA

	Jahr der kommer-ziellen Einführung	50 Prozent der U.S. Haushalte	Anzahl d. Jahre bis zur Diffusion von 50%
SW-TV	1946	1953	7
Farb-TV	1961	1972	11
Videorekorder	1975	1988	13
KATV	1948	1988	40
Telefon	1876	1946	70

SW   schwarzweiß
Quelle: Daten aus Baer 1989, S.146f

Welche Schlüsse lassen sich aus der Innovations- und Diffusionsforschung ziehen, die der Verbesserung der Prognosefähigkeit im Kommunikationssektor zugute kommen? Traditionell dominieren ökonomische Erklärungsansätze, die bei den Kosten der Errichtung und des Betriebs ansetzen. Das erklärt etwa, daß Kabelnetze aufgrund kostenintensiver Verlegungsarbeiten weitaus langsamer diffundieren als Rundfunknetze. Ergänzt werden sie durch Ansätze, die stärkeres Augenmerk auf politische, kulturelle und psychosoziale Aspekte der Benutzung legen. Logistische, s-förmige Kurven, mit denen die Diffusion modelliert wird, eignen sich zur nachträglichen Darstellung gewisser Eigenschaften der Verbreitung – beispielsweise jener, daß interaktive Tele-Dienste aufgrund von Netzeffekten einen anderen Diffusionsverlauf haben als Verteildienste. Sie sind jedoch für die Prognose nicht sonderlich hilfreich

---

21   Vgl. Hansen 1995, S.88. Siehe auch Tabelle 21 in Abschnitt 4.3.2.2.

(siehe Abbildung 15). Ähnlich verhält es sich mit der „kritischen Masse",[22] dem
Verbreitungsgrad, ab dem die Adoptionsrate rasch zunimmt und sich der Diffusions-
prozeß verselbständigt. Die Erreichung der kritischen Masse ist essentiell für die
weitgehende Diffusion, sie variiert jedoch von Dienst zu Dienst und wird in der
Regel im nachhinein geschätzt.[23] Eine einheitliche, umfassende Erklärung für die
differierenden Diffusionsmuster unterschiedlichster Dienste und Geräte kann es nicht
geben. Einen Ansatzpunkt liefert Rogers, indem er auf die zentrale Bedeutung der
Wahrnehmung von Innovationen für den Diffusionsverlauf verweist, auf die Einschätzung der relativen Vorteile, der Kompatibilität etc.[24] Bei der Analyse des
Kommunikationssektors ist besonders zu beachten, daß technische Weiterentwicklungen und politische Reformen die traditionellen Querverbindungen und Zusam-
menhänge der Verbreitungsfaktoren für Innovationen verändern. Die zunehmende
Entflechtung von Dienst, Netz und Endgerät im Rahmen des Konvergenz-, Libera-
lisierungs- und Globalisierungstrends schafft hier neue Ausgangsbedingungen.[25]

Abbildung 15:   S-förmige Diffusionskurven für interaktive (fette Linie) und nicht-
                interaktive Innovationen

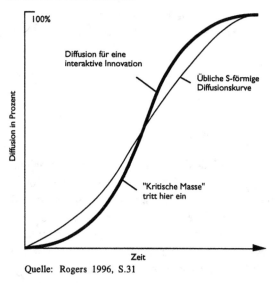

Quelle: Rogers 1996, S.31

---

22   Zur kritischen Masse und zu Netzexternalitäten bei Telekommunikationsdiensten siehe Allen
      1983.
23   Laut Rogers (1995b, S.33) liegt die kritische Masse zwischen einem Diffusionsgrad von 10 und
      25 Prozent. Im Fall von Internet wurde nach Rogers die kritische Masse bereits 1993 erreicht,
      als rund 20.000 Computernetze zu einem „Netz von Netzen" miteinander verbunden waren
      (S.32).
24   Siehe Rogers 1995a,b.
25   Siehe dazu auch Kapitel 5.

Zur besseren Abschätzung zukünftiger Mediamatik-Anwendungen bietet sich neben der allgemeinen technikgeschichtlichen Untersuchung insbesonders die Analyse der hybriden Dienste Bildschirmtext (Btx) und Audiotex (Atx) an. Sie vereinen bereits Eigenschaften aus den vormals getrennten Subsektoren (hybride Dienste), sind somit auch Fallbeispiele für Konvergenzprobleme: Bei Bildschirmtext war unklar, ob er in den Telekommunikations- oder Mediensektor eingeordnet werden sollte; Audiotex konfrontierte aufgrund der funktionalen Konvergenz die Telekommunikationsregulierung mit den ansonsten der Rundfunkregulierung vorbehaltenen Problemen der Inhaltsregulierung. Weiters zielen sie, ähnlich den prognostizierten Mediamatik-Diensten, auf die Bildung von elektronischen Massenmärkten ab. Diffusionsfaktoren von Btx und Atx wurden mittels der Methode der vergleichenden Fallstudien untersucht, wobei jeweils anhand einer Klassifizierung von Einflußfaktoren vorgegangen wurde.[26] Für die Verbesserung der Prognose neuer und zukünftiger Dienste läßt sich aus den Untersuchungsergebnissen zu Btx und Atx eine Liste der zu berücksichtigenden Faktoren erstellen (siehe Tabelle 7).

Die Ergebnisse der international vergleichenden Videotex- und Audiotexanalyse legen insbesonders die stärkere Berücksichtung von weit definierten *kulturellen* Aspekten (Kommunikationskultur, Informationskultur, politische Kultur) nahe.[27] Ein zentraler Hinweis ist weiters, daß bereits vor der Einführung des Dienstes Regeln existieren sollen, da es ansonsten zu Problemen kommen kann (etwa zur nachhaltigen Rufschädigung wie im Fall von Btx), die sich im nachhinein nur schwer beseitigen lassen.

Klarheit bei der politischen Zuständigkeit und Klarheit der Regeln hätten sowohl bei Bildschirmtext als auch bei Audiotex Probleme vermeiden helfen können.[28] Das Dilemma der frühzeitigen Regulierung ist jedoch, daß zu diesem Zeitpunkt das Nutzungspotential, die Chancen und Risken des Dienstes bestenfalls vage erkennbar sind, und die frühe Zuteilung zu einem Regulierungsrahmen die Enfaltungsmöglichkeiten des Dienstes beeinträchtigt.

Schließlich läßt sich aufgrund der Analyse von Btx und Atx erkennen, daß es sich jeweils um eine Kette von Innovationen, bestehend aus technischen und institutionell/organisatorischen Neuerungen handelt, die über Erfolg oder Mißerfolg bestimmt. Fehlt ein Glied, so reißt die Kette. Es ist daher eine der zentralen Aufgaben der Diffusionsforschung, sämtliche Teile dieser Kette zu erfassen.

---

26 Siehe Bouwman/Christoffersen 1992, Latzer/Thomas 1994.

27 Zur kulturellen Prägung der Telefonentwicklung im internationalen Vergleich siehe Rammert 1990.

28 Siehe OFTEL 1995, S.57.

Tabelle 7:   Liste zu berücksichtigender Diffusionsfaktoren für elektronische Kommunikationsdienste

	Faktoren – Beispiele – Erläuterungen
Technik	Netzkonfiguration (beeinflußt Zeit- und Kostenaufwand);
	Benutzerfreundlichkeit, Funktionalität (Endgeräte);
	(Dienst)Merkmale des Netzes (gewisse Dienstmerkmale – z.B. bei Audiotexdiensten – setzen ein „Intelligent Network" voraus);
	Normung; Kompatibilität (weltweite Standards und Schnittstellen);
	Diffusion von Endgeräten (beeinflußt das Marktpotential für Dienste);
Ökonomie	Investitionskosten für Anbieter und Benutzer;
	verfügbares Haushaltseinkommen (Lebensstandard); Konjunkturlage;
	Betriebskosten;
	Substitutionspotential;
	Zusatznutzen;
	Arbeitsplätze;
	Strategischer Geschäftsplan (für technologiepolitische Projekte);
	Marketing (Informationspolitik);
	Bedarf (technology-push versus market-pull);
	Tarifierung (Prinzipien und Niveau);
	Economies of Scale, Scope und Density;
	Implementationsstrategien (partizipativ; topdown);
	Netzexternalitäten;
Politik/Recht	Regulierung; (Monopol u. Protektionismus vs. Wettbewerb; Transparenz);
	Staatliche Technologiepolitik (z.B. Innovations- und Diffusionsförderung; Koordination: Wissenschaft-Wirtschaft);
	Demokratiepolitik;
	Bildungspolitik (beeinflußt Technikeinstellung und Tecnofluency);
Kultur	Sensitivität gegenüber sozialer Problemstellungen;
	gesellschaftliche Toleranz bezüglich Inhalten (Pornographie, Gewalt);
	öffentliche und private Informationspolitik;
	Technikeinstellung;
	politische Kultur;
	kulturelle Muster der Mediennutzung;
	Diffusion konkurrierender Dienste (Medienmix-Analyse);
	spezifische Anforderungen (Mehrsprachigkeit etc.);
Soziales	Konsumentenschutz;
	Arbeitnehmerschutz (Telework);
	Datenschutz

MWD   Mehrwertdienste

Derartige Überlegungen treffen nicht nur speziell für den Kommunikationssektor, für die „Informations- und Kommunikationsrevolution" zu. North[29] beschreibt ähnliche Probleme der industriellen Revolution. Das technisch weit überlegene Dampfschiff, das seit Anfang des 19. Jahrhunderts im Einsatz ist, benötigte fast 100 Jahre, um das Segelschiff abzulösen. Ein fehlendes Glied in der Innovationskette waren die verbrauchsenkenden Verbesserungen des Kolbenmotors. Auch die effiziente Fertigung der Wattschen Dampfmaschine war auf die Verfügbarkeit einer entsprechenden Bohrmaschine angewiesen. Die Innovationskette besteht jedoch nicht nur aus technischen Artefakten. Speziell im Fall der Mediamatik ist Technik auch im Sinn der sozialen Fertigkeit, mit den technischen Innovationen umzugehen (die Beherrschung der neuen Kulturtechnik), als Teil der Innovationskette zu berücksichtigen.

Zur Verbesserung der Prognosefähigkeit und der Akzeptanz von Diensten werden seit geraumer Zeit die stärkere *Einbindung der Benutzer* in den Designprozeß und sozialwissenschaftlich begleitete *Pilotprojekte* erprobt.

Für eine Gegenüberstellung von traditionellen und *partizipativen Implementationsstrategien* siehe Tabelle 8. Bei partizipativen Ansätzen[30] wird versucht, die potentiellen Benutzer in die Gestaltung des Dienstes, die Markteinführung und das Finden von Anwendungen einzubinden, wobei das Ausmaß der Benutzerbeteiligung stark variiert. Derartige Ansätze werden seit den 80er Jahren verstärkt im Telematiksektor angewendet.[31]

Bei *Pilotprojekten* vollzieht sich ein Wandel vom rein technischen Test hin zum sozialwissenschaftlich begleiteten Pilotprojekt, womit nicht nur die technische Funktionalität, sondern auch soziale Aspekte des Technikeinsatzes erforscht werden sollen. Auch im Rahmen der NII-Strategien wurden bereits eine Reihe von sozialwissenschaftlich begleiteten Pilotprojekten gestartet.[32]

---

29   North 1988, S.167ff.

30   Für einen Überblick siehe Latzer 1993b.

31   „Soziale Experimente" in Dänemark; „Bürgergutachten ISDN" in Deutschland; „Kommunikationsmodellgemeinden" in der Schweiz; siehe Latzer 1993b.

32   Für eine Zusammenstellung von Multimedia-Pilotprojekten in den USA siehe Kürble 1995, S.22; für Deutschland siehe Ziemer 1995, S.184.

Tabelle 8:   Traditionelle und partizipative Implementationsstrategien im Vergleich

	Traditionelle Implementationsstrategie	Partizipative Implementationsstrategie
Charakteristika		
Definition	genau definiert, Aktionen mit beschränktem Risiko	Aktionen, um den sozialen Kontext zu ändern
Subjekt	Externer Akteur	die involvierten Gruppen selbst
Objekt	Objekt ist nicht gleichzeitig Subjekt	Objekt ist mit Subjekt ident
Ziele	genau definiert, unveränderbar	vage, flexibel
Erwartungen der Teilnehmer	keine Konsens-Erwartungen	hohe Konsens-Erwartungen
Konzeptionalisierung		
Beteiligte im Prozeß	„Strukturiertes System" ohne Gedächtnis und Wille	„Soziale Gemeinschaft" mit Gedächtnis und Wille
Paradigma	Kybernetik, Strukturierte Analyse	Qualitative Soziologie, Sprechakttheorie
Struktur des Prozesses	linearer, reversibler Prozeß, der auf externe Effekte abzielt	nicht-linearer, irreversibler Prozeß des internen Lernens
Evaluierung		
Methoden	Fragebögen, quantitative sozialwissenschaftliche Studien	qualitative Interviews, particip. community studies
Verpflichtung	die Resultate/Effekte den externen Stellen zu berichten	den Teilnehmern Feedback zu geben
Ziel	messen	verstehen

Quelle: Qvortrup 1990, S.7

Benutzerbeteiligung und *Pilotprojekte* mit Begleitforschung sind jedoch kein Patentrezept zur Lösung des Prognoseproblems. Gerade Pilotprojekte sind oft aussageschwach, da sich etliche Systeme aufgrund von Netzeffekten (der Nutzen des Dienstes steigt mit steigender Teilnehmerzahl) im kleinen Rahmen nicht aussagekräftig testen lassen und unrealistische Rahmenbedingungen oft zu Verzerrungen führen. Insbesonders die in Pilotprojekten meist fehlenden oder unrealistisch niedrigen Entgelte reduzieren die Aussagekraft der Tests entscheidend und können somit zu falschen Schlüssen führen.[33] Beide Problemstellungen, eine zu geringe Teilnehmerzahl und unrealistische beziehungsweise fehlende Preisstrukturen, minderten

---

[33]   Darüber hinaus ist zu bedenken, daß die spezielle Situation von Pilotprojekt-Teilnehmern, insbesondere dann, wenn das Pilotprojekt starke mediale Beachtung (national und international) hat, mitunter zu einem untypischen Benutzerverhalten führen kann (vgl. Baldwin/Mc Voy/Steinfield 1996, S.220f).

beispielsweise den analytischen und prognostischen Wert etlicher Breitbandversuche des letzten Jahrzehnts beträchtlich.[34]

Die Überwindung des *Preissetzungsproblems* ist gerade bei Mediamatik-Diensten ein wesentliches Diffusionskriterium. Denn die Konvergenz läßt unterschiedliche Kosten- und Preissetzungssysteme der Telematik und des Rundfunks aufeinandertreffen: die kostenorientierte, zeit-, mengen-, geschwindigkeits- und distanzabhängige Preissetzung der Telekommunikation auf die Grundgebühren- und Werbungsfinanzierung des Rundfunks. Weiters stellt sich die Frage nach dem Maßstab der Vergebührung in der Mediamatik. Die Zielrichtung für zukünftige Dienste ist klar: Die Übertragungskapazität darf sich nicht mehr nach schmalbandigen Telefonkanälen, sondern muß sich nach breitbandigen Videokanälen orientieren. Der Telefonsprechkanal eignet sich wegen der erwarteten breitbandigen Anwendungen nicht mehr als Vergebührungseinheit. Falls Telefonkanäle die Preisbasis bleiben, wären Videokanäle viel zu teuer. Das bislang ungelöste Problem ist die Strategie des Umstiegs auf ein System, dessen kostengünstige Einheit der Vergebührung der Videokanal ist, ohne daß deshalb der Wiederverkauf von ungenutzten Videokanälen für Daten- oder Sprachübertragung zum Problem wird. Diese Fragestellung hatte vor der Konvergenz keine Relevanz, da die Übertragung von Videos und Sprachtelefonie technisch und organisatorisch nicht kombinierbar war. Für die Sprachkanäle könnte zum Beispiel in Zukunft nur noch eine Grundgebühr, jedoch ohne zusätzliche nutzungsabhängige Gebühr verrechnet werden. Jedenfalls wird eine drastische Preisreduktion für Bandbreite (Übertragungsgeschwindigkeit) erwartet. Ein weiteres Problem der Tarifierung ist die Entscheidung für die Trennung oder Bündelung von Gebühren für die Übertragungsleistung einerseits und für die transportierten Inhalte andererseits.[35] Auch diese Fragestellung war vor dem Konvergenzprozeß im Telekommunikationssektor nicht relevant.

Für die *Medienmix-Analyse* als Basis von Nutzungprognosen ergeben sich durch Konvergenz und Liberalisierung ebenfalls neue Ausgangsbedingungen. Aufgrund der restriktiven regulatorischen Rahmenbedingungen gerieten die kommunikationsspezifischen Eigenschaften, die Eignung der Dienste für spezifische Kommunikationszwecke und -Anforderungen, in den Hintergrund. Im Vordergrund stand meist die Frage, was erlaubt ist, und weniger, was am geeignetsten wäre. Auch die Kostenstruktur führt insbesonders im vorkommerziellen Internet zu Anwendungen, die vom Kommunikationsaspekt her mit anderen Diensten weitaus effizienter bewerkstelligbar wären. Die interaktive Talk-Funktion im Internet ist in den meisten Fällen nur solange interessant, als die Telefonkosten – speziell bei Auslandskontakten

---

34   Zur Analyse von Breitband-Initiativen in Europa siehe Connell 1994.
35   Siehe dazu OFTEL 1995, S.33.

– weitaus höher sind. Zweckmäßiger und zeitsparender wäre jedenfalls ein Telefongespräch. Beim Telefonieren via Internet verhält es sich ähnlich. Ziel einer späteren
Phase der Medienentwicklung wird es sein, das bestmögliche Medium vorrangig
nach kommunikationsspezifischen Gesichtspunkten zu wählen.

Bei der Einschätzung der Diffusion von neuen Medien sind auch die Lernkurven des
Umgangs mit den neuen Medien zu berücksichtigen. Welche Qualifikationsan-
sprüche werden gestellt? Die elektronischen Medien führen die literale Kultur fort.
Die Schrift und die Fertigkeit des Lesens und Schreibens bleiben zentral, werden
jedoch um die Anforderung *Computerliteracy*, also der Fertigkeit, einen Computer
zu bedienen, erweitert. Wird diese Schwelle überwunden, bietet sich eine Vielzahl
neuer elektronischer Medien an. Diese Situation kann mit dem Erlernen des Lesens
und Schreibens verglichen werden. Beherrscht man die Kulturtechnik, so eröffnet
sich nicht nur die Möglichkeit, ein Buch oder eine Zeitschrift zu „verwenden", auch
die Verbreitung anderer Techniken, etwa der Overhead-Projektor, Flip-Charts etc.,
baut darauf auf. Ähnlich setzt die Diffusion elektronischer Medien wie Internet,
Btx, Mailboxen und Online-Datenbanken ein Mindestmaß an Computerliteracy
voraus.

Schließlich sollte bei der Einschätzung der Dienste-Entwicklung auf die jeweilige
Lebenszyklusphase des Dienstes geachtet werden, da sich die schwerpunktmäßige
Verwendung im Laufe der Zeit verändert.[36] Aus der Technikgeschichte geht hervor,
daß die Durchsetzung neuer Medien anfänglich meist über wirtschaftliche Anwendungen läuft. Das Telefon blieb beispielsweise in Frankreich ein halbes Jahrhundert
lang der Geschäftskommunikation vorbehalten. In Großbritannien erklärte der
Finanzminister im Jahr 1901, das Telefon entspreche nicht der „ländlichen Mentali-
tät", und die Times schrieb im Jahr 1902, das Telefon sei „keine Angelegenheit der
breiten Masse".[37] Die Fülle an Fehlprognosen, die aus heutiger Sicht unverständ-
lich erscheinen, mahnen jedenfalls bei der Einschätzung des gegenwärtigen
Umbruchs im Kommunikationssektor zur Vorsicht.

---

36   Siehe dazu Pool 1983.
37   Siehe Flichy 1991, S.147, S.156.

4.3. Die Formierung des Mediamatik-Baukastens

Wie in Abschnitt 4.2 ausgeführt wurde, sind Prognosen und Visionen über die Weiterentwicklung von Infrastruktur und Diensten für die Gestaltung einer zukunftsgerichteten Politik von zentraler Bedeutung. Länderstudien zeigen, daß die Unsicherheiten über das zukünftige Kommunikationssystem bereits bei der Technikwahl beginnen. Die technische Konvergenz im Kommunikationssektor ist zwar deutlich als Trend erkennbar, ihr Ausmaß und ihre Geschwindigkeit wird aber von Politik- und Firmenstrategien beeinflußt. Als Grundlage für Überlegungen zur adäquaten Analyse und Politik des Bereichs werden nachfolgend – getrennt nach Technik und Diensten – Trends geortet, Verzweigungen in der Entwicklung aufgezeigt und mögliche Konsequenzen skizziert.

4.3.1. Technische Verzweigungen

4.3.1.1. Analog – digital

Unumstritten und zentral ist der bereits in Abschnitt 2.2 skizzierte Trend von der Analog- zur Digitaltechnik, und zwar sowohl in der Telekommunikation als auch beim Rundfunk. Die Digitalisierung schafft die Voraussetzung für die Konvergenz von Kommunikationsformen, von Sprache, Daten, Text und (Bewegt-) Bildern. Sie ermöglicht deren beliebige Kombination, verbesserte Manipulationsmöglichkeiten, neue Funktionalitäten und zunehmend personalisierte Medien.[38] Die Kapazitätserweiterung durch digitale Technologie ist gerade im Rundfunkbereich beträchtlich. Über digitales terrestrisches Fernsehen können mehr als 20 Kanäle ausgestrahlt werden, über Kabel- und Satellitenfernsehen jeweils mehr als 200 Kanäle.[39] Ungeklärt, jedoch von großer Bedeutung ist die Geschwindigkeit der Umstellung, vor allem im Rundfunkbereich. Die japanischen Digitalisierungspläne des Rundfunks sind in Tabelle 9 zusammengefaßt.

---

38 Vgl. dazu Negroponte 1995.
39 Siehe OFTEL 1995, S.2.

Tabelle 9:   Zeitplan für die Einführung des digitalen Fernsehens in Japan[*]

Art des Rundfunks			Möglicher Einführungszeitpunkt
	KS TV RF		ab 1996
Satelliten-RF	RS TV RF	12 GHz	Vorschlag A: Einführung nach 2007 Vorschlag B: Schaffung eines Umfeldes, in dem RF-Unternehmen das passende System wählen können, inkl. digitalem RF, ab dem der nächste RS-4 Satellit gestartet wurde
		21 GHz	ca. ab 2007
terrestrischer RF	TV RF		innerhalb von fünf Jahren ab der Jahrhundertwende
	Radio RF		spätestens ab 2005 verfügbar
Kabel-RF			ca. ab 1996

KS   Kommunikations-Satellit
RF   Rundfunk
RS   RF-Satellit
*   Pläne gemäß dem Vorschlag der vom MPT eingesetzten „Study Group on Broadcasting Systems in the Multimedia Age"
Quelle: MPT News 1995 6 (3)

Im Telekommunikationssektor hat die Digitalisierung des Telefon-Festnetzes schwerpunktmäßig bereits in den 70er Jahren eingesetzt und soll in den meisten Industrieländern bis zur Jahrtausendwende abgeschlossen sein.[40] Das beinhaltet jedoch noch nicht die Digitalisierung bis zum Teilnehmer, welche erst mit der Umstellung auf ISDN vollzogen wird.[41] Die Verwendung von ISDN bleibt – v.a. wegen der Kostenstruktur – auf absehbare Zeit auf einen Teil der geschäftlichen Nutzer beschränkt. Im Jahre 1994 lag die Diffusion von ISDN noch durchwegs unter einem halben Prozent (siehe Abbildung 16). Die international vergleichende Analyse der ISDN-Entwicklung führte zu folgendem Ergebnis:

> „Dort, wo die Liberalisierung beziehungsweise Deregulierung weit fortgeschritten ist (USA, in abgeschwächter Form Großbritannien), entwickelt sich ISDN viel langsamer als in den Ländern mit weniger Wettbewerb und Deregulierung und größerer Tradition mit allgemeiner staatlicher Infrastrukturverantwortung."[42]

Für breitbandige Telekommunikationsanwendungen wird an der Weiterentwicklung des digitalen ATM-Netzes gearbeitet. Der paketorientierte, breitbandige *Übertragungsmodus ATM* (asynchronous transfer mode) hat den Vorteil, daß Telefonverbindungen keine Leitung blockieren, sondern effizienter, in Pakete unterteilt, übermittelt werden.[43] Für die nächste Generation von Multimedia-Diensten ist die Übertragung in einem hochwertigen *Video-Standard (MPEG)* über ATM-Netze geplant.

---

40   Zum Digitalisierungsgrad ausgewählter Industrieländer siehe Abbildung 16.
41   Für einen Überblick über die technischen Entwicklungsschritte im Telekommunikationssektor siehe Bauer/Latzer 1993.
42   ISDN-Forschungskommission 1996, S.426.
43   Auch im Internet werden die Daten paketvermittelt übertragen.

Die gemeinsam von der International Standard Organisation (ISO), dem Joint Technical Committee (JTC) und der International Electrotechnical Commission (IEC) eingesetzte Motion Pictures Experts Group (MPEG) erarbeitete mehrere Standards zur Quellcodierung von Audio- und Videosignalen (MPEG1-MPEG4), die sich zu weltweit akzeptierten Kompressionsstandards im Multimedia-Bereich entwickeln dürften.[44]

Abbildung 16: Digitalisierungsgrad des Telefon-Festnetzes (1990-1994) und der ISDN-Benutzer (1994), pro 100 Einwohner, in ausgewählten Industrieländern

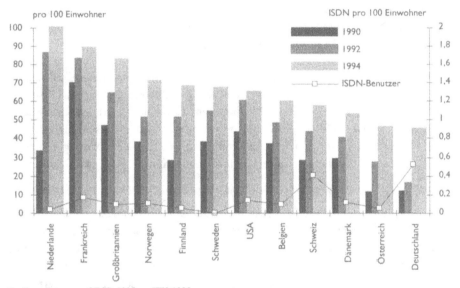

Quelle: Daten aus OECD 1995a,c; ITU 1995

Im Rundfunkbereich sind bei der Digitalisierung nicht nur die einmaligen Umstellungskosten zu berücksichtigen, sondern auch die Kosten der parallelen Aufrechterhaltung des analogen Dienstes, bis der Großteil der Konsumenten auf die entsprechende Endgerätetechnik umgestiegen ist. Fernsehgesellschaften wie beispielsweise die japanische NHK überlegen daher, möglichst spät umzusteigen, um die Kosten des Parallelbetriebs zu minimieren. Weiters ist zu berücksichtigen, daß es sich um einen Umstieg der gesamten Kette: (Inhalts-) Produktion, Distribution (Übertragung; Vermittlung) und Konsumtion (Endgerät) handelt. Ungleiche Techniken können zwar mittels analog/digitaler Umwandlungsprozesse ausgeglichen werden, dies ist jedoch mit zusätzlichen Kosten und Qualitätsverlust verbunden. Der Zeit-

---

44   Siehe Schrape 1995, S.15.; MPT News 1995 6(18); Riehm/Wingert 1995, S.20ff.

horizont der schwerpunktmäßigen Umstellung auf digitales TV ist noch unklar, sie findet jedenfalls langsamer statt, als allgemein erwartet wurde. Es handelt sich also eher um eine Evolution als um eine Revolution.[45]

4.3.1.2. Kabellos – kabelgebunden

Die zukünftige Aufteilung in kabellose und kabelgebundene Technik ist ebenfalls noch nicht absehbar. Die Mobilkommunikation zählt innerhalb des Telekommunikationssektors zu den am raschesten wachsenden Teilmärkten. Von 1990 bis 1994 ist die Diffusion von Mobiltelefonen in den nordeuropäischen Ländern von 4,5 auf über 13 Prozent angewachsen.[46] Zwei Jahre später erreichte Schweden bereits einen Diffusionsgrad von 25 Prozent (siehe Abbildung 12 in Abschnitt 3.1).

Die Entscheidung zwischen kabelloser oder kabelgebundener Kommunikation stellt sich insbesonders für die breitbandige Anbindung der privaten Haushalte, also dem „Local Subscriber Loop" – der Verbindung vom Teilnehmer zur nächsten Vermittlungszentrale –, da vor allem die Verlegungsarbeiten bei einer Umstellung auf Glasfaser äußerst kostspielig sind.[47] In Experimenten wird die Verwendung von breitbandigen Funkverbindungen anstelle von Glasfaserkabeln im „Local Subscriber Loop" getestet.[48]

Negroponte plädiert für einen weitgehenden Tausch in der Nutzung von Kabelnetzen (die derzeit vorwiegend in der Telekommunikation verwendet werden) und Funknetzen (die derzeit vorwiegend im Rundfunk Anwendung finden).[49] Die Begründung für den „Negroponte-Switch" ist, daß das beschränkte Frequenzspektrum nicht mit Fernsehverbindungen zu stationären Endgeräten belegt werden soll,[50] sondern nutzbringender für den steigenden Kommunikationsbedarf mit jenen Objekten (Fahrzeugen aller Art, Geldbörsen, Armbanduhren) verwendet werden könnte, die sinnvollerweise nicht an ein Kabel angeschlossen werden. Wie bereits in Abschnitt 3.3. ausgeführt, hat in Japan ein Beratungsgremium des MPT empfohlen, sowohl öffentliches als auch privates Fernsehen bis zum Jahr 2010 auf Glasfasernetze zu

---

45   Vgl. Schrape 1995.

46   ITU 1995, S.54.

47   Die Umstellungskosten hängen auch davon ab, ob die Glasfaserkabel in bereits bestehenden Kabelkanälen verlegt werden können.

48   In den USA testet Nynex beispielsweise KATV-Dienste drahtloser Technologie (Communications Week International, Issue 152, 2 Oct. 1995, S.75).

49   Siehe Negroponte 1991; 1995, S.24f. Dazu auch Abschnitt 6.4.3.

50   Laut Gilder (1992, S.26) sind 40 Prozent des Spektrums mit TV belegt.

verlegen. Kritiker sehen dadurch aber die Universaldienstfunktion gefährdet. Ein Umdenken in der NII-Strategie von einer stark kabelzentrierten zu einer hybriden Struktur mit verstärkter Einbindung kabelloser Technologien zeichnet sich in den USA ab. Dementsprechende Optionen wurden auch im Rahmen eines Technology Assessment-Projekts vom OTA erarbeitet.[51]

4.3.1.3. Integriertes Breitbandnetz – Netz von Netzen – System von Systemen

Das in den 80er Jahren von PTOs und der Telekommunikationsindustrie propagierte Szenario einer homogenen Glasfaserlösung als integrative, multifunktionale Infrastruktur (B-ISDN etc.) für sämtliche Dienste-Angebote tritt zunehmend in den Hintergrund. Es wird durch Visionen von einem hybriden „Netz von Netzen" – in dem die Infrastrukturanbieter für die Verbindung sorgen – beziehungsweise einem „System von Systemen" ersetzt, in dem eigene System-Integratoren die Verbindung der Netze übernehmen.[52] In Abbildung 17 und 18 sind das Universalnetzszenario der 80er Jahre und das Netz-von-Netzen-Szenario der 90er Jahre schematisch dargestellt. Die Unterschiede zwischen der integrierten *Ein-Netz-Variante* und dem Netz-von-Netzen-Szenario liegen im Investitionsaufwand, aber vor allem auch im Grad der Abhängigkeit der Kunden vom Infrastrukturanbieter. Bei einer Lösung mit mehreren Netzanbietern ist aus der Sicht der Regulierungsinstitution darauf zu achten, daß sie nicht wegen unterschiedlicher Standards zu einer „lock-in"-Situation für den Konsumenten führt.

Im internationalen Vergleich der NII-Strategien gehen die US-Visionen am deutlichsten in Richtung Netz-von-Netzen, die japanischen Strategievorschläge tendieren zur Entwicklung integrierter Telekommunikations- und Rundfunknetze. Als technische Lösungvariante für das Konvergenzproblem auf der Netzebene wurden vom japanischen Telecommunications Technology Council vier Varianten für ein integriertes, interaktives Telekommunikations- und Rundfunknetz entwickelt:[53] ein hybrides Glasfaser/Koaxialkabelnetz und drei Arten von Fiber-To-The-Home (FTTH)-Systemen. Deren Einführung soll von der spezifischen Dienstnachfrage und der Verfügbarkeit beziehungsweise von den Kosten der Technik abhängig gemacht werden. Die Gesamtkosten eines derart integrierten Netzes werden auch dafür ausschlaggebend sein, ob es in eine Netz-von-Netzen-Infrastruktur einfügbar ist.

---

51 Siehe OTA 1995.
52 Zur frühen Prognose des „Netzes von Netzen" siehe Pool 1983, S.227; zum „System von Systemen" vgl. Noam 1994a.
53 MPT News 1996 7 (5), S.2.

Abbildung 17:   Universalnetzszenario der 80er Jahre

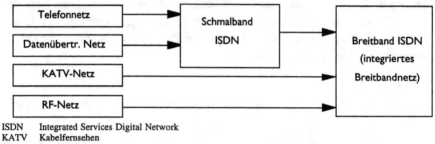

ISDN   Integrated Services Digital Network
KATV   Kabelfernsehen
RF   Rundfunk

Abbildung 18:   Netz-von-Netzen-Szenario der 90er Jahre

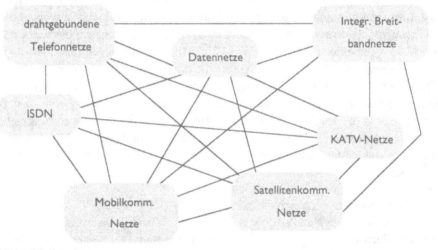

KATV   Kabelfernsehen
LAN   Local Area Network
MAN   Metropolitan Area Network
WAN   Wide Area Network

4.3.1.4.   Verteilnetze – Vermittlungsnetze

Der Übergang von reinen Verteilnetzen des Rundfunkbereichs auf Breitband-Ver-
mittlungsnetze, die eine bessere Funktionalität und einen Zuwachs an Dienstop-
tionen mit sich bringen, zeichnet sich als Trend ab. Er erfolgt nicht gleichzeitig
mit der Digitalisierung, und es ist davon auszugehen, daß auf absehbare Zeit
Verteil- und Vermittlungsnetze nebeneinander existieren werden. Die Verwendung
von digitalen Breitband-Verteilnetzen (KATV, Satelliten-TV) für Mediamatik-
Dienste verlangt nach Zwischenlösungen zur Gewährleistung von Interaktivität

(beispielsweise mittels Telefonleitungen) und für die individuelle Adressierung von Sendungen (beispielsweise via Set-Top-Boxes). Zur Nutzung analoger und v.a. digitaler Verteilnetze (beispielsweise von Satellitenkanälen) für neue Dienste wie (Near-) Video-on-Demand, Pay-TV oder Pay-per-View wird die „Intelligenz" zum Benutzer verlagert. Dies geschieht mittels digitaler Set-Top-Boxes zur Dekodierung der Inhalte. Ob diese Set-Top-Konverter einen einheitlichen Standard haben (mit Steckkarten für verschiedene Dienste) oder ob mehrer Standards nebeneinander bestehen und somit für den Benutzer eine Lock-in-Situation verursachen, ist für die weitere Marktentwicklung bedeutend.[54] Die Interessen sind klar verteilt: Dienstanbieter von bereits eingeführten analogen, kodierten Diensten und Firmen mit einem Entwicklungsvorsprung haben geringes Interesse an einem gemeinsamen Standard, da dieser den Markteinstieg für die Konkurrenz erleichtert. Neueinsteiger drängen hingegen auf eine Standardisierung, die ihr Risiko beim Markteinstieg reduziert. Die Konsumenten sind schließlich an einem einheitlichen Standard interessiert, um mit *einem* Endgerät möglichst viele Dienste empfangen zu können.

4.3.1.5.   Erhöhung der Bandbreite – Reduktion & Kompression der Daten

Zwei technische Weiterentwicklungen ermöglichen die Steigerung der Datenübertragungskapazität: Die Erhöhung der Bandbreite (der Geschwindigkeit der Datenübertragung) und die Verbesserung der Datenkompressions- und Datenreduktions-Technik. Die Bandbreite wird zum Beispiel durch die Verwendung von Glasfaserkabeln anstelle von Kupferkabeln erhöht. Eine Glasfaser erlaubt die gleichzeitige Übertragung von an die 1.000 Mrd. bit/sec, das entspricht etwa einer Million TV-Kanäle. Im Vergleich zur normalen Telefonleitung, einer Kupferzweidrahtleitung, ergibt dies eine Kapazitätssteigerung um das 200.000fache.[55] Darüber hinaus sind Glasfasern in der Anschaffung billiger und sicherer bei Katastrophen, zumindest gegenüber elektromagnetischem Schock. Ein wesentlicher Nachteil gegenüber Kupferkabeln ist, daß die Stromversorgung nicht über die Glasfaser laufen kann. Folgt man der Strategie des Umstiegs auf Glasfaserkabeln, so müssen die alten Kabeln ersetzt werden, was besonders im letzten Teilstück zum Teilnehmer äußerst kostspielig ist.

Alternativ zur Kapazitätserweiterung bietet sich die Verbesserung der *Datenkompression* und *-reduktion* an. Im Fall der Kompression werden redundante Informationen, bei der Reduktion hingegen irrelevante Daten herausgefiltert und nicht übertragen. Beispielsweise werden bei Bildsequenzen nur jene Bildpunkte ein weiteres

54   Siehe OFTEL 1995, S.39f.
55   Siehe Negroponte 1995, S.23.

Mal übertragen, die sich innerhalb einer Sequenz verändern oder/und es werden jene Informationen herausgefiltert, die der Benutzer aufgrund psycho-akustischer und -optischer Eigenschaften nicht verarbeiten kann.[56] Die beiden Techniken erlauben die effizientere Belegung bestehender Netze, um beispielsweise auch Bewegtbilder über die Standardtelefonleitung oder hochqualitatives Video über reguläre Fernsehkanäle senden zu können. Diese Strategie erfordert weitaus geringere Investitionen, kommt kapazitätsmäßig jedoch bei weitem nicht an die Glasfaserlösung heran. In Verwendung befindet sich die ADSL-Technik,[57] die in eine Richtung eine Übertragung von bis zu 7 Mbps erlaubt. Das ist für die Echtzeit-Übertragung von Videos ausreichend und damit auch für diverse Multimedia-Anwendungen.[58] Die Lösung hat den großen Vorteil, daß damit beinahe sämtliche Haushalte Video-on-Demand über das Telefonnetz beziehen könnten, während Glasfaserlösungen noch weit von diesem Verbreitungsgrad entfernt sind.

Daß die Übertragung von Filmen ohne Bildqualitätsverlust nach wie vor hohe Übertragungsraten benötigt, die Strategie daher sowohl in Richtung verbesserte Kompression als auch erhöhte Übertragunsgeschwindigkeit gehen muß, zeigt das folgende Rechenbeispiel:[59] Um einen einstündigen Film in PAL-Qualität ohne Qualitätsverlust[60] zu übertragen, benötigt man
- bei einer 64 Kbps ISDN-Leitung 63 Stunden
- bei einer 10 Mbps LAN (Local Area Network) -Leitung 24 Minuten
- bei einer 140 Mbps vermittelten Breitbandleitung 100 Sekunden.

Zusammenhängend mit der Strategieentscheidung bezüglich Bandbreite und Kompressionsverfahren stellt sich die Frage, auf wessen Infrastruktur Mediamatik-Dienste angeboten werden, wer die zukünftigen Breitbandnetze betreiben soll. Sollen die Telefonnetzanbieter all ihre Kupferkabeln durch Glasfaserkabeln ersetzen beziehungsweise mit ADSL-Technik Breitbandkapazität schaffen, oder sollen die KATV-Anbieter von Verteil- auf Vermittlungsnetze umstellen beziehungsweise zumindest minimale technische Voraussetzungen für interaktive Dienste schaffen? Die politische Brisanz der Fragestellung, die in den 80er Jahren heftig diskutiert wurde, hat sich insofern reduziert, als nun nicht mehr von einem zentralen, hierarchischen

---

56   Siehe Schrape 1995, S.11ff.

57   Bellcore, das Forschungsinstitut der US-Bell-Telefonfirmen, hat erstmals 1989 einen Standard vorgeschlagen, sogenannte Asynchronous Digital Subscriber Lines (ADSL), der in eine Richtung eine Breitbandübertragung auf bestehenden Kupferzweidrahtleitungen ermöglicht.

58   Vgl. Negroponte 1995, S.28. Die Kosten der Installation von ADSL-Technik betragen für die Netzbetreiber rund 1.000 US-Dollar pro Anschluß. Der Rückkanal erlaubt eine Übertragungsgeschwindigkeit bis zu 576 Kbps (siehe Baldwin/McVoy/Steinfield 1996, S.118).

59   Vgl. Riehm/Wingert 1995, S.23.

60   Komprimiert mit dem MPEG2-Verfahren.

Netz – dem „Telefon-Modell" –, sondern von einem Netz der Netze – dem „Internet-Modell" – ausgegangen wird. Die Marktmachtfrage spielt somit eine geringere, wenn auch noch immer bedeutende Rolle. Die gegenwärtigen Aktivitäten deuten auch auf eine gemischte Strategie hin, in der sich sowohl Telefonfirmen und KATV-Anbieter als auch alternative Netzbetreiber wie die Bahn und Elektrizitätsgesellschaften am zukünftigen Netz der Netze beteiligen.

Die verschiedenen Strategien des Netzausbaus sind mit unterschiedlichem Finanzierungsbedarf verbunden. Eine weitere strategische Variable ist, inwieweit die Entwicklung dem Markt überlassen wird und wie sehr mittels staatlicher Planung und Finanzierung steuernd eingegriffen wird. Sowohl die USA und Japan als auch die EU haben sich für eine marktorientierte Strategie in Richtung NII ausgesprochen.

4.3.1.6. Dienstspezifische Endgeräte – universelle, multifunktionale Endgeräte

Wie schon bei der Telematik geht auch im zweiten Konvergenzschritt der Trend in Richtung Multifunktionalität. Die zusätzliche Ausstattung von Computern beziehungsweise von Telematik-Endgeräten mit Rundfunkempfängern ist eine erste Variante multimedialer Endgeräte. Der Ersatz sämtlicher dedizierter Terminals durch ein einheitliches, alles integrierendes Gerät ist nicht absehbar und im Markt kaum durchsetzbar. Darüber hinaus erscheint diese Entwicklung auch für die Konsumenten nicht praktisch, da unterschiedliche Anwendungen auch großteils unterschiedliche Anforderungen an die Benutzerschnittstelle stellen, denen mit einem einheitlichen Design nicht entsprochen werden kann. Dementsprechend sollte es zu einer selektiven Integration im Endgerätebereich kommen.

Mit dem Trend zur verstärkten *Benutzerkontrolle* wird vermehrt Intelligenz in die Endgeräte der Konsumenten verlagert. Demgemäß wird langfristig der Ersatz von „dummen" Fernsehgeräten durch Computer beziehungsweise „Teleputer"[61] vorhergesagt. Die digitalen Set-Top-Boxes zur Adressierung und Dekodierung von Daten sind bereits eine Art TV-Computer[62] und könnten in einem nächsten Schritt mit dem TV-Empfangsteil integriert werden. Auch die weitverbreiteten, bisher dienstspezifischen Game-Machines werden schrittweise durch PCs ersetzt und steigern damit die „Computerisierung" der Privathaushalte.

---

61 Gilder (1992) argumentiert, daß die Verarbeitungsleistung und Flexibilität von TV-Geräten zu gering ist und sie deshalb durch sogenannte Teleputer ersetzt werden. Vgl. auch Negroponte 1995.

62 Bereits 1993 schlossen sich beispielsweise Microsoft (Software), Intel (Microchips) und General Instrument (KATV-Hardware) zusammen, um eine KATV-Box mit eingebautem interaktiven PC zu entwickeln (Financial Times, 14. Juni 1993).

4.3.1.7.   Zusammenfassung: Mediamatik-Baukasten anstatt totaler Verschmelzung

Zusammenfassend ergibt sich für das zukünftige elektronische Kommunikationssystem das Bild eines Mediamatik-Baukastens und weniger das eines alles integrierenden Einheitssystems.[63] Gegen das integrierte Universalsystem mit einheitlichem Distributionsweg und Endgerät, welches eher der Metapher Information Superhighway nahekommt, sprechen nicht nur unterschiedliche, schwer integrierbare Benutzeranforderungen für verschiedene Kommunikationszwecke, sondern v.a. auch die Stärkung der Marktkräfte im Zug der Liberalisierung. Die ursprüngliche, interessenpolitisch gesehen machterhaltende Variante des breitbandigen Einheitssystems wird durch eine veränderte Politik und durch neue Marktbedingungen in den Hintergrund gedrängt.

Die gemeinsame Basis des Baukastens wird durch die Digitalisierung geschaffen, die Vereinheitlichung der Kodierung. Sie ermöglicht die Vielfalt an Kombinations- und Manipulationsmöglichkeiten der Baukastenteile aus ehemals getrennten Telekommunikations-, Computer- und Rundfunk-Elementen. Die digitale Gleichschaltung in der Darstellung von Text, Ton, Daten, Bildern und Video ergibt den multimedialen Charakter des Baukastens, die verschiedenen Darstellungsmodi können integriert und kombiniert werden. Die technische Weiterentwicklung erlaubt die Entflechtung und neuartige Kombination von Darstellungsformen (Inhalten), Distributionskanälen und Endeinrichtungen, die früher starr in einzelnen Kommunikationssystemen zusammengefügt waren. Für die Zusammenstellung neuer Kommunikationssysteme kann nun im Idealfall aus verschiedenen Eingabe- und Sendegeräten, Signalverarbeitungstechniken, Übertragungs- und Vermittlungstechniken sowie Empfangstechniken beliebig kombiniert werden. Kategorien und einige Bauteile des Mediamatik-Baukastens sind in Abbildung 19 schematisch dargestellt. Die Grenzen der Flexibilität sind durch den Grad der Standardisierung, der Verbindbarkeit (Interconnectivity) und Interoperabilität der Teilsysteme gesetzt. Die Standardisierung bezieht sich nicht nur auf die Technik, sondern auch auf die Regulierung des Marktes: zum einen zwischen den bisher getrennten Subsektoren, zum anderen zwischen den einzelnen Staaten. Die Grundzüge eines adäquaten Politikmodelles für den Mediamatik-Baukasten werden in Kapitel 6 entwickelt.

---

63   Flichy (1991, S.280) spricht in diesem Zusammenhang von einem Kaleidoskop.

Abbildung 19:   Mediamatik-Baukasten: Kategorien und flexibel kombinierbare
                Bauteile für die Zusammensetzung neuer Kommunikationssysteme

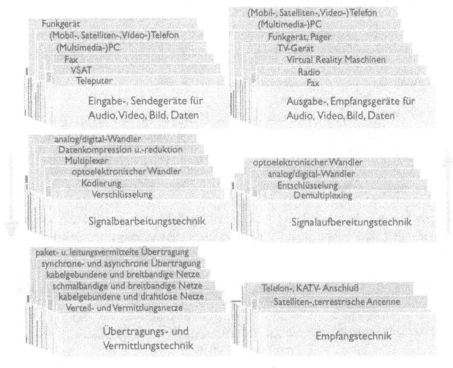

4.3.2. Dienste-Entwicklung

Sowohl im Telekommunikations- als auch im Rundfunksektor hat sich in den
letzten Jahrzehnten eine starke Diversifizierung bei den Dienste-Angeboten vollzogen (siehe Abbildung 20). Die Konvergenzschritte, in Kombination mit der Liberalisierung und Globalisierung der Märkte, sind dafür die wesentlichen Antriebs-
kräfte. Der Trend zum Mediamatik-Baukasten erleichtert das Entstehen und Kombi-
nieren von Diensten. Die politischen Diskussionen und Strategien in Richtung
Information Highway konzentrierten sich vorerst auf die optimale technische Infrastruktur und verlagerten sich dann auf die Suche nach Diensten und Anwendungen.
Speziell der Bedarf an breitbandigen Angeboten, die beträchtliche Investitionen in
interaktive, integrierte Breitbandnetze bis zu den Haushalten legitimieren sollen, ist
umstritten. Der Behauptung des hohen privaten Bedarfs an Breitbandkapazität wird
entgegengehalten, daß schon jetzt weltweit riesige Überkapazitäten in den beste-

henden Netzen existieren, sich also vielmehr die Aufgabe der besseren Nutzung stelle als die Notwendigkeit des weiteren Netzausbaus. Kritiker der breitbandigen Super Highway-Vision argumentieren, es gebe den Information Highway bereits, alle nachweisbar gefragten Anwendungen ließen sich über bestehende Netze transportieren.

Im wesentlichen stehen einander die Argumente zweier unterschiedlicher Strategien der Technikeinführung gegenüber:

- Die Installation des breitbandigen Netzes zieht, auch ohne vorher nachweisbare Nachfrage, die Etablierung von neuen Anwendungen nach sich (technology push).
- Noch bevor ein Breitbandnetz installiert wird, muß es dafür einen Bedarf geben, der die Investitionen in diese Technik rechtfertigt (demand pull).

In sämtlichen Industrieländern hat in den letzten Jahren die verstärkte Suche nach sogenannten „killer applications" begonnen, nach Anwendungen mit Massenmarkt-Appeal.

Abbildung 20:   Diversifizierung des Dienste-Angebotes im elektronischen Kommunikationssektor seit Mitte des 19. Jahrhunderts

1850	1880	1930	1980	1990	2000
Telegraf	Telegraf	Telegraf	Telegraf	Telegraf	Telegraf
	Telefon	Telefon	Telefon	Telefon	Telefon
		Telex	Telex	Telex	Telex
		Faksimile	Telefax	Telefax	Telefax
		Rundfunk	Datex	Datex	Datex
			Teletex	Teletex	Teletex
			Bildschirmtext	Bildschirmtext	Bildschirmtext
			Funktelefon	Funktelefon	Funktelefon
			Fernsteuerung	Fernsteuerung	Fernsteuerung
			Funkruf	Funkruf	Funkruf
			Fernüberwachung	Fernüberwachung	Fernüberwachung
			Bildtelefon	Bildtelefon	Bildtelefon
			Rundfunk	Videokonferenzen	Videokonferenzen
			Farbfernsehen	Satelliten-Mobilfunk	Satelliten-Mobilfunk
				Farbfaksimile	Farbfaksimile
				Sprachfax	Sprachfax
				Electronic Mail	Electronic Mail
				Audiotex	Audiotex
				Rundfunk	Multimedia
				Farbfernsehen	Video-on-demand
				Satelitenfernsehen	Universal Mobile Telephone System

Quelle: Mahler 1996, S.1

4.3.2.1. Vom Rundfunk kommend ...

Im Rundfunkbereich heißt der zentrale Trend *digitales Fernsehen*; weniger aufmerksam verfolgt wird die Umstellung auf *digitales Radio*.

Beim Radio löst sich das Kapazitätsproblem der Übertragung mittels Digital Audio Broadcasting (DAB)[64] und der Satellitenübertragung digitaler Programme (DSR[65] – Digital Satellite Radio). Die DAB-Normierung wurde im Jahr 1994 im Rahmen eines Eureka-Projekts abgeschlossen. Die DAB-Spezifikationen sind als europäische Norm vom European Telecommunications Standards Institute (ETSI) anerkannt und werden von der International Telecommunications Union (ITU) als internationale digitale Radio-Norm empfohlen.[66] Das amerikanische Konkurrenzprodukt zum DAB ist das „In-Band On-Channel"-Verfahren (IBOC), welches im Unterschied zu DAB keinen radikalen Schnitt mit der Analogtechnik notwendig macht,[67] sondern einen gleitenden Übergang von der Analog- zur Digitaltechnik erlaubt.[68] Mit der Digitalisierung verlagert sich die gesamte Radioproduktion in den Computer, Stichwort Computer Aided Radio (CAR). Aber auch die Zusammenlegung mit dem Mobilfunk-System der Telematik, beispielsweise dem digitalen, europaweiten GSM-System, ist möglich. Die potentielle Dienstpalette erweitert sich um von Computern abrufbare Audio-on-Demand-Angebote bis hin zur Kombination von Rundfunk, Datenfunk und Telefondienst mittels eines GSM-Terminals. Die Probleme der Einführung derart kombinierter Dienste liegen nicht zuletzt auf der Ebene der staatlichen Regulierung.[69]

Ein Überblick über das voraussichtliche Programm- und Dienstangebot des *digitalen Fernsehens* (siehe Tabelle 10) verdeutlicht ebenfalls die Konvergenz mit der Telematik. Demnach bringt die Digitalisierung bessere Kombinationsmöglichkeiten und erhöhte Kapazität, aber nur wenig inhaltlich Neues.

---

64 DAB wurde, wie auch HDTV, mittels eines Eureka-Projektes gefördert (ist somit ein Beispiel europäischer Technologiepolitik) und soll in Deutschland im Jahr 1997 flächendeckend eingeführt werden (Bischoff 1995, S.246). Die Kosten eines DAB-Empfängers betragen derzeit rund 2.800 US-Dollar (Riehm/Wingert 1995, S.229).

65 In Deutschland wird DSR seit 1989 über den Satelliten Kopernikus und das Breitbandkabelnetz der Deutschen Telekom angeboten (siehe Riehm/Wingert 1995, S.222f).

66 Siehe Riehm/Wingert 1995, S.224.

67 Kompletter Austausch des Sendernetzes und der Empfangsgeräte.

68 Beim Umstieg auf das IBOC-Verfahren, das Mitte der 90er Jahre in den USA getestet wird, sind weder ein neues Sendernetz noch neue Frequenzen notwendig. Für einen Überblick über alternative Normen für digitales Radio siehe Riehm/Wingert 1995, S.228ff.

69 Vgl. Bischoff 1995, S.249.

Neu im Angebot sind bloß VOD, Spiele und Multi-Perspektiv-Programme, bei denen der Konsument zwischen verschiedenen Kameraeinstellungen wählen kann, die geichzeitig auf mehreren Kanälen angeboten werden. Der Großteil des Angebotes, das es zumindest in Vorformen bereits gibt, wird bisher entweder als analoger Rundfunkdienst oder als Telekommunikationsdienst über andere Distributionswege offeriert.[70]

Tabelle 10:   Programm- und Dienste-Angebot des digitalen Fernsehens

Kategorien	Beispiele
„klassische" TV-Programme	TV-Voll- und Spartenprogramme
TV-Angebote mit Schwerpunkt Werbung	Infomercials, Tele-Shopping-Programme
Multi-Kanal, Multi-Perspektiv-Programme	Verschiedene Kameraeinstellungen über mehrere Kanäle
Data-Broadcasting	elektronische Zeitung, Kabeltext
Spiele	online oder offline
Video-on-Demand	Unterhaltung oder Weiterbildung
Elektronische Multi-Media-Dienstleistungen	Interaktives Home-Shopping, Tele-Banking
integrationsfähige (Multi-Media-) Telekommunikationsdienste	Datentransfer, Electronic Mail, Videokonferenz

Quelle: adaptiert nach Schrape 1995, S.39

In den meisten Industrieländern werden Mitte der 90er Jahre neue Dienste in Pilotprojekten getestet, v.a. verschiedene Varianten von *Video-on-Demand* (VOD). Das voll interaktive VOD mit digitalem Video-Server, das dem Benutzer auch das Vor- und Rückspulen im Video und Unterbrechungen erlaubt, wird als „Real VOD" bezeichnet. Dessen kommerzieller Erfolg ist beim derzeitigen Stand von Technik und Tarifstruktur unwahrscheinlich, da die Kosten im direkten Vergleich zum physischen Videoverleih prohibitiv hoch sind. Darüber hinaus ist zu beachten, daß auch etliche Filmfirmen im Videoverleih tätig sind und daher kein Interesse an einer Konkurrenz durch VOD haben. Bessere Marktchancen hat mittelfristig „Near-VOD", wobei das selbe Video zeitversetzt etwa alle 10 bis 30 Minuten auf einem anderen Kanal ausgestrahlt wird. Der Konsument ruft also nicht ab, sondern steigt beim nächsten vom Dienstanbieter vorgegebenen Anfangstermin ein. Near-VOD benötigt demnach eine Fülle von Übertragungskanälen. Dafür bieten sich nicht nur KATV-Systeme an, sondern auch die Satellitenkommunikation, v.a. dann, wenn die Anzahl der verfügbaren Kanäle aufgrund der Digitalisierung wesentlich gesteigert wird. VOD wird jedoch nicht nur von der Rundfunkindustrie vorangetrieben. Auch die Telefonfirmen machen mittels ADSL-Technik ihre Netze für VOD nutzbar.

---

70   Siehe Schrape 1995, S.38.

Die Einschätzung der Verbreitungsgeschwindigkeit für diverse Pay-TV-Angebote (VOD, pay-per-view, pay-per-channel) ist desillusionierend. In den USA ergaben die Pay-TV-Pilotprojekte eine Nutzungshäufigkeit von maximal 2,5 Filmen pro Monat, obwohl die Kosten für die Konsumenten in keinem Fall höher als knapp 4 US-Dollar waren.[71] Am Full Service Network (FSN)-Versuch von Time Warner in Orlando nahmen 1995 anstatt der geplanten 4.000 Teilnehmer nur 12 Privathaushalte teil. Die zentrale Begründung war, daß die Kosten der Set-Top-Box anstatt der geplanten 300 US-Dollar schließlich 5.000 US-Dollar betrugen.[72] Auch die Prognose für die Pay-TV-Verbreitung in Deutschland läßt eine langsame Marktentwicklung vermuten:

> „Es ist zu erwarten, daß auch zur Jahrtausendwende nur ein geringer Anteil der Bevölkerung wirklich multimedial, im Sinne der fortgeschrittenen Formen des Pay-TV, vernetzt ist."[73]

Die neuartigen Dienstangebote im Rundfunkbereich, Multiperspektiv-Programme und Near-VOD machen sich vor allem die erhöhte Übertragungskapazität im digitalen Fernsehen zunutze. Die Möglichkeiten der Interaktivität werden bisher kaum genutzt. An der Entwicklung im Rundfunkbereich wird daher auch kritisiert, daß die durch die technische Konvergenz sich bietenden Möglichkeiten der Telematik kaum aufgegriffen werden. Digitales Fernsehen bedient sich bisher weniger der neuen Möglichkeiten im Netz-Design, beispielsweise der offenen Architektur und Interoperabilität, sondern konzentriert sich – nach wie vor verhaftet in der subsektoralen, alten Logik des Fernsehens – auf die Verbesserung der Bildqualität.[74]

Die Kritik, die falsche Entwicklungsrichtung – nämlich die Verbesserung der Bildqualität – in den Vordergrund zu stellen, trifft vor allem auf die jahrzehntelangen, umfangreichen politischen Initiativen in Richtung hochauflösendes Fernsehen (HDTV – High Definition TV) zu.[75] Die Übertragung von HDTV benötigt die dreißigfache Bandbreite eines regulären TV-Kanals bei analoger Übertragung und die fünffache Bandbreite bei digitaler Übertragung.[76] Bereits über Jahrzehnte hinweg

---

71 Siehe Kürble 1995, S.38.

72 Kürble 1995, S.24. Für eine Kurzbeschreibung amerikanischer FSN-Pilotprojekte (Full Service Networks) und eine Liste weltweiter Projekte siehe auch Baldwin/McVoy/Steinfield 1996, S.215ff, 358f.

73 Kürble 1995, S.39f.

74 Siehe Negroponte 1995, S.181.

75 Die Gemeinsamkeiten der verschiedenen HDTV-Systeme sind ein 16:9 Bildformat und über 1.000 Bildzeilen. Damit wird „Kinoqualität" beim Fernsehen angestrebt. Zur Entwicklung von HDTV siehe Steinmaurer 1996, S.366ff.

76 Schrape 1995, S.11.

wird ein „Standardisierungskrieg"[77] zwischen den USA, Japan und Europa geführt. Japan setzte bereits in den 70er Jahren auf analoge Technik und bietet als einziges Land seit 1991 täglich zehn Stunden Hi-Vision-Programm via Satellit an. In Europa wurde in den 80er Jahren eine HDTV-Initiative im Rahmen des Eureka-Forschungsprogramms gestartet, um so den Rückstand gegenüber Japan aufzuholen.[78] In den USA wurde – als Resultat des von der Federal Communication Commission (FCC) initiierten Wettbewerbs – voll digitales HDTV entwickelt. Die USA legte sich dann auch 1994 auf einen digitalen Standard fest und übernahm damit die Führungsposition im triadischen Wettbewerb.[79] Experten erwarten, daß sich weltweit digitale HDTV-Systeme durchsetzen werden, jedoch kein einheitlicher Standard. Der ist weder wirtschaftlich wahrscheinlich noch technisch notwendig, da die Einigung auf den MPEG2-Standard zur Kodierung und Kompression von Videos aller Voraussicht nach die notwendige Kompatibilität gewährleisten wird.[80] In den 90er Jahren ist das Thema HDTV jedoch in den Hintergrund getreten. Die Entwicklung im Rundfunksektor konzentriert sich auf voll digitales TV und das Angebot von interaktiven Diensten.

4.3.2.2.   Von der Telematik kommend ...

Bei den *Telematik-Diensten* ist mit der Konvergenz eine stärkere Orientierung auf Massenmärkte zu beobachten, weiters die Stärkung asynchroner (zeitversetzter) im Vergleich zu synchroner (zeitgleicher) Kommunikation sowie die zunehmende Dienste-Integration.

Wie bereits in Abschnitt 4.3.1.3. ausgeführt, gingen die frühen Konvergenz-Visionen in der Telekommunikationspolitik und -industrie in Richtung Dienste-Integration sämtlicher Telekommunikations- und Rundfunkdienste auf einem integrierten Breitbandnetz (IBN, B-ISDN). Die Strategie geht vom Schmalband-ISDN aus, das bereits Daten-, Sprach- und, bis zu einem beschränkten Qualitätsgrad, auch Bewegtbildkommunikation erlaubte (siehe Abbildung 17).

Die eingangs erwähnte Stärkung der asynchronen Kommunikation manifestiert sich in der raschen Zunahme von Anrufbeantwortern, Sprachbox-Systemen und v.a. von E-Mail, der elektronischen Post, die sich zu einer der bedeutendsten Anwendungen des Internet entwickelte.

---

77   Vgl. McKnight/Neil 1987.
78   Für eine Analyse der europäischen HDTV-Strategie siehe Dai/Cawson/Holmes 1994 und 1996.
79   Siehe Financial Times, 23. Februar. 1994, S.5.
80   Expertengespräch mit Alan Cawson, Mai 1994.

Im Zuge der Konvergenzschritte erweitert sich die Nutzung der Telematik-Applikationen in Richtung Massenmarkt (Privathaushalte). Bislang hatte ausschließlich der Telefondienst einen Massenmarkt geschaffen. Die Tendenz zum Massenmarkt kann als zweiter Schritt in der gesellschaftlichen Aneignung von Telematik-Diensten interpretiert werden. Der erste Schritt war deren Anwendung im geschäftlichen Bereich.[81]

In der Geschichte der Telematik und der Mediamatik können drei Initiativen beziehungsweise Schritte hin zur Bildung von *elektronischen Massenmärkten* unterschieden werden: die „hybriden" Videotex- und Audiotex-Dienste sowie Dienste, die unter der Sammelbezeichnung „Information-on-Demand" zusammengefaßt werden. Das bedeutendste Beispiel der letztgenannten Kategorie sind Internet-Anwendungen (siehe Tabelle 11). Alle drei Kategorien dienen als Basis für ein weites Angebot von Applikationen. Ziel der Initiativen ist es, möglichst viele Anbieter und Kunden im elektronischen Markt zu integrieren, insbesonders wird die bessere elektronische Anbindung der Privathaushalte angestrebt.

Tabelle 11:   Initiativen in Richtung elektronische Massenmärkte

	Bezeichnung	Informationsdarstellung	Voraussetzung für Haushalte
80er Jahre	Videotex (Vtx)	Text (Grafik)	Tel.anschluß+Vtx-Terminal (1)
90er Jahre	Audiotex (Atx)	Sprache (Ton)	Tel.anschluß+Tel.apparat
ab 90er Jahre	Information-on-Demand	Multi-Media	Tel.anschluß oder KATV oder Funk + PC oder „Teleputer"

(1) TV+Dekoder; PC+Vtx-Software; dienstspezifisches Vtx-Terminal

Zu den drei Kategorien im einzelnen:
- In vielen europäischen Ländern wurde mit staatlicher Unterstützung das *Videotex-System* eingeführt. Zu einem Massendienst wurde Videotex jedoch nur in Frankreich, wo die dedizierten (dienstspezifischen) Terminals an Privathaushalte verschenkt wurden und Télétel im Jahr 1994 rund sieben Millionen Benutzer hatte – das waren knapp drei Viertel des Weltmarktes.[82] In allen anderen Ländern waren die Videotex-Initiativen weitaus weniger erfolgreich (siehe Abbildung 21).[83]
- Eine bessere Ausgangsposition für eine weite Verbreitung bot sich für *Audiotex-Dienste*. Im wesentlichen versteht man darunter Telefondienste, für die erhöhte Telefongebühren zu bezahlen sind, sogenannte „Premium Rate Services". Daß Dienstleistungen über das Telefon angeboten werden,

---

81   Vgl. Flichy 1991.
82   Vgl. ITU 1996, S.98.
83   Siehe Bouwman/Christoffersen 1992.

wäre noch nicht neu; innovativ ist das für die Informationsanbieter bequeme Inkasso durch die Telefonfirma. Die Abrechnung der Dienstleistungen erfolgt über die Telefonrechnung. Der Netzbetreiber kassiert und teilt dann die Einnahmen mit den Informationsanbietern. Die Ausgangsbedingungen, um ein Massendienst zu werden, sind sehr gut. In den Industrieländern verfügen über 95 Prozent der Privathaushalte bereits über das notwendige Terminal, den Telefonapparat, und sind auch mit dessen Benutzung vertraut. Im Vergleich dazu war die Situation bei der Btx-Einführung viel schlechter. In Österreich hatte zum Beispiel nicht einmal ein Drittel der Haushalte die technischen Voraussetzungen, um am Dienst teilzunehmen. Aber auch für die Audiotex-Verbreitung existieren massive Probleme. Sie entstehen durch Telefonerotik-Angebote, die die Gewährleistung des Jugendschutzes gefährden, und durch Betrug, etwa bei irreführender Werbung oder falschen Informationen zu hohen Gebühren.[84]

- Die Entwicklung von *Information-on-Demand*-Diensten, die sich ebenfalls an die Privathaushalte richten, steht erst am Anfang. Internet-Angebote, Tele-Dienste via KATV und diverse Varianten von Video-on-Demand sind Beispiele dafür. Deren weitere Entwicklung ist noch weitgehend unbestimmt. Als diffusionshemmend erweisen sich im Fall von Internet die mangelnde Sicherheit im Netz, Tarifierungsprobleme und ein inadäquater Regulierungsrahmen, der generell für transnationale Dienste und speziell für Probleme des geistigen Eigentums noch keine zufriedenstellende Lösung anbietet.

Der entstehende Mediamatik-Baukasten erlaubt in einem liberalisierten Umfeld einer wachsenden Gruppe von Anbietern eine wachsende Palette an Variationsmöglichkeiten im Dienste-Angebot. Es wird jedoch zunehmend schwieriger, die Fülle an neuen Diensten den traditionellen Kategorien zuzuordnen. Internet-Seiten im gängigen HTML-Format[85] können nicht nur über das Telefon- und KATV-Netz, sondern auch via terrestrischen Rundfunk (mittels Intercast-Technologie) auf einem Multimedia-PC empfangen und dann mit anderwärtig abgerufenen Internet-Seiten kombiniert werden oder als Ergänzung (weiterführende Information) zu parallel ausgestrahlten terrestrischen Programmen dienen. Die Vielfalt und damit auch die neue Unübersichtlichkeit ergibt sich nicht nur durch die Wahlmöglichkeit aus verschiedenen Distributionskanälen, Darstellungsformen und Endgeräten, sondern auch durch die zunehmenden Kombinationsmöglichkeiten von Diensten. Geht man von den Anforderungen der Benutzer aus, so gilt beispielsweise, daß man mit sprach-

---

84   Siehe Latzer/Thomas 1994.

85   Die Programmiersprache HTML (hypertext markup language) ermöglicht die Kombination von Text, Bild, Video und Tonsequenzen in Hypertext-Systemen.

orientierten Audiotexsystemen bei komplexeren Inhalten und auch bei gewünschter automatischer Weiterverarbeitung der Informationen auf Grenzen der Anwendbarkeit stößt. Um diesen Problemen entgegenzuwirken, um – genereller formuliert – den verschiedenen Anforderungen der Benutzer besser zu entsprechen, werden Kombinationen verschiedener Systeme angeboten: So kann die Abfrage mittels Audiotex und die Antwort mittels Telefax erfolgen. In den USA wird die Kombination angeboten, daß mittels einer Audiotex-Nummer verschiedene Music-Videoclips abgerufen, über KATV übertragen und via Telefonrechnung vergebührt werden. Der Erweiterung des Angebotes werden v.a. regulatorische Grenzen gesetzt. In Großbritannien wurde angesichts der erwarteten Verbilligung der Bildtelefonapparate befürchtet, daß speziell Tele-Erotik-Dienste sich dieser neuen Möglichkeiten bedienen werden. Daraufhin wurde die Verwendung von Bildtelefonen für Audiotex-Dienste bereits verboten, noch bevor sie sich am Markt etablieren konnten.

Internet. Ein Paradebeispiel der Konvergenz im elektronischen Kommunikationssektor ist das Internet: in der frühen Phase für den ersten Konvergenzschritt zur Telematik, jetzt auch zunehmend für den zweiten Schritt in Richtung Mediamatik. Via Internet werden nicht nur etliche Telematik-Dienste integriert, E-mail, Datenbanken, Echtzeit-Diskussionsgruppen (MUDs – Multi-User-Dungeons; MOOs – objektorientierte MUDs), Telefondienst und Videokonferenz, sondern auch Radio und Videos.[86]

Internet liefert das Muster eines Netzes von Netzen.[87] Die notwendige Interoperabilität der verschiedenen Netze wird durch das Internet Protokoll (IP) gewährleistet.[88] Die Verschmelzung von Computer und Telekommunikation kommt voll zum Tragen, unter Nutzung der jeweiligen Vorteile des Bereichs. Es ist vor allem die Software, die die Entwicklung vorantreibt und so die rasche Verbreitung des Internets unterstützt. Die Browser-Software[89] der Firma Netscape,[90] die bislang den Benutzern kostenlos zur Verfügung gestellt wird, brachte einen Entwicklungsprung in der

---

86 Die Verbreitung von digitalem Video im Internet wird durch das MBONE (multicast backbone network) ermöglicht.
Für eine Liste verfügbarer Netzwerkdienste des Internet siehe http://www.rpi.edu/Internet/Guides/decemj/itools/top.html

87 Ende 1994 setzte sich das Internet aus über 45.000 Netzen zusammen (Negroponte 1995, S.181).

88 Die nächste Generation von IPs, das IPv6, soll in der zweiten Hälfte der 90er Jahre eingeführt werden und v.a Echtzeit-, Sprach- und Videoanwendungen besser unterstützen (Spacek 1995, S.13).

89 Der Browser ermöglicht den Benutzern den Zugriff auf Dokumente im WWW.

90 Netscape dominiert Mitte 1996 den Browser-Markt (bei insgesamt über 30 Mio. Nutzern) mit einem Marktanteil von über 80 Prozent (Wallace/Zeilstra 1996, S.45).

Benutzerfreundlichkeit und damit auch eine Akzeptanzsteigerung.[91] E-mail-Systeme gab es schon vor dem Internet, jedoch nicht annähernd so erfolgreich. Obwohl der Teilnehmeranschluß in der Regel schmalbandig ist, kommt es zunehmend zu Mediamatik-Anwendungen. Radio-Übertragungen über das Netz[92] sowie der Austausch von Video-Sequenzen und Videokonferenzen sind Beispiele dafür. Die große Unsicherheit bezüglich der weiteren Entwicklung liegt an der Frage des erfolgreichen Übergangs vom nichtkommerziellen in den kommerziellen Modus, der (Inhalts-) Regulierung und der Gewährleistung von Datensicherheit. Bei der Interpretation der hohen kolportierten Benutzerzahlen muß wegen der „anarchischen" Struktur des Netzes nicht nur deren Genauigkeit angezweifelt werden,[93] es darf auch nicht übersehen werden, daß es sich zu einem beträchtlichen Teil um Gratisbenutzer handelt, um Studierende, Schüler, Wissenschafter und Angestellte, die den Geschäftsanschluß auch für private Zwecke nutzen. Abbildung 21 zeigt die (hoch gegriffenen) Diffusionswerte von Internet in OECD-Ländern. Auffällig ist dessen starke Verbreitung in den skandinavischen Staaten und in den USA. Trotz des beachtlichen Wachstums für einen Tele-Dienst, der noch dazu den Besitz von Computer und Modem bei privaten Konsumenten voraussetzt, darf nicht übersehen werden, daß sich die durch die Rundfunkdienste erreichbaren Massen in absehbarer Zeit damit nicht ansprechen lassen. Das könnte Auswirkungen auf die Finanzierung des Dienstes haben, also auf einen zentralen Diffusionsfaktor der Internet-Enwicklung.[94] Als Finanzierungsquellen für Dienste im Internet bieten sich Werbung und die Vergebührung von Informationen an, wobei im Fall der Werbungsfinanzierung wegen der Begrenztheit des dafür verfügbaren Budgets Folgewirkungen auf andere werbungsfinanzierte Medien zu erwarten sind. Der Großteil des Werbungsbudgets floß Anfang der 90er Jahre in die Printmedien. In Tabelle 12 ist die Verteilung der Werbungsausgaben in Östereich, der Schweiz und Großbritannien aufgelistet. So wie der Medienkonsum der rasch wachsenden, kostenpflichtigen Dienstangebote durch das frei verfügbare Einkommen beschränkt ist, wird das Angebot in werbungsfinanzierten Medien durch die konjunkturabhängig beschränkten Werbungsausgaben der Firmen limitiert.

---

91   Die Einnahmen der Firma Netscape stammen aus dem Verkauf der Software für die Informationsanbieter.

92   Radio via Internet in Form von „audio-on-demand" wird als Hoffnungsmarkt eingestuft (siehe Financial Times, 8. Juli 1996).

93   Zu den großen Unterschieden in der Marktschätzung siehe Abschnitt 1.6.

94   Zur Ableitung eines mehrteiligen Preissystems für das Internet siehe Rupp 1996.

Tabelle 12:   Werbungsausgaben nach Mediensektoren in Prozent, Stand: 1992

	Print	TV	Radio	Sonstiges
Österreich	59	27	9	4
Schweiz	78	7	1	14
UK	61	32	3	4

Quelle: Daten aus CIT 1993, S.82, 89

Abbildung 21:   Videotex- und Internetbenutzer pro 100 Einwohner, Stand: 1994

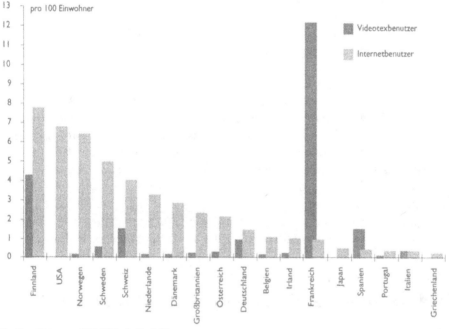

Quelle: Daten aus ITU 1995, A-47, A-71

Unabhängig von der konkreten Zusammensetzung des Kommunikationssystems aus dem Fundus des Mediamatik-Baukastens stellt sich die Frage, welche *Applikationen*, welche Inhalte über die multimedialen Systeme konsumiert werden. Die zahlreichen, national und international bereits gestarteten Pilotprojekte geben einen Hinweis auf die erwarteten Haupt-Einsatzgebiete. So einigten sich die bedeutendsten Industrieländer (G7) im Rahmen eines Gipfels zur „Informationsgesellschaft" im Februar 1995 auf folgende elf internationale Pilotprojekt-Themen:[95]

---

95   Für eine Beschreibung der Pilotprojekt-Themen siehe G7 Information Society Pilot Projects Progress Report; Released on the Occasion of the G7 Summit, 15-17 June 1995, Halifax, Nova Scotia, Canada.

- Global Inventory
- Global Interoperability for Broadband Networks
- Cross-cultural Education and Training
- Bibliotheca Universalis – Electronic Libraries
- Multimedia Access to World Cultural Heritage – Electronic Museums and Galleries
- Environment and Natural Resources Management
- Global Emergency Management Information Network Initiative
- Global Healthcare Applications
- Government Online
- Global Marketplace for Small and Medium-sized Enterprises
- Maritime Information Systems

Zusammenfassend kann festgehalten werden, daß sowohl die vom Rundfunk als auch die von der Telematik kommenden Visionen über zukünftige Anwendungen vorwiegend um *alte Inhalte* kreisen. Die Veränderungen bei den neuen Diensten ergeben sich durch die zunehmende Kontrolle des Kommunikationsprozesses durch die Benutzer, die nicht nur verstärkt aus Inhalten auswählen, sondern auch die Darstellungsformen manipulieren können. Neu ist auch der Trend zum „bedingten" Zugang (conditional access) zu Diensten.[96] Bei Diensten mit bedingtem Zugang spielen die Dienstanbieter ihre Kosten mittels Subskription (Internet) oder Zahlungen pro Einzelleistungen (pay-per-view) ein. Die Realisierung des bedingten Dienstzugangs setzt wiederum Techniken des Ver- und Entschlüsselns[97] voraus.

4.4. Symbiose, Verschiebung und Substitution

Eine vieldiskutierte Fragestellung und ein umstrittenes Prognoseproblem ist die gegenseitige Beeinflussung von elektronischen Medien und im speziellen auch deren Verhältnis zu den Printmedien. Wie so oft in der Geschichte der Kommunikationstechniken ist die rasche Diffusion neuer Medien von Prognosen der Substitution etablierter Kommunikationssysteme begleitet. Befinden wir uns wirklich am Ende der „Gutenberggalaxis",[98] mit dem Effekt, daß der Printbereich schrittweise durch eine Fülle elektronischer Dienste ersetzt wird? Sind Kino und Fernsehen in

---

96   Siehe OFTEL 1995, S.22f.
97   Für einen Überblick über die Problematik der Kryptographie siehe Hoffman 1995.
98   Zum Anfang der „Gutenberggalaxis" siehe McLuhan 1968, zu ihrem Ende siehe Bolz 1993.

der Tat bloß „Zwischenspiele in der Geschichte"?[99] Die historische Analyse mahnt
bei derartigen Prognosen zur Vorsicht. Sie belegt die Tendenz, daß die Geschwindigkeit der gesellschaftlichen Aneignung von neuen Kommunikationstechniken und
auch die Substitutionseffekte meist überschätzt werden. Bereits Anfang dieses Jahrhunderts kam Riepl auf der Basis einer historischen Untersuchung der Entwicklung
des Nachrichtenwesens im Altertum zu dem Schluß, daß „einmal eingebürgerte und
brauchbar befundene" Nachrichtentechniken durch neue, auch noch so vollkommene
Systeme nicht gänzlich verdrängt werden können, „sondern sich neben diesen erhalten, nur daß sie genötigt werden, andere Aufgaben und Verwertungsgebiete aufzu-
suchen".[100] Auch die Diffusion elektronischer Medien widerlegt das „Rieplsche
Gesetz" nicht. In der aktuellen Entwicklung sind die zentralen Auswirkungen eher
Verschiebungen in der gesellschaftlichen Mediennutzung als der komplette Ersatz
von Teilsystemen.

- Die Briefpost konnte durch die elektronische Kommunikation im Laufe
  von 150 Jahren nicht existentiell gefährdet werden.
- Das Fernsehen ersetzte nicht das Radio, sondern drängte es zum Teil in
  den regionalen Bereich.
- Die Fotografie substituierte nicht die Malerei und wurde selbst auch nicht
  durch die Bewegtbild-Technologie gefährdet.
- Selbst die Verdrängung des Kinos durch das aufkommende Fernsehen ist
  umstritten.[101] Flichy argumentiert beispielsweise, daß sich der drama-
  tische Rückgang des Kinobesuchs Ende der 40er Jahre in den USA noch
  vor der weiten Verbreitung des Fernsehens vollzogen hat und somit erst
  Platz für den Fernsehkonsum schuf.[102]

Verdrängungen sind aber auch nicht auszuschließen. Eines der wenigen Beispiele für
Substitution innerhalb des elektronischen Kommunikationssektors ist der Ersatz
des Telex-Dienstes durch Telefax und E-Mail. Die Mechanismen der Verdrängung
sind jedoch komplex und beruhen stärker auf ökonomischen und politischen Bedingungen als auf technischer Exzellenz. Das technisch fortschrittlichere Teletex
(Computer zu Computer-Kommunikation) konnte sich nicht gegen das Telex
durchsetzen und auch Telefax brauchte Jahrzehnte, bis es zur massenhaften Anwen-

---

99   Siehe Zielinsky 1989.
100   Riepl 1913, S.5; zitiert in Saxer 1992, S.96.
101   Der Rückgang des Kinobesuchs ist in den meisten Ländern dramatisch. In Großbritannien
      sanken die Kinobesuche von 1,2 Millarden im Jahr 1955 auf 500 Millionen im Jahr 1960; in
      Deutschland von 600 Millionen im Jahr 1960 auf 124 Millionen 1977, und in den USA von 3,4
      Millarden 1948 auf unter eine Milliarde im Jahr 1968 (Noam 1991, S.59).
102   Flichy 1991, S.258. Gleichzeitig mit dem Kinobesuchrückgang vollzog sich in den USA ein
      ebenso dramatischer Anstieg der Eintrittspreise.

dung kam. Telefax ist im Vergleich zu E-Mail eine rückschrittliche Technik, da sie die elektronische Weiterverarbeitung der Informationen nicht erlaubt. So gesehen hemmt die Telefax-Verbreitung die Diffusion der kommunikationstechnisch fortschrittlicheren E-Mail.[103] Zu den wesentlichen Einflußfaktoren auf Verschiebungen und Substitutionen zwischen (elektronischen und nichtelektronischen) Massenmedien zählen hingegen die Substitutionsmöglichkeiten aus der Sicht der Werbewirtschaft.

Verdoppelung. Für die Abschätzung der Effizienz- und Kosteneffekte neu eingeführter Medien ist weiters ein „Verdoppelungseffekt" zu berücksichtigen. Die Einführung des Telefax-Gerätes führte nicht nur zum Ersatz von Briefen, sondern auch insoferne zur Verdoppelung der Kommunikation, als Briefe oft zusätzlich zur „snail mail" gefaxt werden. Für höhere Geschwindigkeit wird das Telefax verwendet, für die rechtliche Gültigkeit und bessere Qualität der Brief. Auch Baldry kommt bei der Analyse der Substitutionsbeziehung zwischen Briefdiensten und Telekommunikation zu dem Ergebnis, daß viele Studien die Nettoeffekte der Substitutionskonkurrenz überschätzen. Oft werde nicht bedacht, daß mit der Durchsetzung alternativer Technologien mitunter auch die zusätzliche Nutzung bereits etablierter Techniken verbunden ist.[104] Im Fall der Briefpost ist aber bisher nur die Substitutionswirkung von Fax-Geräten zum Tragen gekommen, während Fax-Software, E-Mail und EDI erst am Anfang des Lebenszyklus stehen.[105]

Symbiose und Verschiebung. Der weiter oben skizzierte Trend zur Kombination von Diensten[106] und die gegenseitige Förderung von Medien, also deren symbiotische Verbindung, kann auch zwischen Print- und elektronischen Medien beobachtet werden – die Archive von Zeitungen dienen als Input von Atx- und Internetanwendungen –, ebenso wie zwischen Theater und elektronischen Medien.[107] Oft wird in der Diskussion übersehen, daß das Fernsehen den Konsum anderer Medien, etwa auch von Büchern anregt. Bücher bilden nicht nur die Grundlage vieler Fernsehfilme, sondern sind mitunter – wie Videos und CD-ROMs – die Konsequenz

---

103   Siehe Negroponte 1995, S.183.

104   Bei den frühen Erwartungen bezüglich der Substitution von Geschäftsreisen durch Videokonferenzen wurde anfangs verkannt, daß verbesserte Telekommunikation auch zusätzliche Geschäftsreisetätigkeit generiert. (Vgl. Hartmann/Latzer/Sint 1988)

105   Siehe Baldry 1995.

106   Beispielsweise durch die Kombinationen von Atx+KAT, Atx+Fax, etc. (siehe Abschnitt 4.3.2.2).

107   Theater und Fernsehen sind symbiotisch miteinander verbunden. Das Theater dient als Ausbildungs- und Trainingsstätte, das Fernsehen finanziert auch Theaterschauspieler (Noam 1991, S.62). Der Rückgang des Theaterbesuches fiel zeitlich mit dem Aufkommen des Tonfilms Ende der 20er Jahre zusammen.

erfolgreicher Sendungen. In den USA wird beispielsweise ab Herbst 1996 über den Literaturkanal „BookNet" ein 24 Stundenprogramm zu allen Facetten des Buches ausgestrahlt.[108] Audiotex-Dienste sind auf die Bewerbung der Zielgruppen in anderen Medien angewiesen und verschaffen den Printmedien und elektronischen Medien somit hohe Einnahmen. Ein weiteres Beispiel für die symbiotische Beziehung ist die TV-Programmzeitschrift „TV Guide", die in den USA höhere Gewinne erwirtschaftet als die vier größten TV-Sender zusammen.[109]

Aus der Sicht der Industrie ergeben sich für die Informationsproduzenten des Printmedienbereichs durch den Einstieg in die elektronischen Medien, also durch unternehmensbezogene Konvergenz, erhebliche Synergieeffekte. Generell haben Informationsproduzenten im Lauf der Mediengeschichte rasch gelernt, daß ihr ökonomisches Interesse nicht an einen bestimmten Distributionskanal gebunden ist. Das trifft u.a. für die amerikanischen Filmstudios zu, die anfänglich dem aufkommenden Fernsehen ablehnend gegenüberstanden.[110] Ihr derzeitiger Einstieg in den Multimediamarkt ist ein weiteres Beispiel ihrer „Flexibilität" bezüglich des Distributionskanals.[111] Ein anderes Beispiel sind Nachrichtenagenturen, etwa die Austrian Press Agency (APA), die ihr Hauptbetätigungsfeld erfolgreich auf das Angebot von Telematik-Diensten umstellte.

Der Konvergenztrend in Richtung Mediamatik-Baukasten fördert – in Kombination mit dem Liberalisierungstrend und entsprechenden Anti-Konzentrationsregulierungen – die Diversifizierung und Vielfalt im Kommunikations-Dienstesektor. In der Folge kommt es zu einer Neuverteilung der gesellschaftlichen Funktionen der Dienste, zu einer *Segmentierung* der Anwendungen. Die Neuverteilung findet zwischen verschiedenen Medien (Radio —> regional; TV —> überregional), aber bei zunehmender Konkurrenz auch zwischen gleichartigen Medien statt (Fachzeitschriften, Sparten-TV; branchenspezifische Online-Dienste). Beim Verhältnis des *Buches* zu den elektronischen Kommunikationsdiensten verhält es sich ähnlich.[112] Es kommt in absehbarer Zeit zu einer *Verschiebung* statt zu einer Verdrängung.[113] Die Verwendung von Printmedien wird sich künftig auf jene Bereiche konzentrieren, für

---

108 Die Presse, 23./24.März 1996, Spectrum S.IV.

109 Negroponte (1995, S.154) folgert daraus, daß mit Information über Information mehr Geld zu verdienen ist als mit der Information selbst.

110 Vgl. Noam 1991, S.60.

111 Vgl. Abschnitt 2.2.2.1.

112 Zum Verhältnis von Printmedien und elektronischen Medien siehe die Beiträge in Matejovski/Kittler 1996.

113 Verschiebungen und Verdängungen sind aufgrund der Diffusion elektronischer Medien (Internet etc.) v.a. auch in der Distribution des Buches (im Buchhandel) zu erwarten.

die sie am besten geeignet sind.[114] Das Buch bleibt Orientierungshilfe, als Organisationstechnik eignen sich jedoch elektronische Dienste besser als Printmedien. Elektronische Medien bieten sich als Nachschlagewerke an, die regelmäßige Updates erfordern. Die Technik der elektronischen Kommunikation ist dafür besser geeignet, sie hat jedenfalls bessere ökonomische Voraussetzungen dafür. In den USA wurden im Jahr 1993 auch bereits mehr Enzyklopädien auf CD-ROM verkauft als in Buchform.[115]

Das Buch hat die Qualität der Linearität, im Gegensatz zur vernetzten Struktur des Hypertextes in elektronischen Systemen. Die zentralen Prinzipien des *Hypertextes* sind:[116]
- der computergestützte Verweis als funktionaler Kern
- das Netz als Organisationsidee.

Während das Buch entweder in die Tiefe oder in die Breite gehen kann, bietet eine Hypertextstruktur beides gleichzeitig. Das Buch hat Anfang, Ende und (mitunter) einen Höhepunkt; die elektronischen Medien haben hingegen eine höhere Selektionskapazität als Bücher.

Ein weiteres Unterscheidungsmerkal mit Auswirkungen auf die Verschiebung und Substitution von Medien sind die *Konsumtionsbedingungen*. Ein wesentlicher Unterschied in der Benutzung von Printmedien und elektronischen Medien ist, daß für die Benutzung von elektronischen Medien Zusatzgeräte und daher auch zusätzliche Qualifikationen benötigt werden. Der elektronische Informationsträger, z.B. die CD-ROM, Bildplatte, Computer-Diskette und Videokassette, sind – im Unterschied zu Buch und Zeitung – notwendig, aber nicht hinreichend für die Konsumtion. Die Notwendigkeit eines technischen Geräts (Computer, Videorekorder, CD-Laufwerk etc.) bringt das Problem der verschiedenen Standards mit sich, d.h. mit einem Videorekorder kann man nicht alle Videokassetten, mit einem Computer nicht alle Disketten und Software konsumieren. Dadurch verkompliziert sich die Benutzung elektronischer im Unterschied zu nicht-elektronischen Medien um eine weitere Dimension. Darüber hinaus ist bezüglich der Substitutionsbedingungen zu beachten, daß allein der gegenwärtige Stand der (Endgeräte-) Technik das Substitutionspotential für Belletristik weitgehend beschränkt. Die Experimente und Labortests gehen in die Richtung, daß das elektronische Endgerät die Form eines Buches

---

114   Vgl. Bolz 1993; Negroponte 1995.
115   Vgl. Noam 1995, S.5.
116   Wingert 1995, S.113.

hat oder aber überhaupt keinen Bildschirm mehr besitzt, da die Information auf eine Spezialbrille projiziert wird.[117]

Schließlich sind auch die *Qualifikationen* zu beachten, die für die Mediennutzung notwendig sind. Sie sind auch innerhalb des Spektrums elektronischer Medien stark unterschiedlich. Während für die Konsumtion von Radio und Fernsehen die Kulturtechniken Lesen und Schreiben nicht notwendig sind, werden für internetartige Dienste sowohl die alten Kulturtechniken als auch grundlegende Kenntnisse der Computerbenutzung benötigt. Diese Überlegung sollte insbesonders im Auge behalten werden, wenn Internet als ein dem Rundfunk vergleichbares Massenmedium prognostiziert wird. Für die Massenkonsumtion von Ideen war bis zur weiten Diffusion des Rundfunks die Alphabetisierung Voraussetzung. Der Rundfunk trug dazu bei, die nach sozialen Klassen unterteilten Meinungen zu durchbrechen.[118] Von internetbasierenden Diensten sind unterschiedliche gesellschaftliche Wirkungen zu erwarten, sie sind – von der gesellschaftlichen Funktion her gesehen – kein Ersatz für Rundfunk-Dienste, auch wenn rundfunkähnliche Dienste (z.B. Internet-Radio) darüber angeboten werden.

---

117 Experteninterview mit Masahiro Kawahata, Tokyo, Juni 1994.
118 Vgl. dazu Ginsberg 1986, S.36ff.

5. Mediamatik-Analyse: Anforderungen & Ansatzpunkte

Die Mediamatik, Resultat des Konvergenz- und des Liberalisierungstrends, verlangt nach Reformen sowohl der Analyse als auch der Politik des Kommunikationssektors. Reformen, die auf die Überwindung der bislang praktizierten Trennung von Telekommunikation und Massenmedien (Rundfunk) abzielen und auf die Erfassung des strukturell Neuen in der Mediamatik.

Zwischen Analyse und Politik besteht bekanntlich eine Wechselbeziehung. In unserem Fall bedeutet das, daß die kommunikationswissenschaftliche Analyse durch ihre Begrifflichkeit und Ergebnisse der Wirkungsforschung einen wesentlichen Input für politisch-rechtliche Kategorisierungen und Regulierungen des gesellschaftlichen Kommunikationssystems liefert. Politik und Marktentwicklung sind Teil der empirischen Grundlage kommunikationswissenschaftlicher Theoriebildung.

Nachfolgend werden, ausgehend von den bisher dargestellten Trends, einige Veränderungen für die Kommunikations- und Medienforschung zusammengefaßt und ausgewählte Ansätze für Reformen aufgezeigt. Die Ausführungen beschränken sich auf jene Problem- und Fragestellungen, die für die Formulierung der in Kapitel 6 skizzierten Mediamatik-Politik als Grundlage dienen. Zielrichtung ist eine integrative Analyse der elektronischen Kommunikation.

5.1. Institutionelle Herausforderung

Die Trennung von Telekommunikation und Rundfunk hat sich auch in der *institutionalisierten Kommunikations- und Medienforschung* etabliert, wobei zwischen universitärer und außeruniversitärer, meist angewandter Forschung, unterschieden werden kann – Überschneidungen sind eher die Ausnahme als die Regel. Telekommunikation ist an den Universitäten traditionellerweise nur in den technischen Disziplinen Nachrichtentechnik und Informatik, und – beginnend mit den Reformen – nun auch an (polit-) ökonomischen Abteilungen Gegenstand von Forschung und Lehre, Rundfunkanalyse wird dagegen an publizistik- und kommunikationswissenschaftlichen Instituten betrieben; zunehmend ist Medientheorie auch Thema an Philosophie-Instituten. Auch die außeruniversitären Forschungseinrichtungen konzentrieren sich meist entweder auf Telekommunikations- oder auf Rundfunk- beziehungsweise Medienforschung.

Eigene kommunikationswissenschaftliche Abteilungen sind relativ junge Institutionen an den Universitäten. Sie wurden in den USA großteils erst ab den 50er Jahren eingerichtet.[1] Mitte der 90er Jahre wird die Telekommunikation speziell in Europa in den kommunikationswissenschaftlichen Studienplänen noch immer nicht in der gleichen Weise berücksichtigt wie die Massenmedien.[2] In den USA wurde im Laufe des letzten Jahrzehnts die Telekommunikationsforschung an den Universitäten zwar gestärkt, die Trennung von der Massenmedienforschung blieb jedoch meist aufrecht.

Der Konvergenztrend in Richtung Mediamatik verlangt auch in Forschung und Lehre nach einer Konvergenz von Telekommunikation, Computer und Massenmedien. Ein integrativer Analyseansatz ist nicht nur für die Einschätzung der gegenwärtigen Entwicklungen notwendig, sondern v.a. auch als Basis für eine zukunftsgerichtete Mediamatik-Politik. Die Reformen auf universitärer Ebene sind insofern von doppelter Bedeutung, als sie nicht nur die Forschung, sondern auch die Aus- und Weiterbildung betreffen, und damit einen als zentral erachteten „soft factor" am Weg (Highway) zur sogenannten Informationsgesellschaft darstellen.

Einerseits attestieren Kritiker der Kommunikationswissenschaft, sie habe im Gegensatz zu anderen Disziplinen nur einen geringen Einfluß auf die weitreichenden Veränderungen in der Politik, ihr Bezug zu den aktuellen Fragestellungen des Umgangs mit der Kommunikationstechnologie sei zu gering.[3] Andererseits verleitet die zunehmende gesellschaftliche Beachtung elektronischer Kommunikation, der Wandel zur sogenannten Informations- und Kommunikationsgesellschaft,[4] zu dem Schluß, die Kommunikationswissenschaft könnte sich zur „Schlüsseldisziplin der 90er Jahre"[5] entwickeln. Eine derartige Kluft zwischen Image und realer Rolle der Kommunikationswissenschaft kann nur durch Reformen innerhalb der Disziplin überwunden werden. Selbst der bescheidenere Anspruch, nämlich die Leitdisziplin innerhalb der multidisziplinären Kommunikationsforschung zu werden, welche jene Problem- und Fragestellungen vorgibt, die dann interdisziplinär behandelt werden, stößt bei den derzeitigen Mainstream-Ansätzen auf Schwierigkeiten. Für eine inter-

---

1   Vgl. Rogers 1994, S.XIII.

2   Für einen Überblick über kommunikationswissenschaftliche Theorien siehe Maletzke 1988, Burkhart 1995, Burkhart/Hömberg 1992, McQuail 1994. Die Lehrbücher spiegeln die bislang geringe Berücksichtigung der Telematik wider.

3   Siehe Noam 1993.

4   Zur „Kommunikationsgesellschaft" siehe Münch 1991, 1995.

5   Siehe Fabris 1993.

disziplinäre Analyse der Kommunikationspolitik fehlen laut Ronneberger nach wie vor die begriffliche Annäherung und gemeinsame Erklärungsmuster der beteiligten Disziplinen.[6]

Als Verbesserungsvorschläge führt Noam die stärkere Beachtung von Telekommunikation und Computerkommunikation sowie die Überwindung disziplinärer Engstirnigkeit in Richtung eines „disziplinären Multikulturalismus" an.[7] Kubicek & Schmid unterstreichen die Notwendigkeit der engen Zusammenarbeit von Medienforschung und sozialwissenschaftlicher Technikforschung zum besseren Verständnis der neuen Medien, insbesondere des Computers als Medium.[8] Auch Bonfadelli & Meier verweisen auf eine Reihe von neuen Konzepten und Ansätzen aus verschiedenen Disziplinen, durch deren Berücksichtigung die Kommunikationswissenschaft dem kombinierten medientechnologischen und gesellschaftlichen Wandel besser gerecht werden kann.[9]

In etlichen Ländern wird die Frage der Überwindung disziplinärer Schranken dahingehend diskutiert, ob die traditionelle institutionalisierte Medien- und Kommunikationswissenschaft nicht Teil einer *transdisziplinären Informationswissenschaft* werden sollte, die der Universalität der Informations- und Kommunikationstechnologien entspräche. Dem Vorteil möglicher Synergie-Effekte einer organisatorischen Zusammenführung verschiedener institutionalisierter Ansätze stehen jedoch neben der Gefahr der Überfrachtung auch erhebliche organisatorische Probleme gegenüber, sodaß die inhaltliche und institutionelle Reform der Kommunikationswissenschaften die einfacher zu handhabende Lösung ist.[10]

Die klassische universitäre Kommunikationswissenschaft ist mit der Situation konfrontiert, daß ihr traditioneller Schwerpunkt, die Massenkommunikation, definiert als öffentliche, indirekte und einseitige Kommunikation an ein disperses Publikum,[11] innerhalb des gesellschaftlichen Kommunikationssystems *relativ* an Bedeutung verliert. Die Betonung liegt auf relativ, da keineswegs vom Verschwinden der Massenkommunikation gesprochen werden kann.[12] Im Gegenteil, die Massenkommunikation steigt noch weiter an, sie eignet sich jedoch nicht mehr als *allei-*

---

6   Vgl. Ronneberger 1992, S.192f.

7   Siehe Noam 1993.

8   Vgl. Kubicek/Schmid 1996, S.15f.

9   Vgl. Bonfadelli/Meier 1995.

10   Zur Diskussion vergleichbarer Problemstellungen der institutionellen Integration in der Politik siehe Kapitel 6.

11   Maletzke 1963, S.32. Zur Kritik der Definition siehe Hoffmann-Riem/Vesting 1994, S.385ff; Krotz 1995, S.449ff.

12   Vgl. Kapitel 4 und Hoffmann-Riem/Vesting 1994.

niger, integrativer Schwerpunkt, um die zentralen Entwicklungen im gesellschaftlichen Kommunikationssystem zu erfassen. Es entstehen nämlich vermehrt elektronische Kommunikationssysteme, die beispielsweise durch Interaktivität, durch verschiedene heterogene Zielgruppen und Nachfrageorientierung charakterisiert sind und sich weder eindeutig der privaten oder öffentlichen, noch der Individual- oder Massenkommunikation im traditionellen Sinn zuordnen lassen. Entsprechend der Technik- und Dienste-Entwicklung sollte es auch in der wissenschaftlichen Analyse nicht zur Substitution, sondern vielmehr zu Verschiebungen in den Schwerpunktsetzungen und zu Symbiosen mit neuen (oder bislang nicht berücksichtigten) Ansätzen kommen.[13] Die Kommunikationswissenschaft stellt sich auch zunehmend dieser aus dem Bereich von Telematik und Rundfunk kommenden Entwicklung und erweitert dementsprechend sowohl ihr Analysefeld und -instrumentarium als auch das Lehrangebot. Denn die Kombination von medientechnologischem Wandel und kommunikationswissenschaftlicher Stagnation könnte die traditionelle Kommunikationswissenschaft zum Auslaufmodell degradieren.

Nicht nur die traditionellen Telekommunikations- und Rundfunkunternehmen müssen sich nun im Wettbewerb behaupten, auch die universitären kommunikationswissenschaftlichen Institute sind zunehmender Konkurrenz ausgesetzt: von Lehrgängen zur Telematik, zu Multimedia etc., die an Fachhochschulen und als Postgraduate-Ausbildungen angeboten werden.[14] Der Wettbewerb sollte auch hier zu einer erhöhten Reformbereitschaft beitragen. Ähnlich der Politik ist aber auch in der Kommunikationswissenschaft die zeitliche Verzögerung zwischen dem kognitiven und dem organisatorisch/institutionellen Paradigmenwechsel zu beobachten.

5.2. Inhaltliche Herausforderung

5.2.1. Veränderungen und Trends

Die Politik des elektronischen Kommunikationssektors entspricht der klassischen kommunikationswissenschaftlichen Abgrenzung in Telekommunikations- und Rundfunkpolitik, wobei nur der Rundfunk als Teil der Medienpolitik gilt. Unter

---

13   Vgl. Höflich 1995 und Mettler-Meibom 1992 zur Überwindung der strikten Trennung von Massen- und Individualkommunikation und zur interdisziplinären Erweiterung der Kommunikationswissenschaft.

14   An Österreichs Universitäten gibt es beispielsweise zwei kommunikationswissenschaftliche Institute. Seit Mitte der 90er Jahre sind sechs Fachhochschullehrgänge und eine Postgraduate-Ausbildung in Planung oder bereits in Betrieb.

den politisch-rechtlichen Medienbegriff fallen ausschließlich Massenmedien. Die analytische Basis für diese Kategorisierung liefert die Dichotomie in elektronische Individualkommunikation (Telekommunikation) und elektronische Massenkommunikation (Rundfunk). Letztere bildet gemeinsam mit dem Printsektor einen Schwerpunkt der institutionalisierten kommunikationswissenschaftlichen Forschung, wenn auch Burkart & Hömberg darauf hinweisen, daß in der ab den 60er Jahren sich etablierenden Publizistik- und Kommunikationswissenschaft

> „(...) von einer eindeutigen, allgemein akzeptierten Schwerpunktsetzung eigentlich nicht gesprochen werden kann".[15]

Für die Analyse der Konvergenz von Telekommunikation und elektronischer Massenkommunikation ist es jedoch relevant, festzuhalten:

> „(...) vor dem Mainstream aktueller Forschungsaktivitäten kann als zentraler Erkenntnisgegenstand zweifellos ‚massenmedial vermittelte‘ und damit, öffentliche Kommunikation‘ gelten".[16]

Die Telekommunikation bleibt also von der Kommunikationswissenschaft weitgehend ausgeschlossen. Das trifft insbesondere für die Teildisziplin *Kommunikationspolitik* zu:

> „Kommunikationspolitik kann sich vernünftigerweise allein auf öffentliche Kommunikation beziehen, und das bedeutet schwergewichtig auf Medienkommunikation."[17]

Durch den Konvergenztrend verlieren derartige Abgrenzungen jedoch zunehmend an analytischem Wert. Was als öffentliche Kommunikation einzustufen ist, ist heute ebenso umstritten wie der Medienbegriff selbst. Es ändern sich nicht nur die *Rezeptionsformen* (durch Interaktivität), sondern auch die für die Wirkung von Medien gleichfalls bedeutenden *Produktionsformen*.

Auf der politischen Ebene wurden und werden die unterschiedlichen Regulierungssysteme nicht zuletzt auf Basis von Analyseergebnissen über die unterschiedlichen Wirkungen von Individual- und Massenmedien eingeführt.[18] Bei der Massenkommunikation wird traditionell zwischen Sender und Empfänger unterschieden, und deren Einfluß auf den Kommunikationsprozeß, auf die zeitliche und inhaltliche Kontrolle der Kommunikation untersucht. Aufbauend auf den Ergebnissen dieser Analyse wurden von der Politik beispielsweise spezifische Regulierungen für die

---

15 Burkart/Hömberg 1992, S.1.

16 Burkart/Hömberg 1992, S.1.

17 Ronneberger 1992, S.195.

18 Im US Telecommunications Act of 1996 (http://www. bell.com/legislation/s652final.html) werden beispielsweise wissenschaftliche Ergebnisse der Wirkungsforschung explizit als Begründung für Inhaltsregulierungen angeführt (siehe Abschnitt 6.4.3).

Sender (Dienstanbieter) von elektronischer Massenkommunikation abgeleitet. All diese Regulierungen sind nun neu zu hinterfragen.

Die teilweise bereits in den vorangegangenen Kapiteln angesprochenen *Veränderungen und Trends* im Kommunikationssektor, die nach einer Reform des Analyserahmens verlangen, lassen sich folgendermaßen kurz zusammenfassen:

- Die zunehmende *Entkoppelung* der Elemente der traditionellen Medien – von Dienst, Netz und Endgerät – erlaubt deren vielfältige Variierbarkeit zu neuen Systemen. Folglich müssen Klassifizierungen in Frage gestellt werden, die auf technischen Kriterien beruhen. Von der verwendeten Technik kann nicht mehr auf das Dienstangebot und damit auf die gesellschaftlichen Auswirkungen des Mediensystems geschlossen werden. Daraus folgt die Notwendigkeit einer neuen Begrifflichkeit und Kategorisierung, einer neuen *Medientaxonomie*.

- Neue Kommunikationssysteme, ob sie sich nun aus der Telematik oder dem Rundfunk weiterentwickeln, erlauben sowohl klassische Individual- als auch Massenkommunikation. Hinzu kommt die *Gruppenkommunikation*, zum Beispiel durch geschlossene Benutzergruppen in Videotex- und Audiotexsystemen und Listserver-Diensten im Internet, aber auch durch diverse konferenzartige Applikationen. Die Dichotomie in *Individual- und Massenmedien* verliert folglich an analytischem Wert (Beispiel: Internet). Die auf dieser Unterscheidung aufbauenden, getrennten Regulierungsmodelle für Individual- und Massenmedien sind also obsolet.

- Die strikte Trennung zwischen *Sender (Dienstanbieter) und Empfänger (Nachfrager)* innerhalb eines Mediensystems löst sich tendenziell auf. Jeder Nachfrager kann ohne wesentliche Mehrkosten auch Anbieter werden (Internet). Der Schritt in Richtung Dienstanbieter wird sowohl finanziell als auch funktionell wesentlich erleichtert. Die Produktionsbedingungen für massenmediale Inhalte und für deren Verbreitung verändern sich, die traditionellen regulatorischen Restriktionen für Sender (Dienstanbieter) lassen sich zunehmend nicht mehr vollziehen. Aus ökonomischer Sicht verschwimmt mit der Auflösung der Sender–Empfänger-Dichotomie die klassische Unterteilung in *Produzent und Konsument*, womit sich einer der zentralen Ausgangspunkte von Analysen gesellschaftlicher Machtverhältnisse verändert. Die Produzenten–Konsumenten-Dichotomie wird insbesondere durch die Liberalisierung und den Trend in Richtung „Netz von Netzen" aufgelöst. Sämtliche Anbieter von Telekommunikationsnetzen und Diensten werden somit gleichzeitig zu Konsumenten.

- Die Unterteilung in *öffentliche und private Kommunikation*, die traditionell an die Wahl der Medientechnik geknüpft wurde, wird durch die Konvergenz, durch Veränderungen der Technik und deren Anwendung bedeutend erschwert.[19] Es zeichnet sich auch eine Veränderung in der Beziehung zwischen Öffentlichkeit und Privatbereich ab.[20] Die Beschränkung der Kommunikationspolitik auf Mediensysteme der öffentlichen Kommunikation ist beispielsweise durch die Verwendung des selben Kommunikations-Dienstes für private und öffentliche Kommunikation oft nicht mehr vollziehbar. Die aus dem Telekommunikationsbereich kommenden Dienste bedürfen folglich in der Kommunikationspolitik neben einer Gleichstellung mit Rundfunk und Printmedien v.a. einer integrativen Berücksichtigung.
- Die *Kontrolle des Konsumenten* über den Kommunikationsprozeß nimmt zu, die des Dienstanbieters dementsprechend ab. Im Unterschied zu traditionellen elektronischen Massenmedien bestimmt nun der Nutzer zunehmend über den Zeitpunkt der Kommunikation (VOD) und über die Darstellung der Inhalte (Internet).
- Die *Kommunikationsmuster* und die *Rezeptionsweise* verändert sich. Die reine Verteilkommunikation (klassische Massenkommunikation) verliert gegenüber der begrenzten Verteilkommunikation (an geschlossene Benutzergruppen, die beispielsweise durch Subskription festgelegt werden: Listserver, Pay-TV) und der Abrufkommunikation (VOD, Videotex, Internet) an Bedeutung. Anders ausgedrückt: Zu Mediensystemen (Diensten) mit offenem Zugang (klassischer Rundfunk; „Free TV") kommen vermehrt jene mit *bedingtem Zugang* (Subskription; „Pay TV") hinzu. Folglich steigt der Bedarf an Ver- und Entschlüsselungssystemen, um den begrenzten Zugang bei Verteilmedien wie KATV und Satellitenkommunikation steuern zu können.[21] Durch die Stärkung der Ausschließbarkeit von Konsumenten wird die ökonomische Eigenschaft des Rundfunks als öffentliches Gut[22] vermindert – mit Konsequenzen für die staatliche Regulierung.

---

19   Es herrscht beispielsweise unter Juristen Uneinigkeit darüber, ob der Inhalt von Homepages im Internet „öffentlich" ist. Davon hängt aber ab, ob Wiederbetätigungsklagen etc. wirksam werden können.

20   „Die besondere Art von Kommunikation und Konvivialität, die den neuen Medien eigen ist, die Delokalisierung und Entmaterialisierung sowie die neuen Formen von Identität und Sozialität, die sie hervorrufen, verändern die Beziehungen zwischen Öffentlichkeit und Privatbereich und daher die Sozialisationsbedingungen der neuen IuK-Technologien selbst tiefgreifend." (Raulet 1995, S.42)

21   Zur Problematik der Ver- und Entschlüsselung siehe Hoffman 1995.

22   Vgl. Abschnitt 1.3.

- Die beiden letztgenannten Trends setzen *erhöhte Interaktivität* in (Massen-) Mediensystemen voraus, verstanden als Maß der Fähigkeit zur Zweiwegkommunikation, als Möglichkeit der Wechselbeziehung zwischen Kommunikationspartnern.[23] Mit der Interaktivität verändert sich die Rezeptionsweise und damit auch die Wirkung der Dienste.
- Damit gekoppelt nehmen die Möglichkeiten der anonymen Kommunikation ab, die *„Datenspuren"* der Benutzer nehmen zu. Es fallen vermehrt Verbindungsdaten über jeden Kommunikationsprozeß an. Die Privatsphäre der Benutzer wird dadurch reduziert, die Erstellung von Benutzerprofilen ebenso ermöglicht wie Überwachung.[24] Während sich die allgemeine Datenschutz-Diskussion der 70er Jahre auf behördliche Mißbrauchmöglichkeiten konzentrierte, rücken nun aufgrund der Datenspur-Problematik auch mögliche Datenschutzverletzungen durch Unternehmen in den Vordergrund.[25]
- Das Medium wandelt sich vom Kulturfaktor zum *Dienst mit Warencharakter*. Damit verbunden wird sich auch der Schwerpunkt der Analyse und die Wertigkeit von Kalkülen in der Kommunikationspolitik verändern.

5.2.2. Anforderungen und Ansatzpunkte für die Analyse

Aus den Trends und Veränderungen im Kommunikationssektor lassen sich eine Fülle von *Anforderungen* an die Kommunikationswissenschaft ableiten, die, entsprechend der oben skizzierten Konvergenz-Problematik, auf eine integrative Analyse von Telekommunikation, Computer und Rundfunk abzielen. Die Schwerpunktsetzung hat sich weg von der traditionell definierten Massenkommunikation zu verlagern, der Rundfunk- und Medienbegriff ist neu zu fassen.[26] Die in der Geschichte der elektronischen Kommunikation immer wieder auftauchende Kategorisierung als "Neue Medien" (für Fernsehen, später für Btx und nun für Internet, VOD etc) ist Ausdruck der analytischen Ratlosigkeit, die es zu überwinden gilt. Die

---

23 Zum Interaktivitätsbegriff in der Kommunikationswissenschaft siehe Goertz 1995.

24 Die Datenschutzproblematik erhöht sich durch den Umstieg auf ISDN, etwa durch den Zusatzdienst „Rufnummernanzeige" (siehe Latzer 1994b), aber v.a. durch die automatisch anfallenden Datenspuren im Internet, bei Videotex-Systemen etc. Die Europäische Union hat 1995 auf die verschärfte Datenschutzproblematik mit der Verabschiedung einer Datenschutz-Richtlinie reagiert, auch im US Telecommunications Act of 1996 wurden Datenschutzbestimmungen aufgenommen. Weiters wird nun auch in den USA die Einsetzung einer „National Privacy Organization" diskutiert, wie sie bereits in etlichen europäischen Ländern existiert (siehe Kalil 1995, S.4; Leidig 1995).

25 Siehe Kalil 1995, S.4; für einen Überblick siehe Fleissner/Choc 1996.

26 Vgl. dazu Hoffmann-Riem/Vesting 1994, Krotz 1995.

Entwicklung eines integrativen Analyserahmens steckt noch in den Kinderschuhen.[27] Einige ausgewählte neue Themen der Kommunikationswissenschaft,[28]
gleichsam Ansatzpunkte einer adäquaten Mediamatik-Analyse, sind nachfolgend
exemplarisch aufgelistet:

- *Kriterien für die Taxonomie der Mediamatik-Dienste*: Als Beschreibungskriterien bieten sich beispielsweise der Grad und die Form der Interaktivität an, die dominanten Kommunikationsmuster und die Kontrollmöglichkeiten des Benutzers, die Zweckoffenheit des Dienstes, Verrechnung-
  systeme, die publizistischen Inhalte und die Form der Darstellung.[29] Die
  Wahl des Kriteriums wird von der jeweiligen Fragestellung abhängen; die
  Kriterien dienen der Erklärung und Beschreibung und nicht als Basis für
  rechtsverbindliche Definitionen in einem Regulierungsrahmen.
- *Genese und Bedeutung elektronischer Märkte*: Eine weitere Variante der
  Klassifikation von Tele-Diensten ist die Einteilung in elektronische Hierarchien und elektronische Märkte,[30] die sich sowohl aus dem traditionellen Rundfunk/KATV-Bereich als auch aus dem Telekommunikationsbereich entwickeln. Die Unterteilung in Hierarchien und Märkte erscheint
  insbesonders dann sinnvoll, wenn Konsequenzen für die Benutzer analysiert werden sollen und/oder es politische Zielvorstellungen über die Rolle
  des Konsumenten gibt.
- *Medienmix-Analyse in einem liberalisierten Umfeld:* Auf die Bedeutung
  der Medienmix-Analyse zur besseren Abschätzung der Diffusion von
  Medien wurde bereits verwiesen. Die Liberalisierung des Kommunikationssektors und die Flexibilisierung bei der Zusammensetzung neuer Mediensysteme durch den entstehenden Mediamatik-Baukasten schafft einen
  weitaus größeren Spielraum bei der Wahl der adäquaten Dienste für den
  jeweiligen Kommunikationsbedarf. Bislang war der gewählte Medienmix
  eher von regulatorischen Zwängen als von der spezifischen Eignung des
  Mediums für die jeweiligen Kommunikationsbedürfnisse bestimmt. In die
  adaptierte Medienmix-Analyse sollen technische und auch politsch-öko-
  nomische Spezifika einfließen, insbesonders aber auch Lernkurven des

---

27 Der Verlag John Libbey Media startete beispielsweise das Journal „Convergence", das laut
    Verlagsprospekt darauf abzielt, mit einem interdisziplinären Ansatz ein „vollkommen neues
    Forschungfeld" zu entwickeln.

28 Für einen multidisziplinären Überblick über zentrale Themen der Kommunikationstheorie
    Anfang der 90er Jahre siehe Crowley/Mitchell 1994.

29 Zur Problematik von Beschreibungskriterien für das digitale Fernsehen siehe Schrape 1995,
    S.25ff. Zur Unterscheidung (nach dem Grad der Zweckoffenheit) in Medien erster (Telefon-
    netz, Internet) und zweiter Ordnung (Tageszeitungen, Fernsehen) für das bessere Verständnis
    digitaler Medien siehe Kubicek/Schmid 1996, S.21ff.

30 Vgl. Malone/Yates/Benjamin 1987 und 1989; Steinfield/Kraut/Streeter 1993, Schmid 1995.

Umgangs mit neuen Medien, die jeweiligen Anforderungen an die Quali-
fikation der Benutzer.

- *Die Bedeutung von Hypertext in literalen Kulturen:* Welche Veränderungen bringt die vermehrte Verwendung von Hypertext anstatt Text für die
literale Kultur? Welche Auswirkungen hat das auf das Lesen[31] und auf
Denkstrukturen? Hypertext-Strukturen sind im wesentlichen multimediale
Collagen; mittels Computerverbindungen verknüpfte Informationen. Wie
gut und wofür eignen sich die verschiedenen Formen von Hypertext?

- *Cyberspaceforschung/Virtual Reality:* Für elektronische Kommunikation
haben sich neben der Leitungsmetapher (Datenautobahn) auch räumliche
Metaphern (Cyberspace) etabliert, die eine zusätzliche Analyseebene mit
unterschiedlichen Schwerpunktsetzungen eröffnen.[32] Welche Möglichkeiten der Gestaltung des elektronischen Raumes bieten sich? Die bereits
in der Fernsehforschung gestellte Frage nach Realität und Authentizität
erhält durch Virtual Reality[33] und Cyberspace eine neue Dimension.[34]
Weiters stellt sich die Frage nach Elitenbildung und Demokratisierung im
Cyberspace.[35] Die klassischen Kommunikationsmodelle erfassen nicht
die in der Mediamatik zwischen den Kommunikationspartnern sich entfal-
tende „digitale Welt", einen „objektiv" erfahrbaren sozialen Raum mit
Geschichte, der – im Unterschied zum Telefongespräch – auch nach Beendigung des Kommunikationsprozesses bestehen bleibt und über einen
bestimmten Zeitraum hinweg gestaltbar ist. Ein Beispiel dafür sind pro-
grammierte Welten, sogenannte MOOs (objektorientierte Multi-User
Dungeons – MUDs) im Internet.

- *Analyse der Zeit- und Raumeffekte von Mediamatik-Diensten:* Ein wesentlicher Bestandteil der Cyberspaceforschung ist die Beschäftigung mit
Raum- und Zeiteffekten, die vordringlich auch für die materielle, die
„fleischliche" Welt zu analysieren sind. Zeit- und Raumeffekte erhalten in
der Mediamatik eine neue Dimension.[36]

---

31   Siehe dazu Wingert 1995 und 1996.

32   Siehe dazu Abschnitt 1.8.

33   Für eine Beschreibung und Analyse von Virtual Reality und Virtual Communities siehe
Rheingold 1991, 1993, dazu auch Höflich 1995.

34   Zur Diskussion von Sein und Schein, von Hyperrealität, Wirklichkeit und Simulation siehe
Baudrillard 1981, Rötzer 1991, Flusser 1993; zur Kritik des Diskurses um die Ästhetik der
Medien siehe Seel 1993: „Ich wäre bereit, dieses fürwar ästhetische Denken als wissenschaftlichen Humor abzubuchen – wäre dieser höhere Blödsinn nicht längst zur harten Währung eines
ganzen Diskurses geworden." (S.782)

35   Vgl. Abschnitt 1.7; siehe dazu auch Bolhuis/Colom 1995.

36   Zur Analyse von Zeit- und Raumeffekten siehe Innis 1950, 1951; Hömberg/Schmolke 1992;
Beck 1994; Maier-Rabler 1994; Virilio 1989, 1992; Großklaus 1995.

- *Kommunikationsgeschichte, Flopanalyse, Leitbildforschung:* Der evolutionäre Charakter der Veränderungen im Kommunikationssektor legt die verstärkte Berücksichtigung geschichtlicher Aspekte zur Verbesserung der Prognosefähigkeit, der Folgenabschätzung und der politischen Strategiebildung nahe. Die geschichtliche Analyse kann wertvolle Aufschlüsse über Muster der gesellschaftlichen Aneignung von Kommunikationstechniken und somit eine Orientierungshilfe bei aktuellen Problemstellungen liefern.[37] Die Analyse von gescheiterten Strategien – die Flopanalyse[38] – liefert wertvolle Hinweise auf Diffusionsfaktoren, die zur Verbesserung von Einführungsstrategien von Mediamatik-Diensten nutzbar sind. Die Leitbildforschung[39] erlaubt zusätzliche Einblicke in Interessenskonstellationen. Sie sollte jedoch laut Hellige „(...) als wichtiger Bestandteil der Hermeneutik von Technikgeneseprozessen verstanden werden, statt sie als Instrument der Techniksteuerung zu überfordern".[40]
- *Technology Assessment im Kommunikationssektor:* Das Technology Assessment[41] kann als Klammer für einen interdisziplinären Ansatz und für einen Methodenmix interpretiert werden, der die oben beschriebenen Forschungsfelder integriert. Darüber hinaus verlangt der Technology Assessment-Ansatz nach einem stärkeren Engagement bereits bei der Entstehung von Technik und Mediensystemen, bei Pilotprojekten, die nicht nur als technische Problemstellung, sondern auch als Test für Kommunikationsfragen und soziale Auswirkungen fungieren sollen.

Im Hinblick auf die integrative Mediamatik-Politik sollen nun einige Problemstellungen und Analyseansätze noch genauer erläutert werden:

Dichotomien. Im Zuge der Reform hin zu einem integrativen Analyserahmen für die Mediamatik muß von einigen traditionellen Dichotomien Abschied genommen werden, da die bisher vollzogenen Grenzziehungen zunehmend brüchig werden und die Trennschärfe verloren geht: Individualkommunikation – Massenkommunikation, Sender – Empfänger (Produzent – Konsument), öffentliche – private Kommunikation wurden bereits erwähnt.[42] Auf der inhaltlichen Seite konvergieren die bislang

---

37 Siehe Flichy 1991.
38 Siehe Hellige 1993, S.211.
39 Zur Leitbildforschung und deren Kritik siehe Dierkes/Hoffmann/Marz 1992; Marz 1993; Hellige 1993, 1994.
40 Hellige 1994b, S.470.
41 Siehe auch Abschnitt 1.2.
42 Die Aufrechterhaltung der Dichotomien in der Analyse ist insofern problematisch, als daran unterschiedliche Regulierungsmodelle in der Kommunikationspolitik geknüpft werden, die Trennschärfe der Unterteilungen jedoch zunehmend verloren geht.

voneinander getrennten publizistischen Inhalte und die Werbung zum „Infotainment". Das Revival, genauer gesagt, die verstärkte Bezugnahme auf Theorien McLuhans[43] im Rahmen der Analyse der neuen Medien, kann als Indikator für die Schwächen der traditionellen analytischen Ansätze interpretiert werden.[44] Die Sichtweise, Medien als Erweiterung des Menschen anzusehen, unterscheidet nicht fein säuberlich zwischen Inhalt und Leitung, zwischen Sender und Empfänger, zwischen Individual- und Massenkommunikation, und wird daher gerade in der Phase der Neuorientierung in der Analyse von Mediamatik-Diensten als Ansatzpunkt aufgegriffen.

Ein weiterer traditioneller Unterschied im Analyseansatz bedarf ebenfalls der Veränderung: Die schwerpunktmäßige Orientierung an kulturellen Aspekten im Medienbereich (Rundfunk) und an ökonomischen und technologiepolitischen Aspekten im Telekommunikationsbereich kann nicht länger aufrecht erhalten werden. Im Mediensektor vollzieht sich eine Schwerpunktverlagerung in der Sichtweise des Mediums (insbesonders des Rundfunks) als kultureller Faktor hin zur Dominanz des *Waren- und Dienstleistungscharakters*. Ein Analyserahmen, der der Konvergenz gerecht werden will, muß sich sowohl an ökonomischen als auch an kulturellen Kriterien orientieren.

Elektronische Märkte. Die verstärkte ökonomische Orientierung legt den Kommunikationswissenschaften die Analyse der Entstehung und der Eigenschaften von elektronischen Märkten nahe. Aus ökonomisch-organisatorischer Sicht schaffen Tele-Dienste Koordinationsmechanismen für den Austausch von Waren und Dienstleistungen. Sie beeinflussen somit zentral die Transaktionskosten, und zwar sowohl in der Phase der Anbahnung als auch in der des Abschlusses und der Abwicklung von Geschäftsfällen. In Anlehnung an die Einteilung der traditionellen wirtschaftlichen Koordinationsformen in Märkte und Hierarchien,[45] kann auch zwischen elektronischen Hierarchien und elektronischen Märkten unterschieden werden.[46] Die Verbindung eines einzelnen Autoproduzenten mit seinen Zulieferfirmen mittels eines Tele-Dienstes ist ein Beispiel einer elektronischen Hierarchie. Diese ist u.a. dadurch gekennzeichnet, daß die Kontrolle des Waren- bzw. Dienstleistungsflusses dem Management der höheren Hierarchieebene obliegt. Das Ziel derar-

---

43 McLuhan 1968, 1970.

44 Siehe bspw. Bolz 1990, 1993.

45 Siehe Williamson 1975.

46 Zu den folgenden Ausführungen vgl. Malone/Yates/Benjamin 1987, 1989; Steinfield/Kraut/ Streeter 1993.

tiger Tele-Dienste (z.B. von EDI – Electronic Data Interchange[47]) ist die engere
Koordination der Firmen, etwa die automatische Weiterverarbeitung von Daten mit
dem organisatorischen Ziel einer Just-In-Time (JIT)-Produktion. Eine elektronische
Hierarchie entsteht z.B. auch dann, wenn eine einzelne Fluggesellschaft (wie in den
80er Jahren Delta in den USA) Reisebüros einen Tele-Buchungsdienst ausschließlich für ihre Flüge anbietet,[48] oder New Yorks größtes Warenhaus Macy einen
eigenen Einkaufskanal via KATV einrichtet.[49]

Ein elektronischer Markt hingegen ist dadurch gekennzeichnet, daß mehrere Anbieter und Kunden durch einen Telekommunikationsdienst miteinander verbunden sind.
Während elektronische Hierarchien oft über private Netze angeboten werden, sind es
bei elektronischen Märkten meist öffentliche Netze, in der Regel die Telefonnetze.
Auf dem Weg von elektronischen Hierarchien zu elektronischen Märkten kann es zu
Zwischenstadien kommen, zu sogenannten tendenziösen elektronischen Märkten
(„biased markets"). Ein Beispiel dafür ist das Flugreservierungssystem von American Airlines, das zwar Flüge von verschiedenen Fluggesellschaften anbietet, die
eigenen Angebote jedoch immer an oberster Stelle reiht.[50]

Mit der Einführung von elektronischen Hierarchien und Märkten werden unterschiedliche Interessen verfolgt und unterschiedliche Wirkungen erzielt. Aus der
Sicht des Kunden sind elektronische Märkte von Vorteil, in denen möglichst viele
Anbieter vertreten sind; einzelne Anbieter sind mitunter an elektronischen Hierarchien zur Erzielung von Wettbewerbsvorteilen interessiert. Der Aufbau von Hierarchien und Märkten stellt auch unterschiedliche Ansprüche. So ist bei der Bildung
von Märkten ein weitaus höherer Standardisierungsaufwand notwendig. Es besteht
auch die Möglichkeit, aus elektronischen Hierarchien einen elektronischen Markt zu
formen. Dafür bieten sich sogenannte „Clearing Houses" an, Systemintegratoren,
die die notwendige Um- und Rückwandlung der verschiedenen Codes der einzelnen
Systeme gewährleisten und so deren Zusammenschaltung zu einer Marktstruktur
ermöglichen.

Die Analyse elektronischer Märkte und Hierarchien ist speziell unter dem Blickwinkel der integrativen Analyse des elektronischen Kommunikationssektors
hilfreich, da von beiden Subsektoren, von der Telematik ebenso wie vom Rund-

---

47   Mit EDI bezeichnet man den standardisierten Datenaustausch von Computer zu Computer. Die
     Daten (z.B. Bestellungen – Rechnungen) müssen nicht zweimal eingegeben werden, die
     Weiterverarbeitung erfolgt softwaregesteuert. Das erspart Personalkosten und Zeit.
48   Siehe Malone/Yates/Benjamin 1987.
49   Siehe New York Times, 2. Juni 1993.
50   Siehe Malone/Yates/Benjamin 1987.

funk/KATV-Sektor, vermehrt Initiativen in Richtung der stärkeren Einbindung von Privathaushalten gesetzt werden. Während die Internet-Entwicklung zum elektronischen Massenmarkt tendiert, zielen etliche VOD- beziehungsweise Information-on-Demand-Initiativen der KATV-, Rundfunk- und Telefonbetreiber auf die Schaffung elektronischer Hierarchien ab. Aufgrund der unterschiedlichen Konsequenzen für das Kommunikations- und Wirtschaftssystem ist die analytische Unterteilung in Hierarchien und Märkte im Hinblick auf die Gestaltung der Mediamatik in hohem Maße politikrelevant. Die wirtschaftlich/organisatorischen Effekte von elektronischen Märkten, die Mitte der 90er Jahre erst in ihren Anfängen erkennbar sind, sind vielschichtig und facettenreich. Sie führen zu neuen Organisationsstrukturen von Unternehmen, zu neuen Produkten und (branchenübergreifenden) Produktbündel, zu neuen Marktstrukturen innerhalb von Branchen (etwa im Tourismus) und zu einer neuen weltweiten Verteilung von Arbeit.[51]

Kommunikationsmuster. Die Veränderungen für die Konsumenten im Mediamatik-Sektor lassen sich auch mit Hilfe eines differenzierteren Modells der dominanten Kommunikationsmuster elektronischer Medien analysieren, in dem die Dichotomie in Individual- und Massenkommunikation überwunden wird.[52] Der durch neue Dienste ausgelöste Trend weg von der Dominanz des Kommunikationsmusters „eins-zu-viele" (Rundfunk) zu „viele-zu-eins" (Datenbanken) und „eins-zu-eins" (Telekommunikation) läßt sich folgendermaßen in die Kategorien von Bordewijk & Kaam (siehe Abbildung 22) übersetzen: Der Allokutions[53]-Modus (eins-zu-viele) verliert an Bedeutung, der Konversations-Modus (eins-zu-eins), z.B. mit E-Mail, und der Konsultativ-Modus (viele-zu-eins) nehmen mit der Diffusion von Internet, von darüber verfügbaren verteilten Informationssystemen wie dem Word Wide Web (WWW) und mit der Verbreitung anderer „Information-on-Demand"-Dienste zu. Auch ein weiteres Merkmal der Mediamatik, die ansteigende Gruppenkommunikation, läßt sich hier integrieren. Synchrone Computer-, Video- und Telefonkonferenzen können als „einige-zu-einigen"-Kommunikation[54] charakterisiert und dem Konversationsmodus zugeordnet werden. Die für „Neue Medien" mitunter als charakteristisch bezeichnete „viele-zu-vielen"-Kommunikation ist Ausdruck der Konvergenz, gleichzeitig aber insofern irreführend, als damit nichts

---

51   Zum Strukturwandel im Tourismusmarkt siehe Schmid 1995, S.228ff.

52   McQuail (1994) analysiert die Schwächen der traditionellen Theorien und verweist auf die Unterteilung von Kommunikationsmustern nach Bordewijk/Kaam (1986) als hilfreicher Ansatz zur Untersuchung neuer Medien.

53   Allocution ist der lateinische Ausdruck für die Ansprache des römischen Generals an seine versammelten Truppen (McQuail 1994, S.56).

54   In diesen Fällen (bei synchronen Konferenzformen) ist die Teilnehmerzahl limitiert. Die ebenfalls als Computerkonferenzen bezeichneten asynchronen elektronischen Pinboards sind demnach Kombinationen von eins-zu-einigen und einigen-zu-eins.

anderes als (Kombinationen von) eins-zu-eins, eins-zu-viele, viele-zu-eins und einige-zu-einigen Kommunikationsflüsse(n) innerhab *eines* Kommunikationssystems gemeint sind.

Abbildung 22: Kommunikationsmuster der Mediamatik und Trends (——➤)

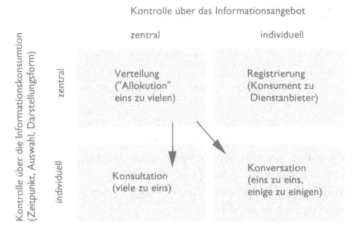

Anm.: Typologie nach Bordewijk & Kaam 1986; Darstellung adaptiert nach McQuail, 1994, S.41

Das vierte Kommunikationsmuster nach Bordewijk & Kaam, der Registrierungs-Modus, beschreibt den Informationsfluß vom Konsumenten zum Dienstanbieter. Dieser Informationsfluß von Verbindungsdaten[55] ist den Konsumenten oft nicht bewußt und führt im neuen Mediensystem zu steigenden Datenschutzproblemen. Der wesentliche Beitrag des Modells liegt darin, daß es eine Interpretation dieser Trends sowohl im Hinblick auf Verschiebungen zwischen zentraler und individueller Kontrolle des Informationsflusses als auch hinsichtlich Veränderungen zwischen zentraler und individueller Kontrolle des Kommunikationsinhaltes, des Zeitpunkts und der Darstellungsform des Inhalts erlaubt. Das Modell ist jedoch nicht als Grundlage einer neuen Kategorisierung für die Regulierungspolitik geeignet. Eine eindeutige Zuordnung neuer Dienste zu einzelnen Kategorien ist auch hier nicht möglich. Weiters sollte beachtet werden, daß sich der bereits Mitte der 80er Jahre von Bordewijk & Kaam beschriebene Trend von der Allokation zur Konsultation, im Sinn des Bedeutungsverlusts von Verteilkommunikation, auch Mitte der 90er Jahre nicht empirisch belegen läßt. Der konsultative Modus nimmt mit Information-on-Demand-Diensten in der Telematik und auch im Rundfunk zu, in der klassischen Verteilkommunikation ist jedoch kein signifikanter Rückgang zu verzeichnen. So ist beispielsweise in Deutschland der Fersehkonsum (inklusive

---

55 Transaction Generated Information (TGI).

KATV und Sat-TV) der Erwachsenen kontinuierlich bis zu einer Sehdauer von 168 Minuten pro Tag im Jahr 1993 angestiegen.[56]

Integratives Marktmodell. Ein weiteres analytisches Problem auf dem Weg zu einem integrativen Analyseansatz für die Mediamatik-Politik ist die traditionell unterschiedliche Unterteilung der Telekommunikations- und Rundfunkmärkte. Eine Voraussetzung für die integrative Analyse des Mediamatik-Sektors ist die Vereinheitlichung der bislang nach unterschiedlichen Kriterien unterteilten Märkte. Hierfür bietet sich ein *„Vier-Märkte-Modell"*[57] an, in dem zwischen folgenden Teilmärkten unterschieden wird:

- Inhalt (die Produzenten von Inhalt: Filmstudios, Werbungsbüros, Informationsanbieter etc.)
- Dienst (die Anbieter von Inhalten und Serviceleistungen; mittels eigener Server oder gemieteter Kapazität; die zentrale Aufgabe ist die Bündelung, Aufbereitung und Zurverfügungstellung von Informationen)
- Distribution (die Netzanbieter)
- Endeinrichtung (Konsumentenausstattung; Anbieter von Hard- und Software für den Konsumenten).

Das Vier-Märkte-Modell dient u.a. der besseren Vergleichbarkeit von Regulierungen für die Teilmärkte der Subsektoren Telekommunikation und Rundfunk.

Bei den steigenden *Verflechtungen* von Teilmärkten im Kommunikationssektor kann zwischen einer vertikalen, horizontalen und diagonalen/konglomeraten *Konzentration* unterschieden werden:[58]

- *Vertikal* bezeichnet die Verflechtung zwischen Teilmärkten entlang der Wertschöpfungskette (z.B. Inhalt und Distribution).
- *Horizontale* Konzentration steht für den Zusammenschluß von Unternehmen des gleichen Teilmarktes (z.B. zwei KATV-Anbieter).
- *Diagonale/konglomerate* Konzentration beschreibt die Verbindung von Unternehmen aus verschiedenen Subsektoren des Kommunikationssektors (z.B. Verlage und Rundfunkunternehmen).

---

56 Kürble 1995, S.25; gleichzeitig nehmen aber auch die Beschäftigungen während des Fernsehens zu.

57 Siehe OFTEL 1995. Die britische Regulierungsbehörde OFTEL hat das Vier-Märkte-Modell als Basis einer zukunftsorientierten Telekommunikations-Regulierung vorgeschlagen.

58 Siehe Heinrich 1994, S.47ff.

Der Konvergenztrend stärkt v.a. die diagonale/konglomerate[59] und in Kombination mit dem Liberalisierungtrend auch die vertikale Konzentration. Der Globalisierungtrend fördert (ebenso wie die Liberalisierung) zusätzlich auch die horizontale Konzentration.

Aufbauend auf das Vier-Märkte-Modell und in Anlehung an die Kategorisierung der Verflechtungsprozesse kann die unternehmensbezogene *Konvergenz* in *diagonale* (zwischen Subsektoren) und *vertikale* Integrationsprozesse (zwischen Teilmärkten) unterteilt werden. Die aktuellen Entwicklungen auf Unternehmensebene in Richtung Mediamatik können somit als Kombinationen von vertikalen und diagonalen Integrationsprozessen[60] dargestellt und analysiert werden.

Tabelle 13:   Ausgewählte Charakteristika der Teilmärkte im integrierten Marktmodell der Mediamatik

	Marktcharakteristika für Anbieter
Inhalt	teuer zu produzieren, leicht zu duplizieren, von Telekommunikationsregulierung nicht erfaßt
Dienst	verantwortlich für Inhalt; kauft und verkauft ihn
Distribution	kapitalintensiv; hohe irreversible Kosten
Endeinrichtung (HW/SW)	wettbewerbsorientiert; Firmenstandards als regulatorisches Problem

HW   Hardware
SW   Software

Der Schwerpunkt der bisherigen Ausführungen über den Konvergenztrend lag auf der Integration der traditionell getrennten Subsektoren Telekommunikation und Rundfunk, also auf der diagonalen Ebene. Die Veränderungen betreffen aber auch die vertikale Ebene, die Teilmärkte der einzelnen Subsektoren. Zum einen kommt es innerhalb der Teilmärkte der Subsektoren zu Neuerungen, zum anderen zur Konvergenz mit verschiedenen Teilmärkten anderer, bisher getrennter Subsektoren. Die Matrix in Abbildung 23 zeigt die diagonale und vertikale Dimension. Für Telekommunikation und Rundfunk wurden bislang verschiedene Unterteilungen in Teilmärkte vorgenommen.[61] Die Teilmärkte des Vier-Märkte-Modells haben unterschiedliche ökonomische Eigenschaften. Einige Charakteristika sind in Tabelle 13 zusammengefaßt.

---

59   Die Enstehung sogenannter Multimedia-Konzerne ist somit ein Produkt diagonaler Verflechtungen.

60   Genau genommen sind es nicht nur Integrations-, sondern auch (vorgelagerte) vertikale Desintegrationsprozesse (die Auflösung der traditionellen Verflechtungen zwischen Teilmärkten).

61   In der Telekommunikation wurde traditionell entlang der technischen Unterteilung in Übertragungs-, Vermittlungs- und Endgerätetechnik unterschieden.

Die Teilmärkte bei Telekommunikation und Rundfunk sind traditionell unterschiedlich integriert. Im Telekommunikationssektor waren Dienst und Distribution, in etlichen Ländern auch die Produktion von Endeinrichtungen in der PTO integriert. Die Inhaltsproduktion wurde erst im Rahmen der Liberalisierung, mit der Entstehung von Mehrwertdiensten, zum Thema. Im Rundfunksektor lag vor allem der Dienst (die Programmerstellung) in der Hand der öffentlich-rechtlichen Rundfunkanstalten, teils auch die Distribution, bis zu einem gewissen Ausmaß auch die Inhaltsproduktion.[62] Bei KATV sind Dienst und Distribution integriert, teils auch die Inhaltsproduktion, und mit dem Aufkommen von Set-Top-Boxes auch ein Teil des Endgerätemarktes. In Abbildung 23 ist die vertikale und diagonale Integration auf Unternehmensebene für den traditionellen Kommunikationssektor schematisch dargestellt.

Abbildung 23: Der traditionelle Kommunikationssektor nach Subsektoren und Teilmärkten: vertikale und diagonale Integration auf Unternehmensebene

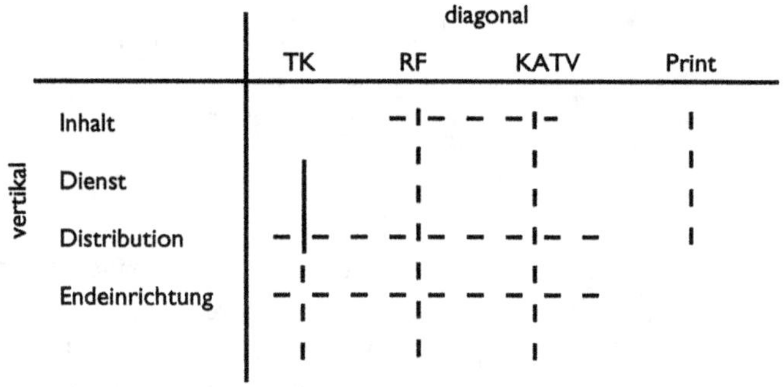

———	integriert
– – –	teilweise integriert
KATV	Kabelfernsehen
RF	Rundfunk
TK	Telekommunikation

Die Liberalisierung bringt einerseits die Voraussetzung für die Entflechtung (Desintegration) der traditionellen vertikalen Integration, indem sie Wettbewerb erlaubt. Andererseits schafft sie auch die Möglichkeit von Konzentrationsbewegungen (horizontal, vertikal und diagonal) in den Märkten. Neue Integrationsmuster werden möglich, beispielsweise kann der Inhaltsproduzent auch gleichzeitig die Distribution übernehmen. Im liberalisierten Mediamatik-Sektor gibt es – idealtypisch gesehen – einerseits keine fix vorgegebenen vertikalen und diagonalen Integrationen,

62 Das Ausmaß der Eigenproduktionen variiert beträchtlich zwischen den einzelnen Ländern und auch der Besitz der Sendeanlagen ist unterschiedlich geregelt.

andererseits sind sämtliche Integrationsvarianten aus technischer und regulatorischer Sicht möglich (siehe Abbildung 24).

Abbildung 24: Liberalisierter Mediamatik-Sektor nach Dienste-Kategorien und Teilmärkten: vertikale und diagonale Integrationsmöglichkeiten auf der Ebene der Unternehmen (Optionen)

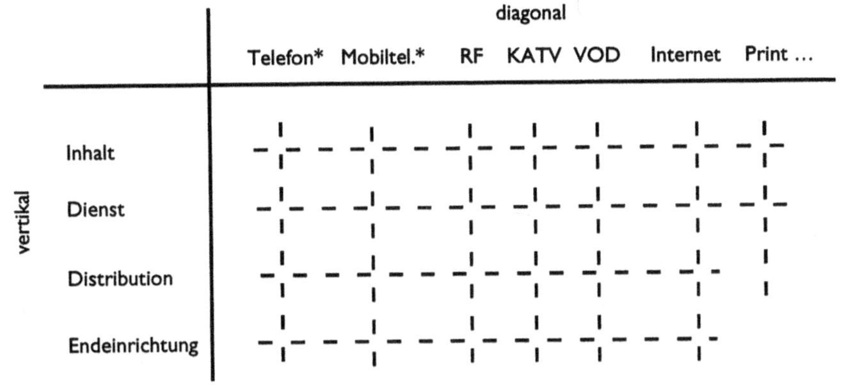

	Telefon*	Mobiltel.*	RF	KATV	VOD	Internet	Print ...

diagonal — horizontal axis; **vertikal** — vertical axis with rows: Inhalt, Dienst, Distribution, Endeinrichtung

- - -   integrierbar (optional)
*   Inhaltsangebot im Fall von Audiotex-Diensten
KATV   Kabelfernsehen
RF   Rundfunk
VOD   Video-On-Demand

Das Ziel der staatlichen Regulierung ist es, den Wettbewerb in den Teilmärkten zu stärken, möglichen Mißbrauch durch dominante Marktteilnehmer jedoch zu verhindern. Die Liberalisierung bringt im Telekommunikationssektor auch die Bündelung von Inhalt und Distribution, beispielsweise im Audiotex-Sektor, wodurch die für die Distributionsregulierung zuständige Telekommunikations-Regulierungsinstitution auch in Inhaltsregulierung involviert wird. Durch den Abbau von cross media-Regulierungen eröffnet die Liberalisierung v.a. die Möglichkeit der diagonalen Konvergenz. Inhaltsanbieter des Rundfunkmarktes können auch zu Inhaltsanbietern im Telekommunikationsmarkt werden. Für eine integrative Kommunikationspolitik kann das Vier-Märkte-Modell der diagonalen und vertikalen Konvergenz auch auf den Printbereich[63] ausgedehnt werden und liefert dann die Grundlage für die Analyse der Überschneidungen des elektronischen mit dem nicht-elektronischen Kommunikationssektor, die v.a. bei der Problematik des Marktmachtmißbrauchs relevant ist. Unter der Annahme einer weitgehend integrativen Mediamatik-Politik

63   In Österreich ist zum Beispiel das marktdominierende Print-Unternehmen (Kronen Zeitung – Mediaprint) am zweiten GSM-Mobiltelefonnetz und an einer Regionalradio-Station beteiligt und prozessiert um eine Fernsehlizenz.

ist die Unterteilung in die traditionellen Subsektoren obsolet. An deren Stelle treten die einzelnen Dienst-Kategorien (z.B. Telefonie, terrestrisches TV, KATV, VOD, Internet). Die diagonalen und vertikalen Integrationsmöglichkeiten und deren Kombinationen sind im wesentlichen nur noch durch festzusetzende Konzentrationsbestimmungen limitiert.[64]

---

64   Ausgedrückt in (landesweiten und regionalen) Marktanteilen; neben vertikaler und diagonaler Verflechtung ist hier auch die horizontale Konzentration zu berücksichtigen. (Zur Marktmachtkontrolle in der Mediamatik siehe auch Abschnitt 6.4.3.)

6. Mediamatik-Politik: Grundzüge & Optionen

Inhaltlich und institutionell meist getrennt, sind die Rundfunk- und die Telekommunikationspolitik zunehmend mit Konvergenzproblemen konfrontiert. Diese Probleme werden im folgenden Kapitel zusammengefaßt und Grundzüge einer integrativen Mediamatik-Politik als Lösungsstrategie abgeleitet. Gezeigt werden soll, wie in der Reform neben der Liberalisierung und Globalisierung auch die Konvergenz entsprechend berücksichtigt werden kann.

Nach der Erläuterung der neuen Ausgangslage werden Optionen für ein adäquates Regulierungssystem der Mediamatik vorgeschlagen und zentrale Komponenten und Varianten der institutionellen Verankerung der Mediamatik-Politik im politischen System diskutiert. Wie verändert sich die Rolle des Staates durch die Konvergenz von Telematik und Rundfunk? Welche Anforderungen stellen sich, und welche Organisationsformen und Eingriffsmöglichkeiten bieten sich auf nationaler und supranationaler Ebene?

Die verschiedenen Varianten einer adäquaten Mediamatik-Politik unterscheiden sich v.a. durch das Ausmaß der Integration. Als Fallbeispiel für eine weitgehende Integration wird abschließend gezeigt, wie in die Reformen der Universaldienst-Strategie des Telekommunikationssektors und des öffentlichen Rundfunks neben der Liberalisierung auch die Konvergenz Eingang finden könnte.

Die präsentierten Reformansätze sind allgemein gehalten, da die konkreten länderspezifischen Strategien den jeweiligen Spezifika anzupassen sind. Neben den unterschiedlichen politisch-institutionellen Ausgangs- und Rahmenbedingungen ist dabei auch das jeweilige Ausmaß der oben bereits beschriebenen Konvergenzhemmnisse zu beachten. Die nachfolgend vorgestellten Variablen und Optionen sind als Orientierungsrahmen und Leitfaden für die Ableitung konkreter nationaler und supranationaler Politik-Strategien gedacht.

6.1. Ausgangslage und Reformdruck

Das Wechselspiel von technischem und politisch-institutionellem Wandel führte – wie bereits dargestellt – in Kombination mit internationalem Anpassungsdruck zu einem Paradigmenwechsel in der Telekommunikations- und Rundfunkpolitik. Der Wandel hin zur Telematik (erster Konvergenzschritt) war wegen der fallenden Kosten und der gestiegenen Flexibilität beim Dienste-Angebot eine notwendige Voraussetzung, jedoch nicht hinreichend, um den Paradigmenwechsel in der Politik einzuleiten. Um den Schwenk von einer neo-merkantilistischen zu einer neo-liberalen Politik[1] im Sektor voranzutreiben, war auch ein dementsprechender politischer Wille notwendig. Sobald die Liberalisierung in einigen ökonomisch/politisch einflußreichen Ländern zuzunehmen begann – im Fall der Telematik reichte die frühzeitige Liberalisierung und Umstrukturierung in den USA und Großbritannien dafür aus – ergab sich ein weltweiter Anpassungsdruck[2] für die restlichen Länder. Das Beharrungsvermögen der einzelnen Länder, die zeitliche und inhaltliche Variation der Liberalisierungsschritte, das Festhalten am traditionellen Paradigma bezüglich Regulierung und Marktorganisation variiert. Österreich liefert ein Fallbeispiel für höchstmögliches Beharrungsvermögen sowohl im Telekommunikations- als auch im Rundfunksektor.[3]

Der zweite Konvergenzschritt in Richtung Mediamatik verlangt, daß neben der Liberalisierung und Globalisierung nun auch die Konvergenz von Telekommunikation und Rundfunk in der politischen Reform berücksichtigt wird. Sie bringt vorerst Zuordnungs- bzw. Überschneidungsprobleme für den Telekommunikations- und Rundfunksektor.

Denn die Konvergenz stellt
- die traditionellen Klassifizierungen und Analyserahmen
- die unterschiedlichen Regulierungsmodelle
- die getrennten Regulierungsinstitutionen und -inhalte
- die politische Kompetenzverteilung für die beiden Subsektoren

---

1   Vgl. Dyson/Humphreys 1990. Merkantilisten gehen davon aus, daß es die Verantwortung des Staates ist, strategisch bedeutsame Industrien durch Markteingriffe zu schützen.

2   Aufgrund des globalen Charakters von Telekommunikation und der sinkenden, tendenziell distanzunabhängigen Kosten nahmen die Umgehungsmöglichkeiten von nationale Systemen zu. Das zeigte sich etwa beim Telefondienst („Lockanrufe") und bei Telex (Weiterleitung über das Ausland), wo die nationalen Dienstanbieter mit empfindlichen Einnahmenverlusten konfrontiert wurden. Anpassungsdruck in Richtung der Öffnung der Märkte wurde jedoch auch auf politischer Ebene ausgeübt, v.a. von den USA.

3   Vgl. Abbildung 5 und 6 in Abschnitt 2.2.1.1.

in Frage. Im Rahmen der Initiativen bezüglich Informationsgesellschaft und NII kommt es auch zu ersten Integrationsbemühungen, zu dem Versuch also, die klassische Telekommunikation-Rundfunk-Dichotomie im elektronischen Kommunikationssektor zu überwinden.

Geschichtlich betrachtet haben sich im Kommunikationssektor weltweit *drei staatliche Regulierungsmodelle* mit unterschiedlichen zentralen Zielsetzungen und Markteingriffen durchgesetzt.[4] Neben der Telekommunikation (Common Carrier) und dem Rundfunk etablierte sich auch ein Modell für den Printsektor, in dem das gesellschaftspolitische Ziel der Meinungsvielfalt,[5] des pluralistischen Angebots im Vordergrund steht und die Kommunikationsfreiheit als zentrale Leitlinie fungiert. Printmedien und Rundfunk werden gemeinsam als „Massenmedien" kategorisiert, dem Rundfunk wurde jedoch ein Sonderstatus zugestanden. Dementsprechend ist die Inhaltsregulierung im Rundfunksektor auch am stärksten ausgeprägt, während sie bei der Telekommunikation – wie bei der common carrier-Regulierung üblich – nicht berücksichtigt wird. Bei Telekommunikation und Rundfunk sind auch die regulatorischen Marktzutrittsschranken im alten Paradigma ungleich höher als im Printbereich. Für eine Gegenüberstellung einiger zentraler Charakteristika dieser drei Modelle siehe Tabelle 14.

Tabelle 14: Charakteristika der traditionellen Regulierungsmodelle im Kommunikationssektor

	Print	Common Carrier (TK)	RF
Infrastruktur-Regulierung:	keine	stark	stark
Inhaltsregulierung:	keine	keine	stark
Sender (Zugang):	offen(1)	offen	geschlossen
Empfänger (Zugang):	offen	geschlossen(2)	offen

RF   Rundfunk
TK   Telekommunikation (Common Carrier)
(1)   Prinzipiell offen, es existieren jedoch ökonomische Eintrittsbarrieren
(2)   Im Unterschied zu Print und RF ist der Empfang nur für ausgewählte Adressaten bestimmt (Fernmeldegeheimnis)
Quelle: Adaptiert nach Windahl/McQuail 1993, S.211

Die *Klassifizierung* der neuen Dienste des Kommunikationssektors erfolgt traditionell in eine der drei Kategorien und legt somit den anzuwendenden Regulierungsrahmen fest. Durch den Konvergenztrend im Kommunikationssektor werden diese

---

4   Vgl. dazu Pool 1983.
5   Vielfalt wird mittels Medienpolitik auch für den öffentlich-rechtlichen Rundfunk angestrebt, v.a. aber über die Kontrolle der Programminhalte. Im Printbereich wird hingegen versucht, Vielfalt über einen offenen Marktzugang, Konzentrationsbeschränkungen und Subventionen zu sichern.

Kategorisierungen und Politikmodelle in Frage gestellt. Im Fall von konvergierenden Diensten erschwert das die Zuteilung gemäß der altbewährten Kriterien, das Maß an Willkür nimmt zu und führt zur Dominanz interessenbezogener Zuordnungen. Heikel ist insbesonders die Inhaltsregulierung, die im traditionellen Rundfunksektor stark, im Telekommunikationssektor nicht existent und im Printbereich verpönt ist. Im elektronischen Kommunikationssektor wurde es im letzten Jahrzehnt zunehmend schwierig, neue Dienste entlang „objektiver" Kriterien entweder der Telekommunikation oder dem Rundfunk zuzuordnen. Ein gemeinsamer Rahmen für Internet beispielsweise wird durch die Vermengung von privater, nichtöffentlicher Punkt-zu-Punkt-Kommunikation (z.B. E-Mail) und Gruppenkommunikation (z.B. Listserver)[6] mit öffentlicher Massenkommunikation (rundfunkartig ausgestrahltes Radio und Videos) und öffentlich abrufbaren multimedialen Datenbanken erschwert.

Die konkrete Zuteilung zu Telekommunikation oder Rundfunk ist aber nach wie vor bedeutsam, solange daraus unterschiedliche Regulierungen und Marktchancen für die betroffenen Firmen resultieren. Es darf daher nicht überraschen, daß zunehmend *Interessenpositionen* und *Lobbying* – und weniger das öffentliche Interesse – die Einordnung dominieren.

- Dienstanbieter im Internet wollen als Verleger und nicht als Rundfunkanbieter eingestuft werden, da es in dieser Kategorie weniger Einschränkungen für Markteintritt und Inhalt gibt; das Interesse, Verleger zu sein, schwindet jedoch wieder, wenn es um die damit verknüpfte Verantwortung für die angebotenen Inhalte geht.
- Europäische (Near-) Video-on-Demand-Anbieter bevorzugen es, nicht als Rundfunkanbieter kategorisiert zu werden, da sie ansonsten den inhaltsbezogenen Quotenregelungen der europäischen Fernsehrichtlinie[7] unterliegen.
- De-facto-Einkaufskanäle (Tele-Shopping) wollen in Europa nicht als solche eingestuft werden, da sie ansonsten innerhalb der EU der zeitlichen Limitierung auf eine Stunde täglich unterliegen.[8]
- Bereits vor einem Jahrzehnt kam es in Deutschland zum Konflikt bezüglich der Kategorisierung von Teletext. Für den Rundfunkdienst wären die Länder politisch zuständig, für den Telekommunikationsdienst der Bund.
- Einige Jahre später stellte sich die Frage, ob Bildschirmtext nun ein Medium oder ein Telekommunikationsdienst ist. Die Zuteilung ist in Österreich u.a. mit unterschiedlichen Datenschutzbestimmungen verbunden.

---

6   Bei der Listserver-Applikation werden Nachrichten via E-Mail jeweils an eine Gruppe von Personen verteilt.
7   Richtlinie des Rates vom 3. Oktober 1989; 89/552/EWG, Kapitel III. Zur Kritik der EU-Importquoten im audiovisuellen Sektor siehe Wieland 1995.
8   89/552/EWG, Kapitel IV, Artikel 18 (EU-Fernsehrichtlinie).

- Die Einführung von Audiotex-Diensten führte weltweit zu regulatorischem Chaos, nicht zuletzt deshalb, weil sie die Telekommunikations-Regulierungsinstanzen erstmals mit massiver Inhaltsregulierung konfrontierte, woran diese auch meist scheiterten.[9]

So gut wie alle neuen Dienste sind also regulatorische Problemfälle, solange das Regulierungssystem nicht grundlegend verändert wird.

Abgesehen von den Kategorisierungsproblemen, erodieren vor allem auch die traditionellen *Rechtfertigungen* der Marktzutrittsregulierungen, im speziellen das Knappheitsargument für Frequenzen im Rundfunkbereich und das „Natürliche Monopol"-Argument im Telekommunikationssektor.[10] Mit den im Bordewijk & Kaam-Modell[11] dargelegten Veränderungen des Kommunikationsflusses und der daraus ableitbaren Stärkung der Benutzerkontrolle über den Kommunikationsprozeß verändert sich auch die *Wirkung* des Medienkonsums, und damit ein weiterer Grundpfeiler der Regulierung des Rundfunksektors. Die Wirkung der Mediensysteme verändert sich in der Mediamatik nicht nur durch andere *Rezeptionsweisen*, sondern ansatzweise auch durch neue *Produktionsformen* der Inhalte.[12] Die neuen Mediamatik-Dienste haben eine andere gesellschaftliche Funktion und unterschiedliche Auswirkungen als die klassischen Telekommunikations- und Rundfunkdienste. Wenn zum terrestrischen Fernsehen die Interaktionsfähigkeit der Telekommunikation für die Zusammenstellung des Programms, vielleicht auch für die Wahl der Kameraeinstellungen hinzukommt, so ist das nicht bloß eine Erweiterung des Fernsehens, kein rein additiver Prozeß. Der ursprüngliche Charakter des Fernsehens geht dabei verloren, der ja zentral auf dem Umstand der extern bestimmten Programmzusammenstellung beruht. Ebenso ist Bildtelefon mit Bewegtbildqualität von seiner Wirkung her nicht bloß Telefon plus Video, sondern ein neuer Dienst mit unterschiedlichen gesellschaftlichen Auswirkungen.

Auch die nach Telekommunikation und Medien (Rundfunk, Printmedien) *getrennte Institutionalisierung und politische Zuständigkeit* führt im Zuge der Konvergenz zu nicht intendierten Überlappungen und Kompetenzstreitigkeiten:
- In *Österreich* ist Telekommunikation zum Beispiel im Verantwortungsbereich des Verkehrsministers, Medien- und Rundfunkpolitik ressortiert im Bundeskanzleramt. Die Regulierungsinstitutionen sind getrennt und

---

9 Vgl. Latzer/Thomas 1994.
10 Siehe dazu Abschnitt 1.3. und 2.1.
11 Siehe Abbildung 22 in Abschnitt 5.2.2.
12 Beispielsweise durch die kostengünstigen Möglichkeiten der öffentlichen Kommunikation via Internet.

auch im Parlament sind verschiedene Ausschüsse mit telekommunika-
tions- und rundfunkpolitischen Themen befaßt.[13] Mit der Erstellung eines
Frequenzplans, der die Grundlage für die Einführung von Privatrundfunk
darstellt, greift der Verkehrsminister jedoch zentral in die Medienpolitik
ein.[14] Der österreichische Verkehrsminister ist auch für die Inhaltsregulierung von KATV verantwortlich, im speziellen für den seit 1994 erlaubten
Kabeltext.[15] Die Telekommunikations-Regulierungsbehörde muß zwar
zunehmend Medienrecht exekutieren, jedoch bisher ohne institutionalisierte Koordination mit der Medienregulierung.

- In *Deutschland* kommt erschwerend hinzu, daß die politischen Zuständigkeiten für die Mediamatik zwischen Bund (Telekommunikation) und
Ländern (Rundfunk) aufgeteilt sind, wodurch die notwendige Koordination
und Integration im Vergleich zu anderen Staaten noch beträchtlich kom-
plizierter wird. Das von den Alliierten nach dem zweiten Weltkrieg eingesetzte föderalistische Politikmodell für den Rundfunk[16] war als Schutz
vor zentralistischem Machtmißbrauch im Mediensektor gedacht, es gerät
im Zuge der Konvergenz von Telekommunikation und Rundfunk zunehmend unter Reformdruck.[17] In den 80er Jahren wurde für den „Grenzfall"
Bildschirmtext die Lösungsvariante eines Btx-Staatsvertrags der Länder
gewählt. Für Multimedia-Dienste soll ein anderer Weg eingeschlagen
werden. Neben den Reformen des Telekommunikationsgesetzes und des
Rundfunkstaatsvertrags wird Mitte 1996 ein eigenes „Informations- und
Kommunikationsdienste-Gesetz" (Multimedia- bzw. Teledienste-Gesetz)
ausgearbeitet, das die Entwicklungsbedingungen der „neuen" Dienste bun-
desweit einheitlich regeln soll.[18] Die Zuteilung der neuen Dienste zu den
alten Kategorien oder zu einer neu zu schaffenden – und damit die Klärung
der politischen Zuständigkeit von Bund und Ländern – ist Mitte 1996

---

13   Der verkehrspolitische Ausschuß mit Telekommunikation und der verfassungspolitische Aus-
     schuß mit Rundfunk.

14   Mitte 1996 ist eine Koordinationsvariante, jedoch keine struktuelle Lösung des Problems in
     Planung.

15   Zur Konvergenzproblematik im österreichischen KATV-Bereich siehe Latzer 1996a.

16   Für Deutschland wurde damit eine andere Lösung als in den USA selbst gewählt. Während in
     den USA Rundfunk bundesweit reguliert wird, ist die Kompetenz für Telekommunikation zwi-
     schen den Ländern (Intrastate-Regulierung) und dem Bund (Interstate-Regulierung) aufgeteilt.
     Für KATV sind neben dem Bund v.a. die kommunalen Regierungen (franchising authorities),
     aber auch die Länder zuständig.

17   Als Schritt zu einer bundesweiten Lösung wurde beispielsweise von den 16 deutschen Minister-
     präsidenten im Oktober 1995 beschlossen, daß zukünftig eine bundesweit tätige Konzentra-
     tionsermittlungskommission tätig wird (Standard, 16. Oktober 1995, S.22).

18   Siehe dazu <http://www.BMBF.de>.

noch nicht restlos geklärt.[19] Während der Bundesminister eine neue, der Wirtschaftskompetenz des Bundes unterstellte Dienste-Kategorie bevorzugt, hatten die Länder bislang die Klassifizierung als „rundfunkähnliche" Dienste präferiert und damit die Länderkompetenz betont. Als Lösung in Richtung einer bundesweiten Regelung zeichnet sich der Beschluß des vom Bund ausgearbeiteten Teledienst-Gesetzes und der Abschluß eines Staatsvertrags der Länder über Mediendienste ab.[20]

- Nicht nur auf der nationalen, auch auf der supranationalen Ebene stellen sich Koordinations- und Kompetenzprobleme, beispielsweise innerhalb der *EU-Kommission*. Hier sind im Kern zwei Generaldirektionen – GD XIII (Telekommunikation) und X (Audiovisuelle Medien) –, darüber hinaus aber auch noch vier weitere mit Mediamatik-Politik befaßt: III (Industrie), IV (Wettbewerb), V (Arbeit und Soziales) und XV (Binnenmarkt). Unter der Federführung des für die GD III und XIII zuständigen Kommissars Bangemann wurde eine Arbeitsgruppe der Kommissare zur Koordination der einschlägigen Aktivitäten eingesetzt.[21]

Durch das Zusammenspiel von Konvergenz, Liberalisierung und Globalisierung im elektronischen Kommunikationssektor kommt es schließlich auch zu wesentlichen Veränderungen des *Policy Networks* der Mediamatik, die ebenfalls in den Strategien und im politischen Entscheidungsfindungsprozeß zu berücksichtigen sind. Folgende *Trends* zeichnen sich dabei ab:

- Die Zahl der Akteure nimmt zu.
- Der Einfluß der privatwirtschaftlichen Akteure steigt an, jener der staatlichen Akteure sinkt.
- Die Bedeutung der nationalstaatlichen Institutionen nimmt ab.
- Die Bedeutung transnationaler (z.B. Konzerne) und supranationaler Akteure (z.B. EU und WTO) steigt an.

---

19 „Um das gleich vorweg zu sagen: ‚Multimedia' ist kein Rundfunk. Hier gibt es offenbar noch weitverbreitete Mißverständnisse." (Aus einem Statement des Bundesministers Dr. Rüttgers zum Multimedia-Gesetz vom 2. Mai 1996) Laut einem Rechtsgutachten von Bullinger&Mestmäcker für das Bundesministerium für Bildung, Wissenschaft, Forschung und Technologie fallen Multimedia-Dienste – die getrennt von Telekommunikation und Rundfunk zu sehen sind – in die Kompetenz des Bundes, wobei in Teilaspekten (zu „Medienaspekten") zusätzliche Länderregelungen notwendig seien. (Siehe <http://www.kp.dlr.de/BMBF/rahmen/gutachten.html>)

20 Zu den Mediendiensten (die sich als Verteil- oder Abrufdienst an eine beliebige Öffentlichkeit richten) zählen – teils mit Einschränkungen – u.a. Teleshopping, VOD, Teletex und Electronic Publishing (elektronische Zeitungen und Zeitschriften).

21 Ungeklärte Kompetenzkonflikte bestehen jedoch auch zwischen EU-Kommission und EU-Parlament, das bislang nur geringen Einfluß auf die Informationsgesellschafts-Strategie der EU hat. (Auch im EU-Parlament wird Telekommunikation und Rundfunk in getrennten Ausschüssen behandelt.)

- Die traditionellen Klassifizierungen der Akteure sind obsolet; Mehrfachzuordnungen nehmen zu (z.B. gleichzeitig Netzanbieter und Konsument aufgrund der Liberalisierung, aber auch wegen der vertikalen Marktintegration).
- Die Bedeutung der Konsumenten steigt an.

Im Telekommunikationssektor war die *Entscheidungsfindung* vor allem von der Intention geprägt, die heimische Industrie zu schützen und auf diese Weise Arbeitsplätze zu sichern. Die Konsumenteninteressen der geschäftlichen und privaten Benutzer standen im Hintergrund. Im neuen Paradigma verändern sich die Schwerpunktsetzungen zumindest teilweise. Nach wie vor steht die Förderung der Industrie und der internationalen Wettbewerbsfähigkeit im Vordergrund – sowohl die USA als auch Japan und die EU streben in der Telekommunikation die Vormachtstellung im triadischen Wettbewerb an. In Europa wird daraus die Notwendigkeit der Verschiebung von nationalen zu supranationalen Kompetenzen abgeleitet und von den EU-Mitgliedstaaten in Kauf genommen. Weiters verschiebt sich – speziell in kleinen und mittleren Ländern – der Schwerpunkt der politischen Strategie von der Förderung der Produzenten von Infrastruktur und Basisdiensten hin zu einer Stärkung der Anwender aus verschiedenen Wirtschaftsbereichen, von Applikationen auf der Basis einer effizienten Infrastruktur. Die Öffnung der Märkte, sektoral sowie international, soll die Kosten senken, die Produktvielfalt erhöhen und die Qualität zumindest aufrechterhalten. Die privaten Benutzer sollen besser in den elektronischen Markt integriert werden. Die möglichst frühzeitige Einbeziehung der Benutzer in die Dienste-Entwicklung (durch Pilotprojekte etc.) wird zunehmend als Instrument der Akzeptanzförderung aufgegriffen.

Die oben beschriebenen *Gründe* für ein verändertes Politikmodell im Kommunikationssektor lassen sich folgendermaßen zusammenfassen:
- Die traditionellen Rechtfertigungen für staatliche Eingriffe haben großteils ihre Gültigkeit verloren.
- Die zunehmend willkürliche Zuordnung von neuen elektronischen Kommunikationssystemen zu obsoleten Kategorien führt zur *willkürlichen* – nach objektiven Kriterien nicht nachvollziehbaren – wirtschaftlichen Benachteiligungen und Bevorzugungen einzelner Firmen (Dienstanbieter).
- Die Trennung von Institutionalisierung und Kompetenzverteilung im politischen System steht im Widerspruch zur Dynamik der Mediamatik und ist daher im Vergleich zur integrativen Politik ineffizient.
- Die institutionalisierte politische Entscheidungsfindung entspricht nicht dem veränderten Policy Network in der Mediamatik.

Trotz all der Veränderungen und des steigenden Problemdrucks ist die obsolete
Logik der teilsektorspezifischen Regulierung bis Mitte der 90er Jahre weltweit
weitgehend erhalten geblieben. Auf *organisatorischer* Ebene ist die Integration in
unterschiedlichem Ausmaß vollzogen,[22] auf der Ebene der Regulierungs*inhalte*
allerdings existiert sie zu diesem Zeitpunkt noch in keinem Land vollständig. Auch
die Liberalisierung und die Reorganisationen des Telekommunikations- und Rundfunksektors werden in den beiden Subsektoren des elektronischen Kommunikationssektors weitgehend getrennt voneinander abgewickelt, obwohl die Reformen durchaus inhaltliche und strukturelle Ähnlichkeiten aufweisen. Die beiden Reformpro-
zesse erfolgen speziell in Europa meist unkoordiniert, die künstliche Trennung wird
prolongiert, ein integrativer Ansatz fehlt.[23] Für diese Situation, die mit dem kognitiv bereits erfaßten Konvergenztrend nicht in Einklang zu bringen ist, gibt es eine
Reihe von *Erklärungsansätzen*:

- Die Fixierung auf Liberalisierung, Reorganisation und Privatisierung,
  deren Durchführung sich trotz prinzipieller Übereinstimmung als weitaus
  langwieriger erweist als ursprünglich geplant, läßt vorerst geringen Platz
  für die zusätzlichen Organisationsprobleme einer Integration. Die euphe-
  mistischen Marktprognosen für Multimedia-Produkte sollen die Liberalisierung vorantreiben, die als Vorraussetzung für die Entfaltung des
  Marktes gilt.

- Die *Trägheit* der Institutionen gegenüber Veränderungen, kombiniert mit
  dem Bestreben, Machtpositionen zu halten. Eine Reform würde jedoch
  machtpolitische Veränderungen nach sich ziehen, bei der es Gewinner und
  Verlierer gäbe. Erschwerend kommt hinzu, daß sich die Institutionen mitunter selbst zu reformieren haben.

- Gegen die Zusammenlegung der Regulierungsaktivitäten wird mit der
  Gefahr der *Überfrachtung* einer einzelnen Institution argumentiert. Weiters
  wird gegen die Integrationsvariante eingewendet, daß der bestehende institutionelle Pluralismus eine zu starke *Machtkonzentration* verhindern
  soll.[24]

- Telekommunikation und Rundfunk weisen zwar etliche Gemeinsamkeiten
  auf, beim Integrationsprozeß werden jedoch die *Unterschiede* erschwerend
  wirksam, etwa jene in den Entscheidungskriterien der Politik der Sekto-

---

22 In den USA, Kanada, Japan und der Schweiz sind zum Beispiel Telekommunikations- und
    Rundfunkregulierung unter der selben politischen Zuständigkeit und in einer Organisation
    zusammengefaßt. Eine Trennung existiert aber auch hier – jedoch auf einer nachgelagerten
    Ebene.

23 Zur mangelnden Berücksichtigung der Konvergenz in der EU siehe Schoof/Brown 1995.

24 Für eine Gegenüberstellung von Vor- und Nachteilen der Integration siehe Tabelle 17 in
    Abschnitt 6.4.1.

ren. So kam es im Zuge der Telekommunikationsreform zu einer stärkeren Ökonomisierung der Kriterien, während die Rundfunkpolitik traditionell von nicht-ökonomischen Kriterien dominiert wird.

Trotz dieser Umsetzungsprobleme[25] muß darüber nachgedacht werden, wie neben Liberalisierung und Globalisierung auch der Konvergenztrend im politisch-institutionellen Reformprozeß berücksichtigt werden kann. Adäquate Lösungsvarianten werden hier allgemein als „*integrativ*" bezeichnet. Sie haben die Überwindung der fein säuberlichen Trennung in Telekommunikation und Rundfunk gemeinsam und variieren im Ausmaß der Integration. Grundsätzlich unterscheide ich zwischen *organisatorisch/institutioneller* (Regulierungsinstitution, Kompetenzverteilung) und *inhaltlicher* Integration (Regulierungsprinzipien, -inhalte), wobei das höchste Maß an Integration nicht unbedingt die optimale Strategie ergibt. Die Integrationsvarianten reichen von verbesserter Koordination bis hin zur vollständigen inhaltlichen und institutionellen Vereinheitlichung und Zusammenlegung von Telekommunikations- und Rundfunkpolitik. Dafür gibt es in den einzelnen Ländern ganz unterschiedliche Ausgangsbedingungen und es zeichnen sich auch verschiedene Strategien ab.

Die Integrationsoptionen beschränken sich nicht nur auf elektronische Kommunikation. Zumindest in Teilbereichen, etwa bei der Universaldienst-Strategie und der Beschränkung der Marktkonzentration, stellt sich zudem die Frage, inwieweit die Abstimmung/Integration auch auf die Regulierung nicht-elektronischer Kommunikation ausgedehnt werden sollte.

6.2. Die Rolle des Staates in der Mediamatik

Wie bereits mehrfach betont, ist die Konvergenz im Kommunikationssektor eng mit der Liberalisierung der Telekommunikations- und Rundfunkmärkte verknüpft. Daher stellt sich vor der Konzeption eines integrativen Politikmodells die grundsätzliche Frage nach der Rolle des Staates[26] unter den veränderten Rahmenbedingungen im elektronischen Kommunikationssektor: Welche staatlichen Eingriffe in den elektronischen Kommunikationssektor sind auch in einem liberalisierten Umfeld gerechtfertigt? Bedeutet die Liberalisierung eine De-Regulierung im Sinn der

---

25   Siehe dazu auch Abschnitt 6.4.2.

26   Grundlegend wird hier davon ausgegangen, daß Staat und Markt untrennbar miteinander verbunden sind. Märkte brauchen in jedem Fall rechtliche und institutionelle Rahmenbedingungen, die vom Staat beziehungsweise von supranationalen Instanzen geschaffen werden.

Beendigung staatlicher Markteingriffe im Sektor? In diesem Fall entfiele natürlich auch die Notwendigkeit von Integrationsschritten.

Legitimierbare Markteingriffe? Bei der Beantwortung muß zwischen der *Zielvorstellung* – ein vollständig liberalisierter elektronischer Kommunikationssektor – und der *Übergangsphase* auf dem Weg dorthin unterschieden werden. Die Übergangsphase, in der sich etliche Länder bereits seit über einem Jahrzehnt befinden, ist keineswegs mit einer Abnahme des Regulierungsbedarfs verbunden. Im Gegenteil, sie verlangt, wie die bisherigen Erfahrungen im Telekommunikationssektor belegen, tendenziell nach einer *stärkeren Regulierung*.[27] Der Schwerpunkt verlagert sich aber. Damit die Chancen einer Marktöffnung auch genutzt werden können, damit es auch de facto zu mehr Wettbewerb kommt, müssen *„faire Wettbewerbsbedingungen"* geschaffen werden. Es wird also davon ausgegangen, daß die Aufhebung der Marktzutrittsbeschränkungen allein zu wenig ist, um Wettbewerb zu generieren. Regulierungen der Übergangsphase betreffen daher v.a. Auflagen für den *dominanten* nationalen Marktteilnehmer, um zu verhindern, daß dieser den Markteintritt für potentielle Konkurrenten erschwert beziehungsweise vereitelt. Der dominante Anbieter könnte beispielsweise mit einer weit unter den Kosten liegenden Preissetzung bei einzelnen Diensten weniger finanzkräftigen Unternehmen den Einstieg erschweren, den selben Effekt würde er durch die Verrechnung überhöhter Gebühren für die Mitbenutzung der Netzinfrastruktur („predatory pricing") erreichen. Die Regulierung des dominanten Anbieters legt nun fest, welche Geschäftsfelder das Unternehmen bearbeiten darf („line-of-business"-Regulierungen),[28] wobei derartige Beschränkungen oft zeitlich limitiert sind; weiters wird vorgeschrieben, unter welchen Bedingungen der dominante Anbieter den neuen Konkurrenten die Benutzung seiner Netz-Infrastruktur erlauben muß. In den USA wurde in den 80er Jahren – am Ende eines jahrelangen Antitrust-Prozesses – die Aufspaltung des dominanten Unternehmens AT&T vollzogen, in Japan ist ein derartiger Schritt für die marktbeherrschende Firma NTT seit über einem Jahrzehnt in Diskussion.[29]

Das Ende des nationalen Monopols wirft für die Länder auch Fragen auf, die bislang irrelevant waren, etwa ob und wie der *ausländische* Einfluß im elektronischen Kommunikationssektor geregelt und welche *„cross-media"*-Regulierungen zwischen diversen elektronischen und nicht-elektronischen Medien eingeführt werden sollen. In der Phase der schrittweisen Liberalisierung muß zusätzlich darauf geachtet wer-

---

27   Das Ausmaß der Regulierung ist traditionell für Telekommunikation und Rundfunk unterschiedlich, wobei sich der Telekommunikationssektor in der Regel als regulierungsintensiver erwies.

28   Nach einem Jahrzehnt strikter line-of-business-Regulierungen wurden diese in den USA im Jahr 1996 massiv reduziert (siehe US Telecommunications Act of 1996).

29   Siehe Abschnitt 3.3.

den, daß keine wettbewerbsverzerrenden *Quersubventionen* zwischen (vorläufig) ver-
bliebenen Monopolbereichen, etwa dem Sprachtelefondienst, und bereits liberalisierten Diensten stattfinden.[30]

Der Übergang zu *effektivem Wettbewerb* im elektronischen Kommunikationssektor
ist ein langfristiger Prozeß und wurde meist *zeitlich unterschätzt.* Effektiver Wettbewerb wird nicht automatisch mit der Aufhebung monopolistischer Marktzutrittsbeschränkungen erreicht. Wettbewerb kann dann als effektiv eingestuft werden,
wenn die mittels Liberalisierung angestrebten Ziele erreicht werden: größeres Angebot, niedrigere Preise, verstärkte Kundenorientierung etc.[31] Die Existenz von effektivem Wettbewerb sollte jedoch weniger an der Anzahl der Wettbewerber gemessen
werden, als vielmehr an den Marktanteilen. Zwei bis vier Wettbewerber bedeuten
noch nicht notwendigerweise effektiven Wettbewerb, da die Wahrscheinlichkeit von
Kartellabsprachen hoch ist. Aber auch über hundert Anbieter, wie es sie im amerikanischen Telefonmarkt für Ferngespräche gibt, führen nicht automatisch zu effektivem Wettbewerb. Um diesen zu sichern, bedarf es Begleitmaßnahmen, wie sie
oben skizziert wurden. Diese Maßnahmen sind zum Teil nur temporär begründbar
und verlieren danach ihre Berechtigung. Eine der neuen regulierungspolitischen
Aufgaben ist es, diesen Zeitpunkt zu bestimmen.

Andere regulatorische Maßnahmen behalten ihre Existenzberechtigung,[32] beipielsweise jene, die eine überzogene (Meinungs-)Machtkonzentration in der Mediamatik
verhindern sollen. In der Medienökonomie kann zwischen *ökonomischer* und *publizistischer* Marktkonzentration unterschieden werden, wobei sich letztere nicht nach
den Besitzverhältnissen und Marktanteilen orientiert, sondern nach den verbreiteten
Inhalten. Der gemeinsame Besitz läßt nicht unbedingt auf eine Vereinheitlichung
der publizistischen Inhalte, auf eine Reduktion der Selbständigkeit der Redaktionen
schließen.[33]

Als weitere Regulierungsaufgaben bleiben die traditionellen sozial- und regional-
politischen Ziele des *Universaldienstes* bestehen, wobei sich aber die Frage nach

---

30 Das Problem möglicher Quersubventionen stellt sich auch beim Einstieg von Elektrizitätsfirmen
    in den Telekommunikationssektor.

31 In den USA sind beispielsweise seit der Einführung von Wettbewerb im Weitverkehrs-Telefon-
    netz im Jahr 1984 die Tarife um rund 50 Prozent gesunken. Kritiker weisen jedoch darauf hin,
    daß die Preise langsamer gesunken sind als die access charges (für den Zugang von Wett-
    bewerbern zum Netz).

32 Vgl. dazu Abschnitt 6.4.3.

33 Siehe dazu Heinrich 1994, S.115ff; Rager/Weber 1992; Grisold 1994, S.20ff. Das Anwen-
    dungsproblem liegt bei der Messung der publizistischen Konzentration.

dessen Definition und Finanzierung neu stellt,[34] und auch die Inhaltsregulierung wird fortgeführt. Die Festlegung von Vergabekriterien für die *knappen Güter* Frequenzen, Nummern und Adressen stellt sich im veränderten Umfeld unter neuen Prämissen. Denn die Übergangsphase verdient diese Bezeichnung auch im Hinblick auf die Konvergenz von Telematik und Rundfunk, die eng mit der Liberalisierung der Netz-Infrastruktur zusammenhängt.

Im Rundfunksektor wurde die traditionelle staatliche Regulierung nicht nur mit der Frequenzknappheit,[35] sondern auch mit dem hohen *Beeinflussungspotential* des Mediums begründet. Die Argumentation für den Wegfall des Regulierungsbedarfs in einem liberalisierten Umfeld geht von der Annahme aus, ein durch Wettbewerb vermehrtes Angebot sowie die zumindest partiell hinzukommende Interaktivität des Rundfunks reduziere das Beeinflussungspotential des Mediums deutlich – ignoriert werden dabei freilich die neuen Konzentrationsprobleme des Medienbereichs.[36]

Die Übergangsphase ist also mit einem *verstärkten* und der effektiv liberalisierte Markt mit einem *veränderten* Regulierungsbedarf verbunden, keinesfalls jedoch mit dessen Ende. Die Notwendigkeit staatlicher Eingriffe im Sektor bleibt aufrecht. Das Ausmaß der als notwendig erachteten Regulierungen wird variieren, es wird abhängig sein vom konkret verfolgten öffentlichen Interesse der einzelnen Regierungen im elektronischen Kommunikationssektor. Zu erwarten ist insbesonders eine Variation, da v.a. sozialpolitisch motivierte Eingriffe, die den nicht-diskriminierenden, universellen Zugang zum Kommunikationssystem und die Gewährleistung des Daten- und Konsumentenschutzes der Benutzer betreffen, unbedingt notwendig sein werden.

Staat als Unternehmer? Vor allem in Europa beschränkte sich die traditionelle Rolle des Staates im elektronischen Kommunikationssektor nicht auf die Regulierung des Marktes. Der Großteil der Staaten betätigte sich auch als *Unternehmer*. Der politische Einfluß auf die Firmenpolitik der Monopolisten war dementsprechend hoch und die Unternehmensstrategie folglich nicht ausschließlich von kommunikationspolitischen Kalkülen geprägt. Verfolgt wurden vor allem auch technologiepolitische, arbeitsplatzpolitische, parteipolitische und budgetpolitische

---

34   Vgl. Abschnitt 6.6.

35   Zur Einschätzung des Argumentes der Frequenzknappheit siehe Abschnitt 2.1.

36   Siehe Hoffmann-Riem 1995.

Ziele.[37] So traten die engeren Ziele der Telekommunikationsentwicklung oft in den Hintergrund, die Telekommunikationspolitik wurde mitunter zum *Nebenprodukt*. Das Spezifikum des Telekommunikationssektors lag in der schwerpunktmäßigen Nutzung nachfrageseitiger technologiepolitischer Instrumente. Der Beschaffungspolitik der PTOs wurde zum Beispiel eine Sonderstellung eingeräumt, um nationale Technikentwicklung fördern und Arbeitsplätze sichern zu können. Das Ermöglichen des nationalen Protektionismus war notwendig, zumal die Weltmarktpreise in vielen Fällen deutlich unter dem nationalen Preisniveau lagen.[38]

Weiters war es bei den PTTs (Post-, Telegrafen- und Telefondienst in einem Unternehmen integriert) in den vergangenen Jahrzehnten üblich, das Defizit der Brief- und Paketpost[39] mit den Überschüssen des Telekommunikationsbereichs über Jahrzehnte hinweg querzusubventionieren.[40]

Die Reform des Sektors bringt in der Telekommunikation den *schrittweisen Rückzug des Staates als Unternehmer*. Vorerst erfolgt die Auslagerung der PTOs aus der öffentlichen Verwaltung (Corporatisation), dann die (teilweise bzw. schrittweise) Privatisierung.[41] Die politische Einflußnahme auf die Unternehmenspolitik der marktbeherrschenden Firmen nimmt sowohl im Telekommunikationssektor als auch im Rundfunkbereich ab. Die PTOs gehen schrittweise als Träger nationaler Technologie-, Beschäftigungs- und Budgetpolitik verloren, für das Problem des Defizits der Briefpost müssen alternative politische Lösungen gefunden werden; die Telekommunikation wird tendenziell von anderen Geschäftsbereichen entflochten.

Zeitpunkt – Geschwindigkeit. Da Markteingriffe, wie oben ausgeführt, auch im liberalisierten Mediamatik-Sektor notwendig sind, stellt sich die Aufgabe der Schaffung eines der Mediamatik adäquaten Regulierungsmodells. Die politischen Entscheidungsträger müssen den richtigen Zeitpunkt und die Geschwindigkeit der regulatorischen Reform, weiters auch die leitende Vision für das neue Politikmodell festlegen. Bezüglich der Wahl des Zeitpunkts rät sowohl die Erfahrung mit Kom-

---

37 Solange die PTOs als Teil der öffentlichen Verwaltung voll im staatlichen Haushalt integriert waren (bspw. in Österreich bis 1996), konnten mittels der Steuerung der Überschüsse der Unternehmen (durch hohe Gebühren – also auf Kosten der Kunden – und durch Steigerung des Fremdkapitalanteils – also auf Kosten des Unternehmens) Budgetlöcher gestopft werden (vgl. Latzer 1996b).

38 Zur Technologiepolitik im österreichischen Telekommunikationssektor siehe Latzer 1996b.

39 In Österreich betrug das Defizit des Brief- und Paketdienstes in der ersten Hälfte der 90er Jahre 3 bis 4 Milliarden Schilling jährlich.

40 Historisch gesehen war das nicht immer der Fall. Auch der Telekommunikationssektor war z.B. in Österreich aufgrund der hohen Investitionskosten des Infrastrukturauf- und -ausbaus nach dem 2. Weltkrieg über lange Zeit hinweg defizitär.

41 Für einen internationalen Vergleich siehe Abbildung 5 in Abschnitt 2.2.1.1.

munikationsdiensten[42] als auch die ökonomische Theorie zu einem möglichst *früh-zeitigen* Abstecken des Regulierungsrahmens. Damit soll ein bestimmtes Maß an Sicherheit für die potentiellen Investoren geschaffen werden. Dies ist durch die erheblichen irreversiblen Kosten (sunk cost) im elektronischen Kommunikationssektor gerechtfertigt, die das Risiko des Markteinstiegs erhöhen. Für eine frühzeitige Reform und gegen die Auffassung, die Entwicklung der Mediamatik benötige einen weitestgehend regulierungsfreien Raum, spricht weiters, daß es ungleich schwerer ist, Marktentwicklungen rückgängig zu machen – beispielsweise Marktkonzentrationen im nachhinein zu entflechten –, als sie gar nicht erst entstehen zu lassen.[43]

Neben dem Zeitpunkt ist auch die *Geschwindigkeit* zu beachten. Die meisten Reformen im Telekommunikationssektor wurden bisher eher evolutionär als revolutionär durchgeführt. Eine Ausnahme bildet die Reform in Neuseeland, wo ein radikaler Umbruch vollzogen wurde. Als Argument für die langsame, schrittweise Umstellung mit zeitlichen Fristen wird angeführt, daß der Industrie Zeit zur Vorbereitung auf die neue Situation gegeben werden soll. Dies war für die Liberalisierung gültig, ist es jedoch nicht für die anstehende Regulierungsreform zur adäquaten Berücksichtigung der Konvergenz. Daß es sich dabei um einen dynamischen/veränderbaren Rahmen handeln muß, wird weiter unten noch genauer ausgeführt. Gegen das Argument der unzureichenden Information in einem frühen Stadium der Entwicklung kann eingewendet werden, daß dieses Problem auch in einer späteren Entwicklungsphase bestehen bleibt[44] und das dynamische Modell nicht zuletzt deshalb periodische Reviews und dementsprechende Anpassungen vorsieht.

Vision. Die Vorgabe von Visionen hat wesentliche Implikationen für die Konzeption der Politik. Inwieweit sollen Regierungen eine *Vision* beziehungsweise *eine* konkrete Zielvorstellung zur Weiterentwicklung des Sektors vorgeben? Entscheidend scheint hier, wie konkret diese Vision ausfallen soll, inwieweit es die Aufgabe der Regierungen ist, die Zukunft vorauszusehen und folglich ein Zukunftsbild gegenüber möglichen anderen zu präferieren. Idealtypisch bieten sich zwei Positionen an:

---

42 Die Erfahrungen aus der Audiotex-Einführung können als Argument für die frühzeitige Festlegung des regulatorischen Rahmens herangezogen werden (vgl. Latzer/Thomas 1994).

43 Die hohe Marktkonzentration im österreichischen Printsektor, entstanden aufgrund medienpolitischer Versäumnisse, und die Bemühungen, eine De-Konzentration durch ein Medienvolksbegehren zu bewerkstelligen, verdeutlichen dies. Aus den Erfahrungen kann geschlossen werden, daß es in der Mediamatik nun gilt, unerwünschte (diametrale) Konzentrationen frühzeitig zu verhindern. Dafür sind Reformen bzw. Neu-Regulierungen notwendig, da dieses Problem bislang aufgrund von „line-of-business"-Regulierungen großteils nicht bestanden hat.

44 Siehe dazu die Ausführungen zu den bleibenden Prognoseschwächen im Kommunikationssektor (Abschnitt 4.1).

- Die anzustrebende Vision wird möglichst präzise vorgegeben. Es wird also eine „*staatliche Einheitsvision*" erarbeitet und festgelegt.[45] Der Industrie wird nur noch die Realisierung überlassen, wofür die bestmöglichen staatlichen Rahmenbedingungen geschaffen werden. Das hieße beispielsweise, daß die technische und organisatorische Ausformung (z.B. eines alles integrierenden Breitbandnetzes in Glasfasertechnik – siehe Japan), die Betreiber, Hauptanwendungen, der Zeitplan etc. festgelegt, und damit auch Initiativen für alternative Lösungen benachteiligt werden.
- Das Ziel der Politik ist der „*Wettbewerb von Visionen*". Die Aktivitäten beschränken sich auf die Festlegung grundlegender Leitlinien und wirtschaftlicher, sozialer und gesellschaftlicher Ziele (z.B. Kommunikationsfreiheit; internationale Wettbewerbsfähigkeit; Demokratisierung; kulturelle Identität). Der Staat konzentriert sich auf die Förderung dieses Wettbewerbs. Die Aktivitäten beschränken sich auf die Festlegung legistischer und institutioneller Rahmenbedingungen und, falls vorgesehen, auf die Streuung der Förderungen alternativer Ansätze. Die Betroffenen entscheiden letztendlich über den Erfolg von Gestaltungsalternativen.

Für die erste Variante spricht, daß die Festlegung auf eine „staatliche" Vision eine schnellere Realisierung erlaubt. Die staatliche Förderung und die wirtschaftlichen Aktivitäten sind konzentrierter, als wenn sich eine Vision erst im Wettbewerb durchsetzen muß. Darüber hinaus ist fraglich, ob sich mehrere Visionen in einem kapitalintensiven Sektor parallel zueinander realisieren ließen oder ob es nicht zu „billigen" Zwischenlösungen käme, die die Möglichkeiten der neuen Technik nicht voll ausschöpfen.

Für die zweite Variante spricht die schwere Voraussehbarkeit der Entwicklung, das unsichere Akzeptanzverhalten. Weiters ist zu beachten, daß ein Fehlschlag einer staatlichen Einheitsvision ein weitaus höheres finanzielles Risiko birgt, als Flops von anfänglich kleiner dimensionierten privatwirtschaftlichen Initiativen.

Eine vergleichende Analyse der Aktivitäten der Triade USA, Japan, EU bezüglich Nationale Informationsinfrastruktur (NII) zeigt, daß Mischformen in der Politik anzutreffen sind. Deutlich ist, daß Japan im Vergleich zu den USA und der EU die konkretesten Vorgaben für die Gestaltung des Mediamatik-Sektors macht, also dem Markt und damit auch der Entscheidung der Konsumenten den geringsten Spielraum läßt.[46] Die Wahl der Strategie ist natürlich eng mit der politisch-ökonomischen

---

45 Dabei ist zu berücksichtigen, daß ein Teil der privatwirtschaftlichen Akteure natürlich in den staatlichen Auswahlprozeß miteingebunden ist.

46 Siehe Abschnitt 3.3.

Kultur eines Landes verbunden. In Europa hat vor allem Frankreich eine starke staatsinterventionistische, merkantilistische Tradition im Telekommunikations-Sektor. Im Fall des „Telematik Progammes" war diese Strategie erfolgreich, wie das Beispiel Télétel belegt.[47]

Zur zentralen Fragestellung im Mediamatik-Sektor gehört nicht nur, ob nun der Markt oder der Staat die Entwicklung prägt, sondern auch wie eine bessere *Kontrolle von Markt und Staat durch die Öffentlichkeit* stattfinden könnte. Im alten Paradigma mangelte es, auch wenn die nationalen Unterschiede beträchtlich waren, überall an öffentlicher Diskussion, die Entscheidungsfindung fand, wegen der spezifischen Konstellation der Akteure weitgehend in geschlossenen Kreisen statt und war dementsprechend intransparent (wobei dies mehr auf Europa und Japan als auf die USA zutrifft). Im neuen Paradigma ist die Rolle des Marktes gestärkt, die Kontrolle durch die Öffentlichkeit jedoch noch ungeklärt. Aus demokratiepolitischer Sicht stellt sich die Frage nach der Kontrollfunktion der neuen und traditionellen Medien, die Frage nach deren Gatekeeping-Funktion. Eines der Probleme in der Formulierung der integrativen Kommunikationspolitik ist, daß Politiker mittels Medienpolitik ihre Kontrollierbarkeit durch die Öffentlichkeit mitbestimmen.

6.3. Zentrale Komponenten des integrativen Politikmodells

Für die Regulierung des Mediamatik-Sektors bietet sich einerseits die Übernahme und Erweiterung eines der drei traditionellen Modelle an, andererseits der Entwurf eines neuen Modells. Während v.a. die einfachere Realisierung, die politische Pragmatik also, für die Übernahme und Erweiterung spricht, könnte mit der *Neukonzeption* dem Umstand Rechnung getragen werden, daß die Mediamatik nicht bloß als Summe von Telekommunikation und Rundfunk zu verstehen ist, sondern auch eine qualitativ neue Kommunikationsstruktur, eine neue Dimension der Kommunikation und damit der gesellschaftlichen/sozialen Interaktion geschaffen wird.

Die Variante der Schaffung eines *zusätzlichen „Kapitels"*[48] (oder Gesetzes) für konvergierende Dienste kann als Zwischenlösung auf dem Weg zu einem neuen integra-

---

47 Télétel ist der Markenname des französischen Videotex-Systems. Zur Analyse des französischen Telematik-Programms siehe Humphreys 1990.

48 In den USA wurde die Option der gesonderten Regulierung von konvergierenden Diensten unter dem Schlagwort „Chapter 7" diskutiert und wieder fallen gelassen.

tiven Modell gesehen werden. Sie dient der Überbrückung von Rechtsunsicherheiten
bis zur Einigung auf ein neues Modell und soll die ungestörte Weiterentwicklung
der neuen Dienste gewährleisten. Wie alle Zwischenlösungen hat sie den Vorteil,
rasch realisierbar zu sein, jedoch auch die Nachteile der höheren Gesamtkosten der
Reform und der Verzögerung der integrativen Lösung.

In den einzelnen Staaten werden meist Kombinationen beider Strategien verfolgt.
Während zum Beispiel in den USA mit dem Telecommunications Act of 1996 ein
Schritt zu einer integrativen Lösung für Telekommunikation und Rundfunk gegan-
gen wurde, weisen die aktuellen österreichischen und deutschen Initiativen eher auf
die Fortsetzung und Festigung der zunehmend künstlichen Trennung.[49] Die Argumentation für die Strategie der fortgeführten „Reparatur" obsoleter Gesetze – mangels Wissen über die zukünftige Entwicklung neuer Dienste sei es noch zu früh für
eigene Gesetze – ist angesichts der anhaltenden Prognoseschwächen[50] nicht stich-
haltig. Die strategische Antwort darauf sollte vielmehr ein flexibles, „dynamisches"
Regulierungsmodell[51] sein, wie es weiter unten skizziert wird.

Die nachfolgenden Überlegungen konzentrieren sich auf ein neukonzipiertes, integratives Politikmodell. Einige zentrale Komponenten des Modells sind in Tabelle
15 zusammengefaßt und werden anschließend erläutert.

Tabelle 15:   Komponenten einer integrativen Mediamatik-Politik

Dynamisches Modell:	• flexibel, technikneutral, erweiterbar (nicht-elektronische Medien) • periodischer Review-Prozeß
Orientierungsrichtlinien:	• Beendigung der Sonderstellung (politisch und ökonomisch; in Richtung branchenübergreifend) • adäquate Berücksichtigung der Globalisierung (in Richtung supranationaler Lösungen)
Zentrale Zielsetzungen:	• hierarchisches Dreiebenenmodell
Steuerungsprinzip:	• Wettbewerb

Dynamisches Politikmodell. Ein Modell ist dynamisch, wenn es den jeweils
neuen Rahmenbedingungen und Anforderungen angepaßt werden kann und derartige

---

49   In Deutschland wird Mitte 1996 ein „Informations- und Kommunikationsdienste-Gesetz" des
      Bundes (siehe dazu <http://www.bmbf.de>) und ein Staatsvertrag der Länder über Medien-
      dienste ausgearbeitet; in Österreich ist Mitte 1996 die Einrichtung einer eigenen Regionalradio-
      und Kabelrundfunkbehörde beim Bundeskanzleramt und – getrennt davon – die Reorganisation
      der Fernmeldebehörde beim Verkehrsministerium in Planung.

50   Siehe dazu Abschnitt 4.1.

51   Wobei die Regulierungen v.a. der Sicherung von fairen Marktbedingungen, dem Schutz vor
      unerwünschter Marktkonzentration und der Erreichung integrativer Universaldienst-Ziele
      dienen (siehe Abschnitt 6.6).

Veränderungen bereits in der Konzeption vorgesehen sind. Die Entwicklungen im Kommunikationssektor verlangen v.a. aus folgenden Gründen nach einem dynamischen Politikansatz:

- Im Zentrum des Modells steht zwar die Politik des elektronischen Kommunikationssektors, es soll jedoch die Möglichkeit bieten, auch *nicht-elektronische* Medien zu integrieren. Die Mediamatik-Politik ist daher als erweiterbarer Rahmen für den gesamten Kommunikationssektor zu konzipieren. Abstimmungsbedarf besteht beispielsweise bei der Universaldienst-Strategie, der Inhalts- und Konzentrationsregulierung für elektronische und nicht-elektronische Dienste.

- Für das dynamische Konzept spricht auch, daß der Konvergenzprozeß noch nicht abgeschlossen ist, daß inhärente Prognoseprobleme die zukünftige Problemlage nur beschränkt vorhersehbar machen und unterschiedliche technologische Entwicklungspfade auch nach verschiedenen Regulierungen verlangen.

Das dynamische Modell setzt eine *Flexibilität* voraus, die durch eine technikzentrierte Gesetzgebung, wie sie bisher in der Telekommunikation üblich war, nicht gewährleistet ist. Die Regulierung muß *technikneutral* sein, darf also keine Entwicklungsoption (Technikwahl) mittels technischer Spezifikationen bevorzugen. Im Zentrum haben Funktionalität und gesellschaftliche Auswirkungen zu stehen.

Die Institutionalisierung eines periodischen *Review-Prozesses* dient der Überprüfung der Rechtfertigungen des Politikansatzes und der gewählten Detaillösungen. Damit sollen weniger spezifische Einzelbestimmungen überprüft werden, als vielmehr grundsätzliche Zielrichtungen: ob und mit welchen Schritten das öffentliche Interesse im elektronischen Kommunikationssektor durchgesetzt wird. Review-Prozesse existieren sowohl im Telekommunikations- als auch im Rundfunksektor. Zum Beispiel wird in Großbritannien der öffentliche Rundfunk in Fünfjahresperioden einer Überprüfung unterzogen.[52] Im Telekommunikationssektor hatten die Review-Prozesse bisher meist Ad-hoc-Charakter. Mit dem US Telecommunications Act of 1996 wurde nun ein Review institutionalisiert, der alle zwei Jahre stattzufinden hat. Beginnend im Jahr 1998 soll periodisch geprüft werden, ob die Regulierungen aufgrund veränderter Wettbewerbsbedingungen noch sinnvoll sind.[53] Für periodische Überprüfungen spricht auch die Erfahrung, daß sich die hauptsächliche Verwendung und damit die gesellschaftliche Bedeutung von Diensten im Laufe des Lebenszyklus oft grundlegend verändert, etwa durch die Diffusion alternativer

---

52   Siehe British Broadcasting Corporation BBC (1992).
53   Siehe US Telecommunications Act of 1996, SEC. 402.

Angebote. Dementsprechend sollten auch die regulatorischen Begleitmaßnahmen angepaßt werden.

Orientierungsrichtlinien. Bei der Konzeption des integrativen Politikansatzes für die Mediamatik sind zwei generelle Orientierungsrichtlinien zu berücksichtigen, die sich in der gegenwärtigen Entwicklung als Trend abzeichnen:

- *Beendigung der Sonderstellung* der elektronischen Kommunikationssektoren. Traditionell wurden sowohl dem Telekommunikations- als auch dem Rundfunksektor eine Sonderstellung im Markt eingeräumt: durch umfangreiche Markteingriffe, eine Monopolregulierung, durch starken (partei)politischen Einfluß, nationalen Protektionismus bei Geräte- und Inhaltsproduktion, durch Ausnahmebestimmungen in den öffentlichen Beschaffungsrichtlinien und im Steuersystem. Die Reform weist in Richtung „Normalisierung" des elektronischen Kommunikationsmarktes. Die Beseitigung des Sonderstatus wird schrittweise vollzogen. Die EU ist z.B. bestrebt, möglichst viel allgemeines EU-Recht auf den Telekommunikations- und Rundfunksektor anzuwenden. Bei Fortführung dieses Trends verringert sich die Notwendigkeit sektorspezifischer Regulierungen, die Aufgaben werden in sektorübergreifende Institutionen verlagert. Das schafft auch die Möglichkeit, elektronische Kommunikation gemeinsam mit anderen Infrastruktursektoren einheitlich zu regulieren. Speziell für die Übergangsphase zum Wettbewerb wird aber meist noch eine Sonderbehandlung des Kommunikationssektors als notwendig erachtet.
- Berücksichtigung des *Globalisierungsprozesses,* der zunehmenden Bedeutung *supranationaler* im Vergleich zur nationalstaatlichen Politik. Supranational soll hier – in Erweiterung und im Unterschied zu international und transnational[54] – ausdrücken, daß auch die Rechtsschaffung (Gesetzgebung) und Sanktionierung von der nationalstaatlichen auf eine übergeordnete Ebene verlagert wird. Das trifft natürlich im verstärkten Ausmaß für die EU-Mitgliedstaaten zu, aber auch für die restlichen europäischen Länder, sei es, daß sie die Verbindung zur EU stärken wollen, wie die osteuropäischen Länder, oder sich, wie Norwegen und Island, durch den EWR-Vertrag (Europäischer Wirtschaftsraum) an EU-Richtlinien gebunden haben. Auch bei anderen Handelsabkommen, beispielsweise dem NAFTA zwischen den USA, Kanada und Mexiko, stellen sich vergleichbare Probleme der Harmonisierung. Überhaupt ist die Notwendigkeit internationaler Politik-Harmonisierung ungleich höher als im traditionellen System. Die Sektoren sind liberalisiert, die Akteure und deren trans-

---

54   Der transnationalen Politik fehlt gemäß dieser Unterscheidung die gesetzgebende Kraft. Zur transnationalen Politik zählt demnach die Unternehmenspolitik multinationaler Konzerne.

nationales Angebot steigen an. Unterschiedliche nationalstaatliche Regulierungen führen zu Konflikten; zu entscheiden, welche der nationalen Bestimmungen nun Gültigkeit hat, erfordert verstärkte Kontroll-, Schlichtungs- und Regulierungsaktivitäten auf der supranationalen Ebene. Die Problemstellung ist bereits vom Rundfunk (grenzüberschreitendes Fernsehen) und von der Telekommunikation (grenzüberschreitender Datenfluß) her bekannt. Gelten im Fall von Satelliten-TV die Regulierungen des Landes aus dem gesendet, oder in dem empfangen wird? Welche Datenschutzbestimmungen sind bei grenzüberschreitendem Datenfluß (etwa bei Daten über Arbeitnehmer) anzuwenden? Durch die Fülle neuer Dienste und die Auflösung der Dichotomie in Individual-& Massenkommunikation und Sender & Empfänger erhalten die Fragestellungen ungleich höhere Brisanz.

Zentrale Zielsetzungen. Staatliche Regulierung wird meist mit öffentlichem Interesse und daraus abgeleiteten kollektiven Zielen gerechtfertigt.[55] Während im Telekommunikationssektor meist wirtschaftliche Ziele, etwa die internationale Wettbewerbsfähigkeit, die politischen Kalküle dominieren, sind es im Rundfunksektor soziokulturelle und politische Aspekte, zum Beispiel kulturelle Identität, Vielfalt, Bildung und Meinungsbildung. In der Konzeption eines integrativen Politikkonzeptes für den Mediamatik-Sektor stellt sich die Aufgabe, einheitliche prioritäre Zielsetzungen festzulegen, aus denen sich konkrete Regulierungen und Strategien ableiten und von den Bürgerinnen und Bürgern auch einfordern lassen. Als Option wird nachfolgend ein *hierarchisches Dreiebenenmodell* (siehe Abbildung 25) vorgestellt, das sich entsprechend der spezifischen nationalen Rahmenbedingungen verfeinern läßt.

In der Diskussion um gemeinsame Ziele der integrativen Mediamatik-Politik ist v.a. umstritten, ob ökonomische oder soziale/politische Ziele höchste Priorität haben sollen. Als Kompromißlösung bietet sich die weit definierte *Kommunikationsfreiheit* als oberstes Ziel an, die ökonomische und soziale/politische Ziele miteinander vereint.[56]

Kommunikationsfreiheit ist als Freiheit jeder Bürgerin und jedes Bürgers in ihrer/seiner privaten, geschäftlichen und öffentlichen Kommunikation zu verstehen, ohne Beeinträchtigung des Sendens und des Empfangens. Sie beinhaltet nicht nur das klassische Recht auf freie Meinungsäußerung (freedom of expression and speech), sondern auch das Recht potentieller Dienstanbieter, die Telekommunikati-

---

55   Zu Zielsetzungen und Marktversagen siehe Abschnitt 1.3. und 2.1.

56   Vgl. Rathenau 1995.

onsinfrastruktur für ihre Zwecke zu nutzen. In der notwendigen Präzisierung der
Zielsetzung lassen sich verschiedene, kulturell geprägte Akzente setzen.

Abbildung 25:   Zielhierarchie als Basis der integrativen Mediamatik-Politik

Die Wahl der Kommunikationsfreiheit als oberstes Ziel ist nicht nur als Kompromiß, als kleinster gemeinsamer Nenner zwischen den politischen Zielen von Telekommunikation und Rundfunk zu sehen.[57] Bedeutender erscheint, daß es mit dieser
Zielstellung auch gelingt, das qualitativ Neue des durch Konvergenz entstehenden
Mediamatik-Sektors zu erfassen. So kann unter Berufung auf diese Zielsetzung z.B.
der zentralen Befürchtung einer neuen Elitenbildung (Unterteilung in jene, die
Zugang zum elektronischen Raum haben, und jene, die ausgeschlossen bleiben)
entgegengewirkt werden. Die aktuelle Telekommunikationspolitik konzentriert sich
auf die Errichtung von Information Highways und setzt sich somit der Kritik aus,
die soziokulturelle Komponente des Wandels zu vernachlässigen. Mit der expliziten
Festlegung der Kommunikationsfreiheit als oberstes Ziel wird die Schwerpunktsetzung speziell um diese Aspekte erweitert. Auch die alternative Nutzung von elektronischen und nicht-elektronischen Kommunikationstechnologien im gesellschaftlichen Kommunikationsprozeß läßt sich unter dem Gesichtspunkt der Kommunikationsfreiheit besser analysieren und evaluieren. Kommunikationsfreiheit bietet
somit einen gemeinsamen Bewertungsmaßstab für sämtliche Kommunikationstechnologien. Schlußendlich ist sie bereits in vielen nationalen Rechtssystemen
verankert – wenn auch in unterschiedlicher Ausprägung – und bildet einen Eckpfeiler demokratischer politischer Systeme.[58] Sie hatte im traditionellen Regulierungsregime elektronischer Medien einen geringeren Stellenwert als im Printbereich. Ihre
Aufwertung tritt der Befürchtung entgegen, ja sie kehrt geradezu den Trend um, daß
mit zunehmender Elektronisierung der gesamten Medienlandschaft der Schutz der

---

57   Kommunikationsfreiheit kann als traditionelles Ziel des Printsektors gesehen werden, welches
     sich schrittweise auf den Rundfunk- und Telekommunikationssektor ausweitet.

58   Vgl. Rathenau 1995, S.6.

Kommunikationsfreiheit insgesamt verloren gehe.[59] Diese Befürchtung ist umstritten, schließlich steht mit den neuen Kommunikations-Diensten den strikten Regulierungen des elektronischen Kommunikationssektors, speziell der Zensur, die Stärkung der Rolle des Nutzers bei der Auswahl der Inhalte gegenüber. Die Freiheit der Kommunikation, die Kontrolle über den Informationsfluß, steigt so gesehen mit der Verbreitung interaktiver elektronischer Medien für den Konsumenten an.[60]

Meinungs- bzw. Kommunikationsfreiheit entsteht nicht durch die Absenz staatlicher Eingriffe, sie ist vielmehr das Produkt staatlicher Interventionen. Ginsberg unterstreicht in diesem Zusammenhang die Errichtung des „Marktplatzes der Ideen" als bedeutendes Erreignis in der modernen westlichen Geschichte.[61] Pool zeigt die unterschiedlichen staatlichen Strategien zur Erreichung von Kommunikationsfreiheit: im Printsektor werden staatliche Eingriffe minimiert, um die Freiheit der Verbreitungsmöglichkeiten zu gewährleisten; im Telekommunikationssektor werden die Betreiber verpflichtet, alle Konsumenten gleich zu behandeln, um Kommunikationsfreiheit zu sichern.[62] Auch in der Mediamatik bedarf es staatlicher und supranationaler Interventionen in Richtung Kommunikationsfreiheit. Das geschieht in den 90er Jahren in Form einer Kombination aus traditionellen Mustern, nämlich der Öffnung der Verbreitungsmöglichkeiten mittels Liberalisierung und der gezielten Regulierung zur Stärkung der Freiheiten der Konsumenten.

Tabelle 16:   Optionen der Operationalisierung/Konkretisierung der Kommunikationsfreiheit (Auswahl)

• Sicherung von Vielfalt und Pluralität
• Minimierung der Zensur
• Erreichung von Universaldienst-Zielen
• Verstärkte Kontrolle des Kommunikationsprozesses durch den Konsumenten (z.B. Wahl zwischen Distributionswegen, Diensten und Endeinrichtungen getrennt voneinander)
• Offener Zugang zur Kommunikations-Infrastruktur
• Vermeidung des technologischen lock-in

Für die Ableitung konkreter Regulierungsmaßnahmen bedarf das Ziel der Kommunikationsfreiheit einer *Operationalisierung*. Als primärer Ansatzpunkt für die Regulierung bietet sich die (Interessens-)Position und Rolle des Benutzers an. Das ist insofern vertretbar, als durch die Liberalisierung auch die Anbieter von Diensten und Netzen selbst vermehrt zum Nutzer anderer Dienste und Netze werden. Einige

---

59   Vgl. Pool 1983.
60   Vgl. McQuail 1994.
61   Siehe Ginsberg 1986, S.86ff.
62   Vgl. Pool 1983, S.108. Die strikte Gleichbehandlung der Konsumenten wird bspw. bereits durch die Praxis der unterschiedlichen Tarifgestaltung für Großkunden unterlaufen.

Optionen der Konkretisierung der Kommunikationsfreiheit sind in Tabelle 16 zusammengefaßt. Die nationalen Präferenzen werden auch hier zu unterschiedlichen Schwerpunktsetzungen führen.

Kommunikationsfreiheit bildet die oberste Ebene einer *Zielhierarchie* und hat im Fall von Zielkonflikten auf der zweiten oder dritten Ebene auch höchste Priorität. Für die *zweite Ebene* bieten sich gleichrangig allgemeine ökonomische, soziale, kulturelle und politische Zielsetzungen an: Wettbewerbsfähigkeit; soziale Ausgewogenheit; kulturelle Identität und Minderheitenschutz; Vielfalt und Demokratisierung etc.

Auf der *dritten Ebene* folgen schließlich sektorspezifische Zielsetzungen, die mit Hilfe von Kommunikationstechnologien angestrebt werden sollen: im Bildungs-, Gesundheits-, Transport-, Kultur- und Produktionsbereich, in der öffentlichen Verwaltung etc. Konkrete Ziele sind beispielsweise die Senkung der administrativen Kosten im Gesundheitsbereich und Vereinfachungen und mehr Transparenz in der öffentlichen Verwaltung.

Steuerungsprinzip. Als dritte zentrale Komponente eines integrativen Politikmodells für die Mediamatik löst Wettbewerb die traditionell weitgehenden staatlichen Interventionen als dominantes Steuerungsprinzip im Sektor ab. Das heißt, daß die Entwicklung der Mediamatik – sofern keine öffentlichen Interessen dagegen sprechen – durch die Marktkräfte gesteuert wird und Markteingriffe des Staates die Ausnahme bilden. Damit vollzieht sich eine „Normalisierung" des Kommunikationssektors, es wird ein weiterer Schritt in Richtung Beendigung der Sonderstellung gesetzt.

6.4. Institutionalisierung und Kompetenzverteilung

6.4.1. Optionen der Integration

Für die nationale Politikformulierung im Kommunikationssektor, bei der Frage nach der adäquaten Institutionalisierung und Kompetenzverteilung, bieten sich eine Reihe von Verzweigungen an, die in Abbildung 26 schematisch dargestellt sind.

Abbildung 26: Nationale Mediamatik-Politik: Verzweigungen/Optionen für die
Institutionalisierung und Kompetenzverteilung

RF   Rundfunk
TK   Telekommunikation

Entsprechend der Leitlinie „Beendigung der Sonderstellung des elektronischen Kommunikationssektors", stellt sich vorerst die Frage, ob eine explizite Regulierung des elektronischen Kommunikationssektors erwünscht und notwendig ist, ob nicht die *allgemeine Regierungspolitik* (Wettbewerbspolitik, Regional- und Sozialpolitik, Konsumentschutz, etc.) ausreicht, folglich keine separate Regulierungsstruktur für elektronische Kommunikation aufrecht erhalten werden muß. Damit werden sozial- und regionalpolitische Ziele des elektronischen Kommunikationssektors nicht notwendigerweise aufgegeben. Eine Option ist die Verlagerung in beziehungsweise die Schaffung von *Regulierungs-Dachinstitutionen*, die quer über alle relevanten Wirtschaftssektoren für die Sozial- und Regionalpolitik, zumindest jedoch für sämtliche Infrastrukturbereiche zuständig sind.[63]

Wird für eine explizite Regulierung des Kommunikationssektors votiert, folgt die Entscheidung zwischen der Weiterführung von getrennten Institutionen für Telekommunikation und Rundfunk und einer integrierten Lösung. Die Integration kann *sektorübergreifend* oder *sektoral* auf die Kommunikation beschränkt erfolgen. Weiters bietet sich in der Variante der sektoralen Integration noch die Wahl zwischen einer Integration, die sich auf Rundfunk und Telekommunikation beschränkt, und

---

63   Zu klären ist, welche Institution in diesem Modell für den Schutz der Meinungsvielfalt zuständig
ist.

einer weiterführenden Integration, die auch den Printbereich inkludiert. Schließlich eröffnen sich im Szenario der transsektoralen Integration nochmals zwei Alternativen: die Zusammenfassung der Kompetenzen für Informations- und Kommunikationsangelegenheiten quer durch die Sektoren, oder die Bündelung der Regulierung von Infrastrukturbereichen, die neben der Kommunikation auch den Verkehr und das Energiewesen umfaßt.

Historisch gesehen haben sich weltweit verschiedene Modelle herausgebildet, es überwiegt jedoch das Muster der *getrennten Regulierungsinstitutionen* für Telekommunikation und Rundfunk. Die Zuständigkeit für KATV variiert von Land zu Land. In einigen Staaten wird KATV von der Telekommunikations-, in anderen von der Rundfunkbehörde oder aber von eigenständigen Institutionen reguliert, wie beispielsweise in Schweden. Eine weitere Aufteilung der Aufgaben existiert mitunter innerhalb des Rundfunksektors. So ist in Großbritannien die Independent Television Commission (ITC) für kommerziellen, nicht aber für den öffentlichen Rundfunk zuständig. Hierfür zeichnet das Department of National Heritage (DNH) verantwortlich. Die Lizenzen für nationale und regionale Radiosender werden in Großbritannien von der Radio Authority vergeben. Zu Überschneidungen zwischen Telekommunikation und Rundfunk kommt es aber insofern, als OFTEL auch für die Regulierung der Übertragungssysteme der Rundfunkanstalten und für KATV-Systeme zuständig ist, falls diese sowohl Rundfunk- als auch Telekommunikations-Dienste anbieten. Die USA und Kanada bilden mit organisatorisch integrierten Regulierungs-Kommissionen (Kanada: CRTC, USA: FCC) im elektronischen Kommunikationssektor eine Ausnahme,[64] die Zielsetzungen und die Regulierungsregimes für die beiden Teilbereiche differieren aber auch in diesen Ländern. In Japan ist die Telekommunikations- und Rundfunkregulierung zwar in getrennten Organisationseinheiten angesiedelt, jedoch sind beide Teil des Post- und Telekommunikationsministeriums (MPT). In der Schweiz sind Telekommunikations- und Rundfunkregulierung ebenfalls institutionell zusammengefaßt. Das Bundesamt für Kommunikation (BAKOM) ist Teil des Eidgenössischen Verkehrs- und Energiedepartements, im Unterschied zur CRTC und FCC jedoch nicht unabhängig.[65] Auch in einigen Entwicklungsländern sind Telekommunikations- und Rundfunkregulierung organisatorisch zusammengefaßt.

---

64   Während Rundfunk in den USA Bundesangelegenheit ist, sind die Kompetenzen im Fall der Telekommunikation zwischen Bund (interstate) und Ländern (intrastate) aufgeteilt, bei KATV zwischen Bund, Ländern und Kommunen.

65   Spätestens 1998 soll in der Schweiz eine fünfköpfige, unabhängige Regulierungskommission eingesetzt werden, der das BAKOM unterstellt wird (vgl. Facts, Nr.8, Juli 1996).

Integrations- und Abstimmungsbedarf besteht aufgrund des Konvergenztrends jedoch auch in Staaten mit institutionell integrierten Regulierungsinstitutionen, beispielsweise in den USA.[66] Einerseits ist die Kommunikationspolitik innerhalb der FCC auf drei Organisationseinheiten verteilt: auf das Common Carrier Bureau (Telekommunikation, Datenkommunikation), das Mass Media Bureau (Rundfunk) und das 1994 hinzugekommene Cable Bureau (KATV). Andererseits sind die Kompetenzen für diese drei Bereiche unterschiedlich zwischen Bundes-, Landes- und kommunaler Ebene verteilt, wobei einzig im Fall des KATV den kommunalen Regierungen (franchising authority) eine zentrale Rolle zukommt. Der Konvergenztrend, im speziellen die integrierte Breitbandnetze, verlangen nach einer kommunikationspolitischen Reform, deren Varianten von der besseren Abgrenzung und Abstimmung der verteilten Kompetenzen bis hin zu deren Zusammenlegung auf Bundesebene reichen. Eine strukturell ähnliche Problematik stellt sich etwa bei der Verteilung von Regulierungskompetenzen zwischen den EU-Gremien und den Regulierungsorganisationen der Mitgliedsländer.[67]

Für die Entscheidung über eine institutionell/organisatorische Reform der Regulierung des Kommunikationssektors sind die in Tabelle 17 zusammengefaßten *Vor- und Nachteile der Integration* grundlegend abzuwägen. Den Synergieeffekten einer organisatorischen Integration, der damit verbundenen Reduktion von Kosten der Grenzziehungen und der Verbesserung der Ausgangsbedingungen des Interessenausgleichs mit anderen Sparten stehen die Nachteile der hohen Umstellungskosten, die Gefahr der Machtkonzentration und der Überfrachtung einer einzelnen Institution durch unterschiedlichste Aufgaben gegenüber, sodaß die Wahl ein trade-off ist. Die Entscheidung für ein Reformmodell wird in erster Linie von den Besonderheiten des jeweiligen politischen Systems abhängen, von der politischen Kultur und von den unterschiedlichen institutionellen Ausgangsbedingungen im Kommunikationssektor. Es läßt sich jedoch in jedem Fall argumentieren, daß der Konvergenztrend ein gewichtiges Argument in Richtung Integration ist, die bisher keineswegs selbstverständliche Koordination der politischen Strategien und Regulierungen in den klassischen Kommunikations-Subsektoren kann als Mindestanforderung postuliert werden.

---

66   Vgl. Baldwin/McVoy/Steinfield 1996, S.302, 341ff.
67   Siehe dazu Abschnitt 6.5.

Tabelle 17:   Vor- und Nachteile der institutionell/organisatorischen Integration der
               Mediamatik-Regulierung

Vorteile	Nachteile
Synergieeffekte (speziell, da es zunehmend gleich-artige/überlappende Regulierungsaufgaben gibt)	Kosten der Zusammenlegung und Umstellung
Beseitigung negativer externer Effekte der Grenz-ziehungen und der Konkurrenz um Einflußbereiche	Überfrachtung der Institution (aufgrund unterschiedlichster Auf-gaben/Managementanforderungen)
Stärkung der Anreize für kooperatives Verhalten	Machtkonzentration
Reduktion der Abstimmungsprobleme	
Verbesserung der Ausgangsbedingungen für Inter-essensausgleich mit anderen Sparten	

Nachfolgend werden weitere Optionen der Institutionalisierung und Politikformulie-rung im wesentlichen anhand der Variante der gemeinsamen Regulierung von Tele-kommunikation und Rundfunk erläutert. Es lassen sich jedoch auch durchaus Argumente für eine weiterführende Integration, nämlich mit der Regulierung der *nicht-elektronischen Kommunikationsmärkte* Briefpost und Printmedien anführen. In diesem Fall sind die grundlegenden Inhalts- und Konzentrationsregulierungen mit der elektronischen Kommunikation abzustimmen. Andererseits bedarf es wegen der Verschiebungen im sich neu formierenden gesamtgesellschaftlichen Kommunikati-onssystem einer Überprüfung der staatlichen Auflagen (Universaldienst) und der Förderungspolitik (Presseförderung). Die direkte (Subventionen) und indirekte (Steuerentlastung) *Presseförderung*, traditionell gerechtfertigt mit den Zielen der Erhaltung oder Förderung von Vielfalt, der Begrenzung des ausländischen Medien-kapitals und der Diffusionsförderung (unter der Annahme, daß die Subventionen über niedrigere Preise auch für Konsumenten wirksam werden), ist aufgrund des neuen Medienmixes – den Verschiebungen im Medienkonsum – im Sinne einer integrativen Kommunikationspolitik neu zu überdenken. Das betrifft sowohl die Rechtfertigung der ungleichen Subventionspraxis für verschiedene Kommunikati-onsdienste als auch deren Finanzierung, die in den einzelnen Ländern unterschiedlich geregelt ist.[68]

6.4.2. Gestaltungsoptionen

Ausgehend von einem weiten Regulierungsbegriff läßt sich feststellen, daß nicht nur die direkten (Marktzutrittsbegrenzungen etc.) und indirekten (steuerlichen etc.)

---

68   Die Finanzierung kann aus dem Budget kommen, aus den Werbeeinnahmen des Printbereichs
      oder aber aus anderen Mediensektoren, beispielsweise dem Rundfunksektor. (Zur Diskussion
      der Presseförderung siehe Grisold 1994, S.155ff)

staatlichen Eingriffe, sondern v.a. auch die spezifische *Institutionalisierung*, das Design der Institutionen inklusive der Wechselwirkungen zwischen den staatlichen Institutionen die Entwickung des Sektors beeinflussen. Die Effizienz der Regulierungsstruktur wird zum internationalen Wettbewerbsfaktor, wobei die nationalen Regulierungsinstitutionen für die Telekommunikationssektoren v.a. in folgenden Punkten variieren:

- im Grad der *Unabhängigkeit*
- im *Aufgabenbereich* bzw. in der Aufgabenteilung mit anderen Institutionen.[69]

Als weitere Gestaltungsvariable einer integrativen Regulierungsinstitution bieten sich daneben noch das Maß an Transparenz und die Form der Finanzierung an. Die in Tabelle 18 zusammengefaßten Ansatzpunkte für die Gestaltung integrativer Regulierungsinstitutionen werden anschließend kurz erläutert.

Tabelle 18:   Variable in der Gestaltung einer integrativen Regulierungsinstitution für die Mediamatik

	Ansatz/Optionen
Unabhängigkeit:	Rechtsstatus Personalpolitik (Dauer der Verträge)
Transparenz:	Arbeitsmethoden (Publikationen, Hearings, Beratungs-gremien, Begutachtungsverfahren, Expertenbefragungen)
Finanzierung:	Staat; Industrie; Konsumenten
Aufgabenbereiche:	Vollzug; Kontrolle; Beschwerdestelle

Unabhängigkeit. Die Unabhängigkeit mißt sich am Ausmaß der Autonomie der Institution im täglichen *Vollzug* der Regulierungspolitik. Die gesetzlichen Rahmenbedingungen, Leitlinien, Zielsetzungen und der Handlungsspielraum werden von der Politik vorgegeben. Unabhängige Regulierungsinstitutionen implizieren aufgrund dieser Arbeitsteilung keineswegs, daß sich die Politik der Verantwortung entledigt. Wesentliche Einflußfaktoren für den Grad an Unabhängigkeit sind der gewählte *Rechtsstatus* (zum Beispiel Teil eines Ministeriums, eine Gesellschaft mit beschränkter Haftung oder autonome öffentliche Institution wie in den USA und Großbritannien), der *Rekrutierungsmechanismus* (durch Ministerium, Präsident oder Parlament) und die *Handlungsfreiheit*.[70] Weite Handlungsfreiheit für die Regulierungsinstitution – mit dem Ziel der Gewährleistung der notwendigen regulatorischen Flexibilität – ist beispielsweise im US Telecommunications Act of 1996

---

69   Für eine vergleichende Analyse der Regulierungsinstitutionen des Telekommunikationssektors siehe ITU 1993, Tyler/Bednarczyk 1993, Levy/Spiller 1994.

70   Siehe US Telecommunications Act of 1996, SEC. 401.

festgelegt. So kann die FCC einzelne Telekommunikations-Anbieter oder Dienste von im Gesetz festgelegten Regulierungen ausnehmen, wenn das nicht im Widerspruch zum öffentlichen Interesse steht, der Konsumentenschutz nicht beeinträchtigt und der faire Wettbewerb dadurch nicht gefährdet wird. Der jeweilige verfassungsrechtliche Rahmen sowie die politische Kultur bestimmen die Möglichkeiten der formalen Unabhängigkeit der Institution. In den nationalstaatlichen Festlegungen wird versucht, die Balance zwischen zuwenig und zuviel Unabhängigkeit der Regulierungsinstitution zu finden.[71] In Großbritannien wird beispielsweise der Direktor von OFTEL vom zuständigen Minister für eine Periode von fünf Jahren ernannt. Während dieser Zeit ist er weder dem Minister noch dem Parlament verantwortlich. Das führt zur Diskussion darüber, ob damit nicht zuviel Entscheidungsgewalt an eine Person delegiert wird. Als Alternative bietet sich die Rechtsform einer Kollegialbehörde (mit richterlichem Einschlag) an, wie sie für die geplante Regionalradio- und Kabelrundfunkbehörde in Österreich vorgesehen ist. Die „optimale" Regulierung hängt jedenfalls von den nationalen Spezifika ab und läßt sich nicht von einem Land auf das andere übertragen.

Die Konstruktion effizienter Regulierungsinstitutionen ist auch von dem Ziel geleitet, *„regulatory capture"* zu minimieren. Gemeint ist damit, daß wegen der engen und langen Zusammenarbeit zwischen Industrie und Regulierungsinstitution häufig die Interessen der Industrie gegenüber jenen der Öffentlichkeit prioritär verfolgt werden – zum Nachteil der Konsumenten. Die Wahrscheinlichkeit des regulatory capture steigt zum Beispiel dann an, wenn der Eigentümervertreter des marktdominanten Unternehmens gleichzeitig für die Regulierungsinstitution zuständig ist, oder wenn die Rekrutierung der Regulierungsbehörde zum Großteil aus dem PTO erfolgt. Weiters läßt sich der Grad des regulatory capture auch mittels der Spezifika der Funktionsperiode des Regulators steuern.[72]

Die Auslagerung der Regulierungsinstitution aus der öffentlichen Verwaltung ist ein Beitrag zur Verringerung von politischem Einfluß und regulatory capture, dient

---

71   Levy & Spiller (1995, S.417) verweisen beispielsweise auf der Basis eines internationalen Vergleichs der Telekommunikationsregulierung darauf, daß eine erfolgreiche Regulierungspolitik einen institutionellen Rahmen voraussetzt, welcher, entsprechend den jeweiligen politischen und sozialen Institutionen des Landes, die Beschränkung der Willkür administrativer Entscheidungen im Telekommunikationssektor ermöglicht.

72   Festlegung der Dauer und Limitierung der Anzahl von Funktionsperioden. Vor- und Nachteile verschiedener zeitlicher Rekrutierungsmodelle wurden beispielsweise im Zuge der Telekommunikationsreform in den USA diskutiert, insbesonders inwieweit Commissioners der FCC aufgrund der zeitlichen Befristung angehalten sind, ihre Tätigkeit bereits auf ihre zukünftige Jobsituation in der Industrie auszurichten.

aber auch der Erhöhung der Effizienz. Aus der *Bürokratietheorie* von Downs,[73] die Zielsysteme, Organisations- und Kommunikationsstrukturen berücksichtigt, lassen sich mit Lehner folgende Faktoren ableiten, die *ineffizientes* bürokratisches Handeln fördern:[74]

- stark formalisierte Strukturen und Kontrollmechanismen fördern geringere Anpassungsfähigkeit und Inflexibilität
- das Ziel der exklusiven Zuständigkeit und der möglichst weitgehenden Autonomie fördert die Vernachlässigung übergreifender Problemstellungen
- das Bestreben, die Autonomie abzusichern, fördert die Konfliktvermeidung und führt zu konservativem und innovationsscheuem Handeln.

Die drei effizienzschädigenden Faktoren sind gleichzeitig wesentliche Gründe, warum die Konstruktion einer integrierten, aus der Verwaltung ausgelagerten Regulierungsinstitution für die Mediamatik, ja bereits die Auseinandersetzung mit der Konvergenzproblematik von Seiten der bisher getrennt agierenden Regulierungsbehörden auf geringes Interesse bis starke Ablehnung stößt. Die Konvergenz verlangt nach *Flexibilität*, gefährdet die weitgehende *Autonomie* im Arbeitsbereich und verlangt nach *Innovationen* in der Regulierung, die wegen der Neuverteilung von Vor- und Nachteilen zu Konflikten führen.

Transparenz. Sie kann im wesentlichen durch die gewählte Arbeitsmethode der Regulierungsinstitution gesteuert werden. Durch die Verpflichtung zu Publikationen (Tätigkeitsbericht; Erläuterungen zu Regulierungen etc.), zu öffentlichen Hearings, Begutachtungsverfahren von Gesetzesentwürfen, Experten-Anhörungen und die Einrichtung von Ad-hoc-Beratungsgremien kann die Transparenz der Tätigkeit wesentlich erhöht werden. Von Beratungsgremien wird beispielsweise in Japan und den USA intensiv Gebrauch gemacht, v.a. zu Fragen der NII- und GII-Strategie. Die Beratungsgremien in den beiden Ländern unterscheiden sich aber deutlich voneinander, v.a. in ihrer Zusammensetzung (inwieweit sie repräsentativ sind) und ihrem Status (offiziell, informell).[75]

Finanzierung. Die Finanzierung der Regulierungsbehörde kann vom Staat, von der Industrie und den Konsumenten übernommen werden. Die Lizenz- und Frequenzvergabe ist – im Fall von Versteigerungen – mit hohen Einnahmen verbunden, die beispielsweise für die Finanzierung der Regulierungsaufgaben herangezogen werden könnten. Bei der Finanzierung durch die Industrie stellt sich die Frage,

---

73   Vgl. Downs 1967.
74   Vgl. Lehner 1990, S.222.
75   Siehe Latzer 1995c.

welche Firmen nach welchem Verteilungsschlüssel beitragen sollen. Schließlich könnte die Finanzierung auch über zweckgebundene Zuschläge auf die Kommunikationsrechnungen der Konsumenten erfolgen. Hierbei wäre zu klären, die Einnahmen welcher Kommunikationsdienste dafür verwendet werden.[76]

Aufgabenbereiche. Selbst unter der Annahme, daß über die gemeinsame Zuständigkeit für Telekommunikation und Rundfunk Einigkeit herrscht, stellen sich bezüglich der Aufgabenbereiche der Regulierungsinstitutionen noch etliche Fragen. Sie sind letztendlich abhängig vom nationalen politischen System und von der politischen Kultur. Das gilt beispielsweise für die Aufteilung in nationale und regionale Zuständigkeiten, die sich an der jeweiligen Ausprägung des Föderalismus orientiert. In den USA wurden auf der einzelstaatlichen Ebene „Public Utility Commissions" (PUC) eingesetzt, in Deutschland ist die gesamte Rundfunkregulierung in der Zuständigkeit der Länder. Festzulegen ist weiters, welche Aufgaben an die Regulierungsinstitution übertragen werden, welche anderen Institutionen (Ministerien, sektorübergreifende Wettbewerbsbehörden, beratende Expertengremien, Gerichte, Parlament etc.) ebenfalls Aufgaben übernehmen sollen und wie die Koordination und Kooperation bewerkstelligt wird. Darüber hinaus ist zu entscheiden, ob die Regulierungsinstitution gleichzeitig *Kontroll- und Beschwerdeinstanz* sein soll. Umstritten ist u.a., ob das *Frequenzmanagement* integriert werden soll. In Japan ist es Teil des MPT, in Großbritannien wurde eine eigene Radio Communications Agency eingerichtet. Für die Integration spricht die Stärkung des Knowhows der Regulierungsinstitution, dagegen der hohe Personalaufwand, der die Konzentration des Managements auf andere zentrale Regulierungsaufgaben beeinträchtigen könnte, indem er viel Energie bindet. OFTEL hatte 1993 rund 140 Beschäftigte, die Radio Communications Agency hingegen über 500.[77] Schließlich stellt sich noch die grundsätzliche Frage, inwieweit die integrative Regulierung auf den elektronischen Kommunikationssektor beschränkt bleiben soll, ob die Regulierung nicht auch Aspekte der nicht-elektronischen Kommunikation beziehungsweise anderer Infrastrukturbereiche miteinschließen sollte.[78] Eine weitere Option wäre es, die gesamte Infrastruktur-Regulierung (Netze, Dienste, Endeinrichtungen) der Mediamatik von der Inhaltsregulierung institutionell zu trennen.

---

76   Entweder ausschließlich über den Telefondienst oder auch über andere Dienste.
77   Vgl. Tyler/Bednarczyk 1993, S.656.
78   Auf den Abstimmungsbedarf wurde bereits verwiesen.

6.4.3. Regulierungsaufgaben

Sind einmal die Probleme der gemeinsamen Institutionalisierung und Kompetenzkonflikte gelöst, stellt sich die Frage nach den Aufgaben und Inhalten der Regulierung. Die Integration der Telekommunikations- und Rundfunkregulierung ist auch
aus der Sicht der Regulierungsinhalte kein additiver Prozeß. Auf der Grundlage der
oben beschriebenen Zielhierarchie ergeben sich speziell unter dem Gesichtspunkt
der Integration auch in liberalisierten Märkten eine Reihe von *Aufgaben*, die in
Tabelle 19 zusammengefaßt sind. Die klassischen Aufgaben der „public service"-
orientierten Rundfunkregulierung werden hier, im Sinne der Konvergenz, mit den
ebenfalls am Gemeinwohl orientierten Universaldienst-Auflagen des Telekommunikationssektors gekoppelt.[79]

Tabelle 19:   Ausgewählte Inhalte einer integrativen Mediamatik-Regulierung

Regulierungsaufgabe	Spezifikation
Stärkung des „fairen" und effektiven Wettbewerbs	Regulierung marktbeherrschender Firmen; Preise; Quersubventionen; Open Access; Interconnection
Management knapper Ressourcen	Frequenzen; Nummern (Telefonie); Adressen (Internet)
Gemeinwohlsicherung: „integratives" Universaldienst-Konzept (Zugang und Inhalte betreffend)	Umfang; Qualität; Vielfalt; Finanzierung; Erbringung; Kontrolle
Beschränkung der Marktkonzentration	horizontal, vertikal und diagonal
Harmonisierung (national und international)	Standardisierung; Verbindbarkeit; Interoperabilität; Nummernvergabe; Frequenzmanagement; Daten-schutz; Konsumentenschutz
Vermeidung ökonomischer Ineffizienzen	marktbeherrschende Firmen; Tarife
Inhaltsregulierung	Jugendschutz; Werbung; geistiges Eigentum; Verschlüsselung
Kontrolle der Einhaltung von Regulierungen; Beschwerdestelle	Sanktionsmöglichkeiten

Zur Verdeutlichung der neuen Anforderungen an die Regulierung der Mediamatik
werden nachfolgend einige Aufgaben kurz erläutert:

Management knapper Güter. (1) *Frequenzmanagement*. Betrifft beide Subsek-
toren und verlangt nach gegenseitiger Abstimmung. Grundsätzlich stellt sich die
Frage, ob nicht die Frequenzen verstärkt für Telekommunikationsdienste statt für
Rundfunkübertragungen genutzt werden sollten, insbesonders im Hinblick auf den
Trend zum „spektrumintensiven" HDTV. Der unter der Bezeichnung „Negroponte-
Switch" diskutierte Austausch der Übertragungsmedien zwischen Telekommunika-

---

79   Zum integrativen Universaldienst-Konzept siehe Abschnitt 6.6.

tion und Rundfunk wird mit der ökonomischeren Nutzung des Spektrums begründet.[80] Die alternative Nutzung des vom terrestrischen Rundfunk belegten Spektrums für Telekommunikationsdienste in Großbritannien könnte, nach Umstellung auf digitale Übertragung, der Regierung jährliche Einnahmen von 3,1 Milliarden US-Dollar erwirtschaften. Die FCC schätzt den Wert des von Rundfunkdiensten in den USA belegten analogen Spektrums auf 37 Milliarden Dollar.[81] Unabhängig von der Entscheidung, wofür das Spektrum genutzt wird, bieten sich verschiedene Methoden der *Frequenzvergabe* an, wobei die bisher in der EU am weitesten verbreitete Methode des Verwaltungsverfahrens, auch „Schönheitswettbewerb" genannt, zunehmend von Versteigerungen abgelöst wird. Versteigerungen werden seit Beginn der 90er Jahre beispielsweise in Neuseeland, den USA, Großbritannien und Ungarn durchgeführt. Sie haben nicht nur den Vorteil, höhere Einnahmen für den Staat zu lukrieren, sie lassen sich zudem rascher abwickeln, sind transparenter und können durch explizit formulierte Anforderungskriterien auch verschiedenste Politik-Ziele (z.B. die Vermeidung von hoher Marktkonzentration) berücksichtigen.[82]

(2) *Nummernmanagement.* Durch die Vielzahl neuer Anbieter steigt die Bedeutung von Teilnehmernummern für die Attraktivität des Dienstes. Die Nummernvergabe läßt einen Marktmechanismus bis hin zum Verkauf von Wunschnummern beziehungsweise der Versteigerung von attraktiven Nummern zu. Die Problematik der Nummernvergabe beschränkt sich jedoch nicht auf die Attraktivität oder den begrenzten Nummernraum. Die Wettbewerber wollen vom dominanten Dienstanbieter auch Kunden abwerben. Daher ist die Portabilität der Nummern von wettbewerbspolitischer Relevanz. Zur Verbesserung ihrer Ausgangsposition fordern die neuen Wettbewerber, daß die Nummern auch zum alternativen Dienstanbieter mitgenommen werden können. Das weltweite Nummernmanagement wird von der ITU (International Telecommunications Union), die europäische Strategie vom ENF (European Numbering Forum) koordiniert.

(3) *Adressenmanagement.* Mit der raschen Verbreitung von Internet stellt sich auch das Problem der Vergabe und Verwaltung von Adressen, die Frage- und Problemstellungen sind die selben wie bei der Nummernvergabe.[83]

---

80   Siehe dazu Abschnitt 4.3.1.2. Zur Diskussion von Umsetzungsmöglichkeiten des „Negroponte-Switch" in den Niederlanden siehe Maltha 1993.

81   Financial Times, 2. Oktober 1995, S.10.

82   Zu Vor- und Nachteilen der gängigen Methoden der Frequenzvergabe siehe McMillan 1995, Tyler/Bednarczyk 1993.

83   Die Sonderstellung der USA im Internet äußert sich z.B. auch dadurch, daß einzig die amerikanischen E-mail-Addressen keine Länderkennung beinhalten.

Gemeinwohlsicherung/integratives Universaldienst-Konzept. Die traditionelle Universaldienst-Strategie des Telekommunikationsbereichs, die im deutschen Sprachraum oft als Teil der Gemeinwirtschaftspolitik eingeordnet wurde, ist obsolet und bedarf einer Überarbeitung. Der Trend weist in Richtung einer möglichst flexiblen, technik- und dienstneutralen Festlegung, die Interpretationen je nach der aktuellen Bedeutung von Diensten zuläßt. Zu diskutieren ist auch eine Abstimmung mit gemeinwirtschaftlichen Auflagen für nicht-elektronische Kommunikationstechnologien (Briefpost), um so die staatlichen Markteingriffe zu minimieren. Neben der Definition ist die Finanzierung gemeinwirtschaftlicher Leistungen neu festzulegen. Zahlt die einschlägige Industrie oder wird eine Finanzierung aus dem allgemeinen Bundesbudget bevorzugt? Nicht nur im Telekommunikationsbereich, auch bei den „gemeinwohlsichernden" Regulierungen des öffentlichen Rundfunks gibt es aufgrund von Liberalisierung und Konvergenz zunehmenden Reform- und Abstimmungsbedarf mit der Telekommunikationsregulierung. Die Formierung eines „integrativen" Universaldienst-Konzeptes soll eine koordinierte Strategie der zugangsorientierten Zielsetzungen des Telekommunikationsbereichs mit den inhaltsorientierten Zielen des Rundfunkbereichs gewährleisten. Der überarbeitete „öffentliche Auftrag" (der Konzessionsauftrag für den Rundfunk) wird also mit dem reformierten Universaldienst-Konzept für die Mediamatik integriert.[84]

Kontrolle der Marktmacht-Konzentration. Während die Liberalisierung vorerst zu einer Dekonzentration führt, da der Monopolstatus der PTOs und der (öffentlich-rechtlichen) Rundfunkanstalten wegfällt, führt der nachfolgende Wettbewerb, insbesonders auf globaler Ebene nicht nur zu horizontaler Konzentration, sondern auch zu diagonalen und vertikalen Integrationstendenzen. Diese sind nicht notwendigerweise negativ zu bewerten. Aus ökonomischer Sicht können sie einen Effizienzgewinn bedeuten, durch das Nutzen von Skalen- und Verbundvorteilen und die Reduktion von Transaktionskosten. Eine genaue Marktbeobachtung aus ökonomischer und publizistischer Sicht ist jedoch in jedem Fall notwendig. Zu kontrollieren ist, ob der Wettbewerb effektiv ist (gemessen an den Marktanteilen und den publizistischen Inhalten) und ob es wettbewerbsverzerrende Markteintrittsbarrieren gibt. Dominante Anbieter können ihre Marktmacht zu Ungunsten potentieller Wettbewerber, Lieferanten und v.a. der Konsumenten nutzen. Die Regulierungsbehörde hat die wirtschaftliche Macht und Meinungsmacht zu kontrollieren und möglichen Mißbrauch zu verhindern.[85]

---

84   Eine ausführliche Diskussion der Universaldienst-Problematik folgt in Abschnitt 6.6.

85   Siehe Kleinsteuber (1996) für die Analyse verschiedener Kontrollressourcen (Konzentrationsverbot, Bürgerbeteiligung, Öffentlichkeit, Antitrust-Politik) anhand der US-Rundfunkregulierung.

Die spezifischen gesellschaftlichen Aufgaben von Medien, ihre Gatekeeper-Funktion und meinungsbildende Wirkung machen es notwendig, darauf zu achten, daß Pluralismus und Vielfalt gewährleistet werden. Als Basis der Analyse von Konzentrationsbewegungen und deren möglichen Effekten in der Mediamatik bietet sich das in Abschnitt 5.2.3 skizzierte Vier-Märkte-Modell und die Unterteilung in diagonale und vertikale Integrationsprozesse zwischen elektronischen und nicht-elektronischen Kommunikationssubsektoren an. Vertikale Integration findet entlang der Wertschöpfungskette statt, zwischen den Teilmärkten Inhalt, Dienst, Distribution und Endeinrichtungen (Hard- und Software), jeweils innerhalb der traditionellen Teilsektoren Telekommunikation, Rundfunk und nicht-elektronische Medien (Printmedien); diagonal hingegen bezeichnet die Integration zwischen den einzelnen Subsektoren. Diagonale Integration ist zum Beispiel bei der Inhaltsproduktion, vertikale Integration zwischen der Dienst- und der Distributionsebene zu beobachten. Zur vertikalen Integration kann es durch gemeinsamen Besitz, aber auch durch vertragliche Vereinbarungen kommen. Beide Varianten können in Zugangsprobleme für die Konsumenten münden.[86] Zu beachten ist auch die vertikale Integration der Kontrolle von Distributionskanal und Endeinrichtung (daß bspw. die Set-Top-Box von KATV-Firmen kontrolliert wird). Will man von regulatorischer Seite Kommunikationsfreiheit, so ist ein technologisches lock-in – die Bindung des Kunden an einen Dienstanbieter durch Endgeräte, die sich nicht für die Benutzung konkurrenzierender Dienste eignen – möglichst zu vermeiden.[87]

In der Übergangsphase von einem Markt mit dominantem Anbieter zu einem liberalisierten System mit höchstmöglicher Kommunikationsfreiheit spielt die *Zugangsregulierung*[88] eine zentrale Rolle. Hier wird zwischen dominanten und nicht-dominanten Anbietern entschieden, wobei nur die dominanten Marktteilnehmer den Open Access-Regulierungen unterliegen.[89] Die Schwierigkeit dabei ist die Unterteilung in dominante und nicht-dominante Anbieter.

Im traditionellen Regime wurde die Wettbewerbsregulierung des elektronischen Kommunikationssektors aus den sektorübergreifenden Instanzen herausgelöst (Sonderstellung unter den Wirtschaftssektoren). Das langfristige Ziel ist es nun, die

---

86   Vgl. OFTEL 1995, S.24.
      Im vertikal stark integrierten US-KATV-Markt (Distribution und Inhalt) dürfen KATV-Betreiber maximal 40% der Kanäle besitzen (gilt für die ersten 75 Kanäle, dann unlimitiert). Die horizontale Konzentrationsregulierung limitiert die KATV-Betreiber in den USA auf einen landesweiten Marktanteil von 30 Prozent. (Siehe Baldwin/McVoy/Steinfield 1996, S.322f)

87   Dieses Problem stellt sich auch im Mobilkommunikationsbereich, wo Handys vertrieben werden, die sich nur für ein spezifisches System eignen.

88   Sie regelt die Benutzung der Infrastruktur durch potentielle Konkurrenten.

89   Vgl. OFTEL 1995, S.18.

Konzentrationsregulierung des Kommunikationssektors in das generelle sektorübergreifende System der Wettbewerbsregulierung einzugliedern. In Großbritannien
wurde 1995 eine Evaluierung der „Media Ownership Regulation" durchgeführt:[90]
Die existierenden Regulierungen innerhalb und zwischen den Mediensektoren sollen
demnach liberalisiert werden. Da aber der Mediensektor nach wie vor nach spezifischen Regulierungen verlangt, die über jene der allgemeinen Wettbewerbsregulierung hinausgehen, stellte sich die Aufgabe der Festlegung, ab wann eine zu kon-
trollierende Medienkonzentration gegeben ist. Diesbezüglich schlug die britische
Regierung dem Parlament u.a. folgende Schwellenwerte der Konzentration vor, ab
denen die Regulierungsbehörde bei Firmenzusammenschlüssen tätig werden muß:
10 Prozent des gesamten Medienmarktes Großbritanniens, 20 Prozent jedes regionalen Medienmarktes oder 20 Prozent jedes sektoralen Marktes (TV, Radio, Zeitungen).[91] In Deutschland ist eine Veränderung der Konzentrationsregelung im Fern-
sehbereich für Herbst 1996 vorgesehen: Weg von der bisherigen Beschränkung auf
maximal 49,9 Prozent Eigentumsanteile an einem TV-Sender, hin zur Limitierung
des Marktanteils auf 30 Prozent.[92]

Nationale und transnationale Harmonisierung. Die Regulierungspolitik
muß wegen des Abbaus des nationalen Protektionismus und der damit verbundenen
sprunghaften Zunahme transnationaler Aktivitäten (durch Dienstangebote, Beteiligungen und Allianzen) zunehmend grenzüberschreitend abgestimmt werden. Das
gilt für die Frequenzvergabe, aber auch für das Nummernmanagement, die Qualitäts-
sicherung und die Inhaltsregulierung. Abstimmungsbedarf ergibt sich zunehmend
auch aus dem Trend zur schrittweisen Beendigung der Sonderstellung des elektronischen Kommunikationssektors. Die Spezialbestimmungen für den Kommunikationssektor, beispielsweise beim Daten- und Konsumentenschutz, sollen weitgehend
dem allgemeinen Rechtssystem angepaßt werden. Sonderbestimmungen sind nur
mehr gerechtfertigt, falls die allgemeinen Richtlinien nicht ausreichen.
Technische Standards spielen für die zukünftige Verbreitung fortgeschrittener
Dienste eine zentrale Rolle. Wenn die Standardisierung dem Markt überlassen wird,
besteht die Gefahr, daß alte (locked-in-) Technologien effizientere neue blockieren,
sodaß entweder zu viele oder zu wenige Standards aus dem Selektionsprozeß hervor-
gehen.[93] Die politischen Entscheidungsträger stehen vor folgendem Dilemma: Zu
viel Standardisierung schadet der Innovationstätigkeit, zu wenig Standardisierung
kann schlecht für die Kunden sein, da konkurrenzierende Firmenstandards zu hohen

---

90   Vgl. Department of National Heritage 1995, S.1.
91   Vgl. Department of National Heritage 1995, S.24.
92   Vgl. Standard, 11. Juni 1996.
93   Siehe dazu Owen/Wildman 1992, S.275ff.

Preisen und technologischem lock-in führen können.[94] Beim Dekoder-Streit für digitales TV in Deutschland bemühte sich daher auch die EU-Kommission mit einer eigens eingesetzten Arbeitsgruppe um einen einheitlichen Standard.

Inhaltsregulierung. Die Inhaltsregulierung variiert je nach Medium beträchtlich. So haben die Printmedien die geringsten Auflagen und der Rundfunk die stärksten. Dies ist unter anderem auf obsolete Kalküle wie die Knappheit von Frequenzen im Rundfunkbereich zurückzuführen und bedarf folglich einer Revision. Außerdem macht die immer schwierigere Zuordnung neuer Dienste zu Telekommunikation oder Rundfunk eine Vereinheitlichung notwendig. Grundsätzlich stehen einander in dieser Frage zwei Auffassungen gegenüber. Die eine Gruppe plädiert für den radikalen Abbau von *Zensur*, die andere für eine Ausdehnung der strikten Inhaltsregulierung auf die Telematik, vor allem auf die neuen Internet-Anwendungen.[95] Der US Telecommunications Act of 1996,[96] insbesonders der darin enthaltene „Communications Decency Act of 1996", spiegelt die zweite Position wider. Darin wird die Inhaltsregulierung auch auf (Individual-) Kommunikation via Internet und andere interaktive Computerdienste ausgedehnt.[97] Die ebenfalls im Telecommunications Act of 1996 festgelegten Verpflichtungen zur Einführung eines „Television Rating Code" – vergleichbar dem für Filme – und zum Einbau des „Violence-Chip" (V-Chip) in alle Fernsehgeräte sind Schritte dahin, die Zensur in die Endgeräte zu verlagern, und damit von der staatlichen zur privaten, *familiären Zensur*. Es wird also damit die *Selbstregulierung* des Benutzers gefördert. Mit Hilfe des V-Chips und der Vergabe von Ratings kann der Empfang von Sendungen ab einem selbst gewählten Gewaltniveau unterdrückt werden. Die Möglichkeit der Ausdehnung dieser Form der Selbstregulierung auf andere elektronische Dienste ist in Diskussion. Die Weiterführung und Ausweitung der Zensur wird v.a. mit Jugendschutzargumenten begründet. Nach wie vor wird von einer einzigartigen Rolle und Wirkung des Fernsehens ausgegangen, „(...) that television broadcast and cable programming has established a uniquely pervasive presence in the lives of American children".[98] „Television influences children´s perception of the values and behavior that are

---

94 Vgl. OFTEL 1995, S.23.

95 Neben der Zensur ist v.a. auch die inhaltliche Quotenregulierung (z.B. der EU) umstritten.

96 <http://www.bell.com/legislation/s652final.html>

97 Gegen den „Decency Act" wurden von Informationsanbietern und Bürgerrechtsgruppierungen Gerichtsverfahren angestrengt, die sich gegen die staatliche Zensur in interaktiven Computerdiensten wenden. Von den Beschwerdeführern wird als Alternative u.a. die Verlagerung der Zensur in die Haushalte mittels Software (z.B.: Net Nanny, SurfWatch) vorgeschlagen, die den Zugriff auf selbst festzulegende Informationsangebote verhindert. (Wired, May 1996, S.84ff; für den Beschwerdetext siehe <http://www.cdt.org/ciec/complaint.html>)

98 US Telecommunications Act of 1996, SEC. 551 (a)(2)

common and acceptable in society."[99] Das amerikanische Durchschnittskind konsumiert 25 TV-Stunden pro Woche, einige Kinder gar 11 Stunden pro Tag. Die
Kinder sind somit während ihrer Grundschulzeit durchschnittlich 8.000 Morden und
100.000 Gewaltszenen im Fernsehen ausgesetzt. Weiters wird im Gesetz auf Forschungsergebnisse hingewiesen, die belegen, „(...) that children are affected by the
pervasiveness and casual treatment of sexual material on television, eroding the
ability of parents to develop responsible attitudes and behavior in their children".[100]
Die Inhaltsregulierung in den einzelnen Staaten ist stark von kulturspezifischen
Moralvorstellungen geprägt und variiert demgemäß in ihrem Ausmaß und der
Schwerpunktsetzung (auf Gewalt oder Erotik/Pornographie).[101] Bei der Erweiterung
der Inhaltsregulierung auf interaktive Computerdienste ist jedoch zu beachten, daß
die Unterschiede aufgrund der globalen Netze zum supranationalen Problem werden,
wie in Abschnitt 6.5 noch genauer ausgeführt wird. Der Trend zur *Selbstregulierung* betrifft nicht nur Privathaushalte, sondern v.a. auch die Dienstanbieter, wie
sich am Beispiel Audiotex in etlichen Ländern zeigen läßt. Zum Schutz des
Geschäftsfeldes vor „schwarzen Schafen" und um die Gefahr des Marktzusammen-
bruchs zu minimieren, schlossen sich die Firmen in Anbietervereinigungen
zusammen und verpflichteten sich zur Einhaltung eines Verhaltenskodex.[102] Als
weiterer Trend ist die *Maschinisierung* der Zensur, die Verlagerung von der durch
Personen exekutierten Zensur zur automatisierten, von Maschinen vollzogenen
Inhaltskontrolle zu beobachten.

Die mit der Mediamatik wachsenden Probleme des Schutzes geistigen Eigentums
und die Regelung der Verschlüsselung können ebenfalls unter Inhaltsregulierung
subsumiert werden. Bei der Suche nach einer der Digitaltechnik adäquaten Form des
Schutzes **geistigen Eigentums** gilt es das schwierige Problem zu lösen, einerseits die Anwendung der Technik nicht zu behindern, und andererseits die Rechte der
Urheber und Verwerter zu wahren.[103] Traditionell werden die widersprüchlichen
Interessen, das des Urhebers auf Vergütung und das öffentliche Interesse an der
weiten Verbreitung nützlicher Informationen, durch zeitlich begrenzte Schutzrechte
geregelt. Die beliebige Kombination von Audio-, Video- und Bildinformationen in
Multimedia-Produkten und die billige globale Verbreitung in Netzen ist insofern

---

99   US Telecommunications Act of 1996, SEC. 551 (a)(1)

100 US Telecommunications Act of 1996, SEC. 551 (a)(6)

101 In den USA ist die Toleranz gegenüber Gewaltdarstellungen höher als bei Erotik/Pornographie,
     im Großteil Europas ist die gegenteilige Tendenz zu beobachten.

102 Siehe Latzer/Thomas 1994; ICSTIS 1996.

103 Zum geistigen Eigentum in der Informationsgesellschaft siehe Brunnstein/Sint 1995, Sint 1995;
     Grünbuch der EU zum Schutz geistigen Eigentums (COM 95, 382 final); zur Urheberproble-
     matik siehe Zanger 1996.

problematisch, als für die einzelnen Darstellungsformen, und damit für die einzelnen Komponenten eines Produkts, unterschiedlich lange Schutzzeiten vorgesehen
sind und sich die Regulierungen darüber hinaus je nach Land unterscheiden. Ein
Spezialproblem stellt der Schutz von Software dar, da dessen spezifischer Wert von
den traditionellen „Intellectual Property"-Gesetzen nicht erfaßt wird. Bei Software
und Informationsgütern ist zu beachten, daß deren Massenproduktion und Verteilung weitaus weniger Zeit erfordert als die von physischen Gütern. Die „lead time",
in der die Entwickler die F&E-Kosten lukrieren möchten, ist weitaus kürzer. Ein
Reformvorschlag zielt demzufolge auf die gesetzliche Gewährleistung der „lead
time" durch zeitlich beschränktes Verbot des „clonings" von Software ab, als
Schutz vor Kopien des innovativen, nützlichen Verhaltens und des Designs, das
generell als „intangibles industrielles Know-how" zusammengefaßt werden kann.[104]
Insgesamt verlangt die Mediamatik nach neuen Schutzmechanismen, wobei innovative technische (elektronische Wasserzeichen und Unterschriften, Electronic Copy-
right Management Systems) und regulatorische Schritte zu setzen sind.

Die Verschlüsselung von Informationen ist ein zentrales Instrument zur Verbesserung der Datensicherheit[105] und des Datenschutzes im Netz und somit ein wichtiger
Akzeptanzfaktor für verschiedenste Anwendungen. Gleichzeitig ist die staatliche
beziehungsweise supranationale **Verschlüsselungspolitik** heftig umstritten:
vor allem bei der Frage, inwieweit unkontrollierbare, von dritten nicht entschlüs-
selbare Inhalte transportiert werden dürfen. Falls derartige Verschlüsselungsmög-
lichkeiten zugelassen werden, fallen die Kontrollmöglichkeiten für inhaltliche Zensur und Überwachungsmöglichkeiten durch die staatlichen Sicherheitsbehörden
weg.[106] Die Clipper-Chip-Debatte, die seit Anfang der 90er Jahre v.a. in den USA
geführt wird, verdeutlicht den Interessenkonflikt. Die Regierung will die Industrie
zur Verwendung eines speziellen Chips verpflichten, der den Behörden die Entschlüsselung und damit die Kontrolle sämtlicher im Netz transportierten Inhalte
gewährleistet. Massive Proteste der Industrie und von Bürgerrechtsbewegungen, die
sich in ihren geschäftlichen Interessen und im Datenschutz gefährdet sehen, haben
die Einführung des Clipper-Chips bislang verhindert. Die Debatte kreist im wesentlichen um die Frage, wer den Schlüssel zur Dekodierung verwaltet (öffentliche oder
private Organisation) und wer mittels welcher Prozedur auf den Schlüssel (befristet)
zugreifen kann.

---

104 Siehe Davis/Samuelson/Kapor/Reichman 1996, S.29f.

105 Mangelnde Datensicherheit ist eines der häufigsten Experten-Argumente gegen die stärkere
     kommerzielle Nutzung des Internets.

106 Richterlich genehmigte „Lauschangriffe" können dann nicht mehr durchgeführt werden.

Kontroll- und Beschwerdeinstanz. Die Kombination von Regulierungs- und Beschwerdeinstanz bietet sich aufgrund der Zielsetzung an, die Interessen der Benutzer besser zu vertreten. Die schwache Vertretung der privaten Kunden wird zunehmend als (Akzeptanz-) Problem erkannt. Synergieeffekte sprechen für die Zusammenlegung der Kontroll- und Beschwerdeinstanz. Inwieweit die Regulierungsinstanz auch kontrollierend tätig wird, bedarf einer Festlegung entsprechend der jeweiligen politischen Kultur in den einzelnen Staaten. Weiters ist zu klären, mit welchen Sanktionsmöglichkeiten (Pönale, Lizensierung) die Regulierungsinstitution ausgestattet wird.

6.5. Supranationale Mediamatik-Politik

Die Analyse hat sich bislang auf die nationalstaatlichen Politikansätze zur Lösung der Konvergenzprobleme im Kommunikationssektor konzentriert. Die in der allgemeinen Leitlinie festgelegte Berücksichtigung des Globalisierungstrends verlangt aber auch nach supranationalen Aktivitäten, da zu beobachten ist, daß die Bedeutung supranationaler Politik auf Kosten der nationalstaatlichen Politik ansteigt.

Die „interne" Abstimmung der nationalstaatlichen Politik des elektronischen Kommunikationssektors – sowohl zwischen den Subsektoren (diagonal) als auch zwischen Bund, Ländern und Gemeinden – ist für die Berücksichtigung des Globalisierungstrends notwendig, jedoch nicht hinreichend. Traditionell gibt es sowohl im Telekommunikations- wie auch im Rundfunksektor internationale Regulierungs- und Harmonisierungsaktivitäten, die v.a. das Ziel verfolgen, transnationale Dienste technisch und organisatorisch zu ermöglichen. Dafür ist die Abstimmung der verwendeten Technik, insbesonders der Frequenzen notwendig.[107] Die zentralen Ziele sind die *Zusammenschaltbarkeit* (Interconnectivity) der Netze, die *Interoperabilität* der Dienste und die Einhaltung von *Qualitätsmindeststandards*. Die klassischen internationalen Institutionen, die die zunehmend künstliche Trennung von Rundfunk und Telekommunikation widerspiegeln, verlieren tendenziell an Einfluß. Gleichzeitig gibt es einen stärkeren Bedarf an supranationaler Regulierung und an der integrativen Sichtweise von Telekommunikation und Rundfunk.

Bei den traditionellen internationalen Aktivitäten sind *regionale* und *weltweite* Initiativen zu unterscheiden:[108] *Weltweit* koordiniert die bereits 1865 als internatio-

---

107   Für eine Analyse der Standardisierungsprobleme in globalen Märkten siehe OTA 1992.

108   Für eine ausführlichere Darstellung siehe Latzer/Ohler/Knoll 1994, S.15ff.

nale Telegrafen-Union gegründete und 1947 in eine Sonderorganisation der UNO umgewandelte *International Telecommunications Union* (ITU) die Zusammenarbeit der nationalen Telekommunikationsgesellschaften aus 184 Mitgliedsländern. Koordiniert und reguliert werden insbesonders technische und betriebliche Belange sowie die Tarifierung von Telefon und Telegraf. Die von der ITU-Vollversammlung beschlossenen Empfehlungen haben für die Telekommunikationsgesellschaften den Charakter von Kartellabmachungen. Durch die Unterzeichnung von Verträgen verpflichten sich die Mitgliedsländer, die Bestimmungen, etwa die Frequenzregulierungen, in nationales Recht umzusetzen. Mit fortschreitender Liberalisierung, der zunehmenden Zahl von Dienst- und Infrastrukturanbietern und der Konkurrenz durch andere Normungsgremien ist die zentrale Rolle der ITU gefährdet. Durch Reformen wird versucht, ihre Position zu festigen, beispielsweise durch die stärkere Einbindung privater Akteure und durch bessere Abstimmung der drei organisatorischen Teilbereiche Radiocommunications (Frequenzregulierungen), Development (Entwicklungsförderung) und Standardization (von Technik, Organisation und Tarifen).[109] Etliche vormals bedeutende internationale Organisationen verlieren unter den neuen liberalisierten Rahmenbedingungen an Einfluß, so auch das 1964 gegründete Konsortium INTELSAT (International Telecommunications Satellite Organization), das bis Mitte der 80er Jahre bei interkontinentalen Telefon- und TV-Verbindungen über ein Quasi-Monopol verfügte. Die Liberalisierung der Satellitentechnik und die Konkurrenz durch Glasfaserkabel verringerte dessen Bedeutung dramatisch.

Die Interessen der nationalen Benutzerorganisationen, genauer gesagt von kommerziellen Telekommunikationsanwendern, werden weltweit von der *International Telecommunications User Group* (INTUG) koordiniert und vertreten.

Durch die Einbeziehung des Handels mit Dienstleistungen wurde das 1995 in die *World Trade Organization* (WTO) umgewandelte General Agreement on Tariffs and Trade (GATT) zu einer zentralen Plattform für die weltweit harmonisierte Liberalisierung des Telekommunikations-Dienstemarktes. Das „General Agreement on Trade in Services (GATS) and Related Instruments" wurde 1994 beschlossen. Die Ergebnisse stimmen im wesentlichen mit den Vorgaben der EU zur Öffnung des Telekommunikationsmarktes überein. Über die Liberalisierung des Basis-Telefondienstes konnte 1994 keine Einigung erzielt werden.[110] Die Bedeutung von GATS für die Globalisierung besteht darin, daß die im Abkommen festgelegten Liberalisierungsschritte voraussichtlich von über 100 Ländern ratifiziert werden und damit

---

109 Siehe MacLean 1995.

110 Zur Problematik des Handels mit Dienstleistungen im Telekommunikationssektor siehe Aronson/Cowhey 1988. Zur aktuellen Rolle der WTO siehe Petrazzini 1996.

die Liberalisierungsschritte der Industrieländer nun auch auf die Entwicklungsländer ausgedehnt werden.

Die von der ITU behandelten Rundfunkangelegenheiten konzentrieren sich auf technisch-organisatorische Aspekte. Die im Jahr 1950 als Nachfolgeorganisation der Internationalen Union der Rundfunkanstalten gegründete *Europäische Union der Rundfunkanstalten* (EBU) vertritt, entgegen ihrem Namen, nicht nur europäische öffentlich-rechtliche Rundfunkunternehmen, sondern auch außereuropäische Mitgliedsfirmen. Die EBU koordiniert den Austausch von Programminhalten und verfügt auch über Exklusivrechte. Der Schwerpunkt der Aktivitäten liegt bei den Programminhalten. Die durch die Auswirkungen der Liberalisierung stärker werdenden kommerziellen Fernsehanstalten gefährden jedoch zunehmend die zentrale Position der EBU.

Auf *regionaler Ebene* werden beispielsweise in Europa grenzüberschreitende Aktivitäten von der Europäischen Kommission, dem Europarat und diversen europäischen Normungsgremien gesetzt, wie CEPT (Conférence Européenne des Administrations des Postes et des Télécommunications), ETSI (European Telecommunications Standards Institute), CEN (Comité Européen de Normalisation) und CENELEC (Comité Européen de Normalisation Electrotechnique). Zur Koordination europäischer Regulierungsaktivitäten etablierte CEPT das „European Committee of Telecommunications Regulatory Affairs" (ECTRA) und das „European Telecommunications Office" (ETO) als dessen Organ. Zur Harmonisierung der europäischen Normung von EU und EFTA wurde das „Information Technology Steering Committe" (ITSTC) eingesetzt.

In Nordamerika führt das 1989 abgeschlossene „Canadian-US Free Trade Agreement" (CFTA) und das 1992 unterzeichnete „North American Free Trade Agreement" (NAFTA) zwischen den USA, Kanada und Mexiko zu einer Harmonisierung von Teilbereichen der Regulierung des elektronischen Kommunikationssektors. Zentrales Ziel ist die Erleichterung des Handels mit Geräten und Dienstleistungen. Die Regierungen kamen dementsprechend überein, Regulierungen und Praktiken zu beseitigen, die den Handel bisher beträchtlich erschwerten.[111]

Im alten Regulierungsregime lag der Schwerpunkt der Aktivitäten von internationalen Organisationen bei der Monopolregulierung und dem Schutz der nationalen Märkte. Die generelle Ausrichtung verändert sich nun hin zur Förderung und Gewährleistung von Wettbewerb. Die Arbeit der WTO ist richtungsweisend für die neue Orientierung supranationaler Politik.

---

111   Vgl. Shefrin 1993.

Die Aktivitäten der *Europäischen Union* bilden wegen der weitreichenden, alle Politikbereiche betreffenden Harmonisierungsbestrebungen einen Sonderfall. Die EU-Gremien gewinnen zunehmend auf Kosten der Mitgliedsländer an politischem Einfluß im elektronischen Kommunikationssektor, bisher ohne supranationale Regulierungsinstitution, die jedoch in Diskussion ist. Als De-facto-Regulierungsinstitution für den Telekommunikationssektor etablierte sich die für Wettbewerbspolitik zuständige Generaldirektion IV der Europäischen Kommission.[112] Das Thema der supranationalen Regulierungsbehörde wurde durch den „Bangemann-Bericht" auf die politische Agenda der EU gesetzt. Der Großteil der Telekommunikationspolitik der EU erfolgt bislang via Richtlinien, die von den Mitgliedsländern innerhalb eines Zeitrahmens in nationales Recht umgesetzt werden müssen.[113]

Die nationalstaatlichen Kompetenzen und damit die Souveränität nehmen tendenziell ab und werden auf die supranationale Ebene verlagert. Bislang beschränkten sich die supranationalen Aktivitäten auf das Notwendigste, um das transnationale Angebot von Diensten technisch und organisatorisch zu gewährleisten. Der Abstimmungsbedarf steigt mit der Zunahme der transnationalen Akteure, durch die Erweiterung des grenzüberschreitenden Angebots, die wachsende vertikale und diagonale Verflechtung und die Probleme bei der Zuordbarkeit der Mediamatik-Dienste in die traditionelle, regulatorische Telekommunikation-Rundfunk-Dichotomie. Als ein möglicher Lösungsansatz bietet sich die schrittweise Verlagerung der integrativen Regulierung der Mediamatik auf die supranationale Ebene an. Eine supranationale Regulierungsinstitution stößt jedoch wegen des damit verbundenen nationalstaatlichen Souveränitätsverlustes auf massiven politischen Widerstand. Selbst in der EU, also auf einer regionalen Ebene mit weitgehenden politischen Integrationsabsichten, wird derartigen Tendenzen mit großer Skepsis begegnet. Das wesentliche Motiv für supranationale Regulierungen sind zu erwartende ökonomische Vorteile.

Auf dem Weg zu einem supranationalen Regime für die Mediamatik bieten sich eine Reihe von Optionen entlang folgender *Variablen* an:
- *Ausmaß an Integration.* Das internationale Regime spiegelt die klassische Trennung von Rundfunk und Telekommunikation wider. Analog zu den Ausführungen über nationale Politikvarianten (siehe Abschnitt 6.3) bieten sich auch hier mehrere Optionen an, die sich im Grad der Integration unterscheiden.
- *Geografischer Gültigkeitsbereich.* Die Optionen reichen von bilateralen (diverse I-VANS-Abkommen) und multilateralen Abkommen (CFTA:

---

112   Siehe Scherer 1996, S.9ff.

113   Zur Diskussion der Arbeitsteilung zwischen EU- und nationaler Regulierung im Telekommunikationssektor siehe Scherer 1996.

Kanada, USA; NAFTA: USA, Mexiko, Kanada) zu regionalen (EU) und weltweiten Lösungen (WTO), wobei auch eine schrittweise Erweiterung des Gültigkeitsbereichs, beginnend auf der bilateralen Ebene, vorstellbar ist.

- *Kompetenzbereich.* Die Kompetenzzuteilung kann entlang der Regulierungsaufgaben und den zu regulierenden Netzen/Diensten variieren. Die supranationale Institution kann für eine Aufgabe oder eine Kombination aus folgenden Aufgaben zuständig sein:
  * Regulierungsprinzipien (dienen den nationalen Regulierungsbehörden als verbindliche Richtlinie)
  * Marktzulassungen
  * Marktmachtkontrollen
  * Konfliktschlichtungen
  * Kontrollen
  * Beschwerden etc.

Eine weitere Möglichkeit der Differenzierung bietet sich entlang der konkreten Zuordnung der zu regulierenden Dienste, Netze und Endeinrichtungen. Die supranationale Institution kann beispielsweise nur für ausgewählte transnationale Dienste (Vtx und Atx), für sämtliche transnationale Dienste oder auch für sämtliche nationale und transnationale Dienste/Netze zuständig sein.

Eine Fülle *weiterer Gestaltungsoptionen* mit entsprechendem Konfliktpotential ergibt sich durch die Bestimmung des rechtlichen Status der supranationalen Behörde, der geografischen Ansiedelung, der Rekrutierung, der Finanzierung und dem Verhältnis zu den nationalen Regulierungsbehörden. Schließlich müssen die Lösungen auf die unterschiedlichen Rechtskulturen und die jeweilige Ausprägung des Föderalismus Rücksicht nehmen.

Insgesamt bietet sich eine lange Liste an Kombinationsmöglichkeiten für eine supranationale Politik entlang der oben aufgelisteten Variablen an. Es existieren viele Parallelen zu den Variationsmöglichkeiten auf nationaler Ebene, doch sind bei transnationalen Veränderungen noch größere Interessenkonflikte als auf nationaler Ebene zu lösen, da die Vor- und Nachteile der Optionen für die beteiligten Länder nicht gleichmäßig verteilt sind. Dies macht beschränkte, z.B. dem Subsidiaritätsprinzip folgende Teillösungen weitaus wahrscheinlicher als die Einrichtung einer weltweiten supranationalen Regulierungsinstitution mit weitreichenden Kompetenzen. Als grundlegende Prinzipien einer supranationalen Politik können folgende völkerrechtliche *Grundsätze* herangezogen werden:[114]

---

114   Siehe Drahos/Joseph 1995, S.622.

- Reziprozität
- Meistbegünstigung[115]
- Inländerbehandlung[116]
- Transparenz.

Trotz der weitgehenden Anerkennung dieser völkerrechtlichen Grundsätze sind Interessenkonflikte bei der Operationalisierung und Umsetzung unvermeidlich.[117]

Weiteres Konfliktpotential steckt in der Anwendung und Auslegung der *Subsidiarität* für jene Bereiche der Mediamatik-Politik, die eine geteilte Zuständigkeit erfordern. Mit Hilfe der spezifischen Festlegung der Subsidiarität in der Mediamatik-Politik kann die Kompetenzverteilung und -ausübung auf der supranationalen und nationalen Ebene gesteuert werden.[118] Damit wird das Ausmaß der Kompetenzverlagerung auf die supranationale Ebene und damit der Grad der Konzentration gesteuert. Ähnlich wie in der Umweltpolitik ist zu klären, welche Probleme grenzüberschreitenden Charakter haben und folglich besser auf der supranationalen Ebene zu lösen sind, wie supranationale Eingriffe jeweils zu rechtfertigen sind, welcher Handlungsspielraum der übergeordneten Institution zugestanden wird etc. Die spezifische Auslegung und Anwendung des Subsidiaritätsprinzips hat auch bedeutenden Einfluß auf die Ausprägung der institutionellen Reform in der Mediamatik-Politik, auf die Gestaltung der supranationalen und nationalen Regulierungsinstitutionen. Das Subsidiaritätsprinzip könnte die Richtung vorgeben, die Detaillösungen müßten danach ausgehandelt werden.

Der markthemmende Effekt unterschiedlicher nationaler Regulierungen und fehlender grenzüberschreitender Regelungen wurde bereits im Fall von Bildschirmtext und Audiotex deutlich. Auf europäischer Ebene werden seit geraumer Zeit auch Lösungen für diese Probleme gesucht. Eine Arbeitsgruppe, koordiniert von der „European Information Industry Association" (EIIA), erstellte zum Beispiel 1993 Richtlinien für die grenzüberschreitende Kontrolle von Audiotex- und Videotex-Diensten in Europa und schlug auch die Einrichtung eines „European Supervisory Committee" als Aufsichtsorgan vor.[119] Darüber hinaus wird für die EU die Einsetzung einer Telekommunikation und Rundfunk integrierenden, supranationalen Regulierungsbehörde als Teil der Strategie in Richtung eines „Common Information Area"

---

115 „Most Favored Nation Status"; alle Akteure müssen gleich behandelt werden.

116 „National Treatment"; ausländische Akteure müssen wie inländische behandelt werden.

117 Siehe Drahos/Joseph 1995, S.622.

118 Das Subsidiaritätsprinzip wurde im Maastrichter Vertrag über die Europäische Union festgeschrieben (Art. 3b, Abs.2).

119 Siehe EIIA 1993.

(CIA) diskutiert.[120] Die möglichen Varianten reichen von besserer Koordination der bestehenden nationalen Institutionen bis hin zur Errichtung einer starken zentralen Regulierungsbehörde. Zentrales Ziel ist der Abbau von Ineffizienzen, die durch die große Zahl von involvierten nationalen Organisationen entstehen. So benötigt die Einführung eines EU-weiten Dienstes die Zustimmung von sämtlichen nationalen Regulierungsbehörden. Die zentrale Zuständigkeit einer Institution könnte den Prozeß beschleunigen und verbilligen, und damit auch die globale Wettbewerbsfähigkeit der europäischen Industrie erhöhen.

Die Liste der möglichen Regulierungsaufgaben ist lange, die Wichtigkeit von zentralen supranationalen Lösungen variiert jedoch beträchtlich. Noam&Singhal stufen die vielen abgeleiteten Probleme insgesamt nicht als besonders bedrohlich ein.[121] Sie sprechen sich gegen einen ausgefeilten Mechanismus der transnationalen Politik-Koordination aus, da sie dadurch mehr strukturelle Nachteile als Vorteile erwarten. Der Telekommunikationssektor benötige ihrer Einschätzung nach mehr Policy-Experimente als Harmonisierung. Die Abstimmung des Frequenz- und Nummernmanagements, die Reform der transnationalen Verrechnungsmechanismen und der Schutz geistigen Eigentums scheinen ihnen vordringlicher, als etwa die zentrale Festlegung der Universaldienst-Politik, die im Detail den jeweiligen nationalen Besonderheiten angepaßt werden sollte. In der Vergangenheit waren die Probleme, die aus unterschiedlichen nationalen Inhaltsregulierungen resultieren, auf den transnationalen Rundfunkbereich beschränkt. Mit der Konvergenz im Kommunikationssektor, mit der Verbreitung von Videotex, Audiotex und Internet hat sich das Problem der grenzüberschreitenden Inhaltsregulierung auch auf die Telematik und damit auf die Individual- und Gruppenkommunikation ausgedehnt. Darüber hinaus schafft die Mediamatik zusätzlichen Reformdruck für traditionelle Regulierungsansätze, indem die Kategorien Sender, Empfänger, Herkunftsland etc. zunehmend an analytischem Wert verlieren.

Ähnlich der nationalen Politik bietet sich auch im Fall der supranationalen Regulierung das Bild, daß der Konvergenztrend und die sich daraus ergebenden Problemstellungen zwar erkannt werden, auf der kognitiven Ebene also ein Paradigmenwechsel stattfindet. Auf der organisatorisch/politischen Ebene hingegen vollzieht sich ein Wandel, der zwar die Liberalisierung und ansatzweise auch die Globalisierung berücksichtigt, am wenigsten jedoch die Konvergenz.

---

120 Siehe Turner 1995.
121 Vgl. Noam/Singhal 1996.

6.6. Fallbeispiel integrativer Mediamatik-Politik

Die Analyse der Reformen der Universaldienst-Strategie des Telekommunikationssektors und der öffentlichen Rundfunkpolitik ist hilfreich, um zu zeigen, wie neben
der in der aktuellen Politik im Vordergrund stehenden Liberalisierung auch die
Konvergenz – im Sinne einer integrativen Kommunikationspolitik – berücksichtigt
werden könnte. Dazu werden die verschiedenen Universaldienst-Strategien für Telekommunikation, Rundfunk und Briefpost sowie Varianten ihrer institutionellen und
inhaltlichen Koordination diskutiert. Die „integrative" Universaldienst-Strategie für
den Kommunikationssektor berücksichtigt sowohl den universellen Zugang zum
Kommunikationssystem als auch die universell verfügbaren Inhalte.

6.6.1. Universaldienst-Strategie für die Mediamatik

Die Universaldienst-Strategie bleibt auch im liberalisierten Mediamatik-Sektor ein
zentrales Thema der Politik. Die neuen Rahmenbedingungen verlangen aber nach
einer umfassenden Reform des traditionellen Ansatzes.

Bislang beschränkte sich die Universaldienst-Politik des Telekommunikationssektors auf den leitungsgebundenen Telefondienst. Von der möglichst weiten Verbreitung von Telefondiensten in Privathaushalten werden positive soziale und
(regional)ökonomische Effekte erwartet. Aufgrund positiver Netzexternalitäten
bringt jeder zusätzliche Anschluß nicht nur dem Neuangeschlossenen Vorteile, sondern steigert auch für alle anderen Teilnehmer den Nutzen des Dienstes. Das absehbare Marktversagen bei der Erreichung des öffentlichen Ziels der Vollversorgung
rechtfertigt regulatorische Eingriffe. Die Finanzierung der Vollversorgung ist insbesonders gefährdet, weil ein Teil der Anschlüsse von den Dienstanbietern als
„unökonomisch" erachtet wird, und ein anderer Teil der Anschlüsse aus sozialen
Gründen subventioniert werden muß, da ihn sich die Privathaushalte nicht leisten
könnten. Im traditionellen Regime wurden die Monopolanbieter des Sektors, die
PTOs, zu Leistungen verpflichtet, die sie nach streng wirtschaftlichen Gesichtspunkten nicht erbracht hätten. Für diese in Österreich und Deutschland als gemeinwirtschaftliche Auflagen zusammengefaßten staatlichen Eingriffe wurde in den USA
der Begriff Universaldienst-Verpflichtungen (Universal Service Obligations) geprägt. Gemeinwirtschaftliche Auflagen sind kein Spezifikum des Telekommunikationssektors, sondern auch in anderen Infrastruktursektoren üblich, etwa im Ener-
gie- und Transportsektor. Inzwischen hat sich der Begriff Universal Service

(Universaldienst) weltweit etabliert und wird auch von der Europäischen Union im Rahmen ihrer Telekommunikationspolitik verwendet.

Die *Anfänge* des „Universal Service" im Telekommunikationssektor waren von firmenspezifischen Interessen geprägt. Die Verwendung des Begriffs durch AT&T im Jahr 1907 ist vor dem Hintergrund des Wettbewerbs mit einer Vielzahl von unabhängigen Telefongesellschaften um Marktanteile zu verstehen.[122] Im Jahr 1910 verlangte der damalige Generaldirektor von AT&T, Theodore Vail, nach „One System", „One Policy", „Universal Service". Als zentrales Unternehmensziel von AT&T wurde der Universaldienst propagiert – ein Telefon in jedem Haushalt, verbunden mit jedem anderen Telefon im Land.[123] Die Strategie von AT&T war erfolgreich. Sein Telefonnetz wurde mit Hilfe der „One Policy" zum „One System", in das die Vielzahl der unabhängigen, lokalen und regionalen Telefongesellschaften sukzessive integriert wurden.

Auf politischer Ebene etablierte sich das Universaldienst-Ziel weltweit weitgehend gleichförmig. Das Ziel ist ein flächendeckender, alle Haushalte umfassender Telefondienst. Die Auflagen für die Industrie und die vergebenen Subventionen werden mit Marktversagen gerechtfertigt. Die Zielerreichung des Universal Service wurde anfangs weltweit mit der Marktorganisation des regulierten Monopols gekoppelt. Der Begriff Universal Service wurde jedoch kaum explizit in die Telekommunikationsgesetze aufgenommen. Er kommt im US Communications Act of 1934 nicht vor,[124] und auch in Großbritannien wurde der Begriff „Universal Service" nicht explizit definiert.[125]

Die reformierte Universaldienst-Politik für den Mediamatiksektor ist als *dynamisches Konzept*[126] zu verstehen:
* Die Teilziele der Universaldienst-Politik verändern sich, sie sind abhängig von der Lebenszyklusphase des Mediums. Vorerst, in der frühen Entwicklungsphase, wird die Versorgung von Ballungsräumen angestrebt, später die flächendeckende Versorgung und zuletzt erst sozialpolitische Ziele, so daß auch einkommensschwache Bevölkerungsgruppen und Behinderte den Dienst nutzen können.[127]

---

122 Vgl. Mueller 1993.
123 Vgl. Dordick 1990, S.230f.
124 Siehe Mueller 1993, S.354.
125 Vgl. OFTEL 1994.
126 Siehe OFTEL 1995, S.34ff.
127 Vgl. Blackman 1995.

- Weiters verändert sich auch die Form der staatlichen Eingriffe, die Definition und die Finanzierung des Universaldienstes je nach technischem Entwicklungsstand, dem verfügbaren Dienstangebot, also den Alternativen, und der vorherrschenden Marktstruktur.

Das Universaldienst-Konzept ist im Zuge der Weiterentwicklung des elektronischen Kommunikationssektors mit zwei zentralen, miteinander verwobenen Herausforderungen konfrontiert:

- die Liberalisierung des Sektors
- die Veränderung der Medienlandschaft aufgrund der Konvergenz von Telematik und Rundfunk.

Wegen der traditionellen Verknüpfung der Universaldienst-Strategie mit der spezifischen Marktorganisation des regulierten Monopols stellt sich im Zuge der Liberalisierung des Sektors die Frage, inwieweit die Aufrechterhaltung des Universaldienst-Ziels mit Wettbewerb vereinbar ist.

Daß die Universaldienst-Entwicklung mit Wettbewerb keineswegs in Widerspruch steht, belegt die historische Analyse der Telefonverbreitung in den USA. In der Diskussion wird oft mißachtet, daß die entscheidende Entwicklung des Telefons in Richtung Universaldienst in der frühen Wettbewerbsphase zwischen den Telefonfirmen, also noch vor der Monopolregulierung erreicht wurde.[128] Auch in liberalisierten Systemen hat die Telefondichte im letzten Jahrzehnt weiter zugenommen. In Großbritannien stieg der Anteil an Privathaushalten mit Telefon von 78 Prozent im Jahr 1984 auf 90 Prozent im Jahr 1995 an.[129] Etwa 15 Prozent der Telefonkunden von KATV-Firmen hatten zuvor keinen Telefonanschluß in Großbritannien.[130] In den USA stiegen die Telefon-Haushalte von 91,6 Prozent im Jahr 1984 auf 93,8 Prozent im Jahr 1990 an.[131] Das läßt jedoch nicht den Schluß zu, daß in liberalisierten Märkten keine staatlichen Eingriffe zur Erreichung des Universaldienstes notwendig sind. Das sukzessive Verschwinden von regulierten Monopolen verlangt vielmehr nach neuen Regulierungs- und Finanzierungsformen. Auch die Universaldienst-Auflagen, die die Ex-Monopolisten – sofern sie noch dominante Anbieter sind – zur Verrechnung von Durchschnittspreisen zwingen, können bei fortschreitender Liberalisierung nicht mehr aufrecht erhalten werden. Da die Universaldienst-Strategie nicht mehr ausschließlich vom Monopolisten durch interne Quersubven-

---

128 Siehe Mueller 1993.

129 Telecommunications Policy, Vol.19, No.6, S.509.

130 Siehe Blackman 1995, S.172. In Großbritannien hatten KATV-Firmen im Jahr 1995 rund eine Million Telefonkunden.

131 Vgl. University of Bremen 1995, S.240.

tionen aus profitablen Bereichen finanziert wird, ist vor allem mehr *Transparenz* notwendig. Es muß explizit festgelegt werden, wer als „unökonomischer" Benutzer eingestuft wird, und welche Leistungen für diese Benutzer erbracht werden. Die Bestimmung der unökonomischen Teilnehmer ist nicht trivial; sie wird durch Netzexternalitäten erschwert. Als Entscheidungsgrundlage sind nicht nur die aktiven Gespräche des subventionierten Teilnehmers heranzuziehen, da auch die passive Benutzung Mehreinnahmen für den Dienstanbieter erbringt. Mehrkosten für den Betreiber entstehen bei den unökonomischen Teilnehmern jedoch auch aufgrund verzögerter Bezahlung von Rechnungen beziehungsweise durch Schuldeneintreibung. Bislang wurden die genauen Kosten der Universaldienst-Auflagen in der Regel nicht ausgewiesen.

Die generelle *Sichtweise* und Einschätzung der Universaldienst-Leistungen hat sich in den 90er Jahren in zwei Aspekten verändert:

- Die Universaldienst-Kosten sind geringer als ursprünglich angenommen, wobei jedoch erhebliche nationale Unterschiede bestehen. Laut einer Kostenstudie von OFTEL bewegt sich die durch Universaldienst-Leistungen generierte Gesamtbelastung von British Telecom zwischen 90 und 160 Mio. Pfund.[132] Generell wird vermutet, daß die Universaldienst-Kosten in der Regel um 10 bis 30 Prozent geringer sind, als von den Firmen angegeben wird.
- Der Nutzen für die Anbieter von Universaldiensten steigt im liberalisierten Umfeld an. Einerseits wurde der direkte finanzielle Nutzen von Universaldiensten bislang unterschätzt, da die Einnahmen durch passive Gespräche als selbstverständlich erachtet wurden. Da es Konkurrenz gibt, könnten aber auch diese Einnahmen verloren gehen. Andererseits steigt auch der nicht-finanzielle Nutzen für den Universaldienst-Anbieter im liberalisierten Umfeld an. Dazu tragen v.a. Werbeeffekte bei. Beispiele dafür sind öffentliche Telefonzellen als Werbungsträger und die Imagewerbung, die durch die Gratisversorgung von Behinderten als Begleitprodukt generiert wird.

Die wesentliche Reorganisation der Universaldienst-Strategie betrifft deren *Finanzierung*. Die EU entwickelt gemeinsame Grundsätze für die Universaldienst-Strategie, wobei die Details dann in den einzelnen Ländern festgelegt werden sollen. Auch die WTO (World Trade Organization) arbeitet an Vorschlägen zur Finanzierung von Universaldienst-Auflagen in einem liberalisierten Telekommunikationssektor. Bei

---

132 Siehe WIK Newsletter, Nr. 19, Juni 1995, S.8.

der Finanzierung geht der Trend von der internen Quersubventionierung hin zur Einrichtung von *Universaldienstfonds*.

Als Alternative zu den Universaldienstfonds wurden Lösungen mit *Access Charges* erprobt. Das heißt, daß neue Wettbewerber Gebühren für die Verbindung mit dem Netz des dominanten Netzbetreibers bezahlen, die dessen Universaldienst-Kosten aliquot abdecken. In Großbritannien wurden sie als „Access Deficit Contributions" (ADC) bezeichnet.[133] Auch in den USA wurde ein komplexes System etabliert, das u.a. auf Access Charges beruht. Auf einzelstaatlicher Ebene, beipielsweise in Kalifornien, wird ein „Universal Lifeline Telephone Service" durch eine 3,4 prozentige Zusatzgebühr auf sämtliche Ferngespräche finanziert.[134] Das Access Charges-Modell hat den Nachteil, daß die Wettbewerber sich nur insoferne an den gemeinwirtschaftlichen Kosten beteiligen, als sie das Netz des dominanten Anbieters benutzen. Weiters wird kritisiert, daß die Subventionen erst über Preissenkungen an die Benutzer weitergegeben werden und den Kunden nicht direkt ausbezahlt werden können.[135]

Das Modell des Universaldienstfonds vermeidet diese Nachteile. Vorerst wird der Umfang des Fonds ermittelt, dann werden die Einzahler bestimmt und deren Anteile festgelegt. Die Fondsmittel können den Nutznießern direkt zugute kommen. Im Detail bieten sich verschiedene Varianten der Gestaltung des Systems an, wobei natürlich die Entscheidungen, wer wieviel bezahlt und wie die Fondsmittel den Benutzern zugute kommen, am sensibelsten sind. Ein strukturelles Ziel der neuen Universaldienst-Modelle ist die weitgehende Entflechtung des Universaldienst-Systems vom Ex-Monopolisten. Folglich muß der Netzanbieter nicht notwendigerweise die Universaldienst-Leistungen in seinem Versorgungsgebiet übernehmen. Als Schritt in Richtung mehr Wettbewerb sollten sie öffentlich ausgeschrieben werden, um so die Universaldienst-Kosten zu senken.[136] Für die reformierte Universaldienst-Finanzierung bieten sich folgende grundlegende *Prinzipien* an:[137]

- Wettbewerbliche Neutralität (keine Beeinflussung der Marktstärken von Firmen)
- Technische Neutralität (keine Bevorzugung einer bestimmten Übertragungstechnologie)
- Anwendungs- und Inhaltsneutralität (keine Bevorzugung bestimmter Anwendungen)
- Geografische Neutralität (keine disproportionale Belastung von Regionen)

---

133 Zur Reform des Universaldienst-Systems in Großbritannien siehe OFTEL 1994.
134 Für eine Analyse der Universaldienst-Politik in den USA siehe Borrows/Bent/Lawton 1994.
135 Vgl. WIK Newsletter, Nr. 19, Juni 1995, S.8.
136 Vgl. Blankart/Knieps 1993.
137 Siehe Noam 1994.

- Transitorische Neutralität (keine Benachteiligung durch Umstieg auf
  neues System)
- Juridische Neutralität (das neue System soll in das staatliche Regulierungssystem passen).

Das von Noam vorgeschlagene „NetTrans Account System" zeigt ein mögliches
neues Muster des Universaldienst-Systems:

> „In an independently administered account system, all carriers are debited a flat
> percentage of their transmission revenues, net of payments to other carriers. They
> are credited for net transfer outlays and for providing service to all users in low-
> density regions. Benefited customers receive ‚virtual vouchers' usable at any
> carrier as a credit to its account."[138]

Die Frage der *Ansiedelung* der politischen Kompetenz für die Regulierung des
Mediamatik-Sektors (sektorspezifisch oder branchenübergreifend) wurde bereits
behandelt. Dementsprechend stehen einander in der spezifischen Frage der Universaldienst-Politik zwei konträre Positionen gegenüber:

- Universaldienste gehören in den Aufgabenbereich der Regulierungsinstitution des Mediamatik-Sektors.
- Die Universaldienst-Politik ist ein Teilgebiet der Sozial- und Regionalpolitik und soll dementsprechend diesen Politikbereichen zugeordnet werden. Die Finanzierung soll folglich nicht aus der Telekommunikationsindustrie, sondern aus Sozial- und Regionalpolitikfonds stammen.

Die *Konvergenzschritte* im elektronischen Kommunikationssektor sind mit der
Liberalisierung der Märkte eng verknüpft und stellen das Universaldienst-System
vor weitere offene Fragen, die vor allem den *Umfang* der Universaldienst-Leistungen und die *Abstimmung* zwischen verschiedenen Subsektoren betreffen.

Trotz der Wichtigkeit der Diskussion der Universaldienst-Frage für den Telekommunikationssektor darf nicht übersehen werden, daß auch in anderen Teilbereichen
des Kommunikationssektors zumindest Ansätze einer Universaldienst-Politik verfolgt werden, wenn auch nicht unter dieser Etikettierung:

- Im *Rundfunkbereich* sind die Universaldienst-Aufgaben im Konzept des
  „öffentlichen Dienstes"[139] eingebettet. Sie beinhalten u.a. die Verpflichtung zur Vollversorgung durch die öffentlich-rechtlichen Rundfunkanstalten, mitunter auch Gebührenbefreiungen für sozial Schwache.[140] Wegen

---

138 Noam 1994, S.695.
139 Siehe dazu Abschnitt 6.6.2.
140 In Österreich werden die Befreiungen von der Rundfunkgebühr nach den selben Kriterien
     gehandhabt wie Telefongebührenbefreiungen.

der vergleichsweise kostengünstigen Technik sind Auflagen zur geografischen Vollversorgung weitaus billiger einzulösen und folglich weniger problematisch als im Telekommunikationsbereich. In Japan errichtet die öffentlich-rechtliche Rundfunkanstalt NHK in Gegenden mit Empfangsproblemen KATV-Netze, an deren Kosten sich auch die Besitzer jener Gebäude beteiligen müssen, die die Empfangsstörungen verursachen. Die zentrale Zielsetzung des Konzeptes des öffentlichen Dienstes im Rundfunkbereich konzentriert sich jedoch auf den Inhalt, wobei zum Beispiel die Verpflichtungen zur Pluralität und zu Minderheitenprogrammen als (inhaltliche) Universaldienst-Auflagen für öffentliche Rundfunkdienste interpretiert werden können.

- *KATV*-Gesellschaften unterliegen in einigen Ländern abgeschwächten Universaldienst-Auflagen. In Großbritannien sind sie verpflichtet, ihren Dienst jedem Kunden anzubieten, an dem ihr Netz vorbeiführt.[141] Die Rechtfertigung liegt im Monopolstatus, der ihnen in regionalen Versorgungsgebieten meist zugestanden wird.[142] Die Universaldienst-Frage hatte auch insofern auf die Entwicklung des KATV Einfluß, als die PTOs für den Fall ihres Einstiegs in KATV weitgehende Universaldienst-Auflagen befürchteten und daher mitunter von diesem potentiellen Geschäftsfeld Abstand nahmen.[143] Auch auf der inhaltlichen Seite gibt es Auflagen zum universellen Angebot in Form von „must carry"-Regulierungen, die die KATV-Betreiber verpflichten, die öffentlichen Rundfunkprogramme in ihr Angebot aufzunehmen.

- Universaldienst-Auflagen gibt es auch im nicht-elektronischen Kommunikationssektor. Bei der Brief- und Paketpost umfassen sie in der Regel die Dauer der Zustellung, die Zustellhäufigkeit (auch an Samstagen), die Preise (Tarifeinheit im Raum) und die Filialnetzdichte. Bei der *Briefpost* führen die Verpflichtung zur flächendeckenden Zustellung innerhalb eines festgesetzten Zeitraums (bei Briefen am nächsten Werktag) plus die Auflagen zur Verrechnung von landesweit einheitlichen Gebühren v.a. im ländlichen Bereich zu verlustbringenden Leistungen.[144] Die lange gepflegte Praxis der stark defizitären Zeitungszustellung durch die Post

---

141 OFTEL 1995, S.35. Auch in den USA gibt es abgeschwächte Universaldienst-Auflagen, die von den regionalen „Franchising Authorities" festgelegt werden können.

142 In den USA wird seit den 90er Jahren Wettbewerb im KATV-Bereich verstärkt gefördert. Im Cable Act of 1992 wurde festgelegt, daß keine exklusiven Franchises von den jeweils zuständigen Stellen mehr vergeben werden (siehe Baldwin/McVoy/Steinfield 1996, S.263).

143 So beispielsweise in Österreich; siehe Latzer 1996a.

144 Derartige Leistungen werden nicht nur wegen der hohen Kosten, sondern zunehmend auch aus ökologischen Gründen (Verkehrsaufkommen) kritisiert. Zur Analyse, wem die verschiedenen Universaldienst-Auflagen für die Brief- und Paketpost nutzen, siehe Elsenbast 1996.

wurde unter anderem mit dem politischen Ziel der universellen Verbreitung von *Printmedien* begründet. Kostendeckungsgrade unter zehn Prozent führten in etlichen Ländern zu massiven Defiziten der Post. Der durch die Liberalisierung des Sektors entstehende Effizienzdruck macht Strukturveränderungen notwendig.[145]

In einer *integrativen Mediamatik-Politik* muß davon ausgegangen werden, daß die Universaldienst-Ziele nicht nur innerhalb des elektronischen Kommunikationssektors abzustimmen sind, auch *Wechselwirkungen* mit Zielen aus anderen Sektoren müssen berücksichtigt werden. Die Beendigung der isolierten Sichtweise und Politik des elektronischen Kommunikationssektor legt beispielsweise nahe, die Universaldienst-Auflagen für die Briefpost aufgrund der Annäherung an die Telefonvollversorgung der Privathaushalte und der steigenden Verfügung über Faxgeräte und PCs mit Modems zu überdenken.[146] Ist nämlich der universelle Anschluß aller Haushalte mit Telefonen erreicht, stellt sich die Frage, inwieweit parallel dazu Auflagen (Subventionen) in Richtung eines universellen Briefpostdienstes noch gerechtfertigt sind. Könnte in diesem Fall nicht darauf verzichtet oder zumindest kostenintensive Auflagen gelockert werden? So zum Beispiel die Verpflichtung, daß Briefe auch in entlegene Gebiete innerhalb eines kurzen Zeitraum zugestellt werden müssen.[147]

Weiters ist zu fragen, inwieweit bildungspolitische Ziele im Rahmen der Universaldienst-Definition berücksichtigt werden sollen, etwa die Einführung von Internet als Universaldienst für Schulen und Bibliotheken. Diese Vorgangsweise verlangt nach einer integrativen Politik und nach einer dementsprechenden Institutionalisierung im Mediamatik-Sektor.

Mit zunehmender Diffusion einer Fülle neuer Dienste wird die *Neudefinition* des Universaldienst-Umfanges aktuell. Soll Internet zum Universaldienst erhoben werden, ein KATV-Anschluß oder gar ein Glasfaser-Breitbandanschluß? Wie läßt sich das politisch/wirtschaftlich rechtfertigen, und vor allem, ab welchem Zeitpunkt? Kann auch die Subventionierung von Unterhaltungsdiensten im öffentlichen Interesse liegen?[148]

---

145 In diesem Zusammenhang wird beispielsweise auch diskutiert, ob die Presseförderung in Richtung einer Distributionsförderung reformiert werden soll.

146 Laut einer Untersuchung in Deutschland ist jedoch das Substitutionspotential für Briefe (gemessen an der Ausstattung und der Einstellung der Haushalte) Mitte der 90er Jahre „nicht sehr ausgeprägt" (siehe Baldry 1996, S.V).

147 Es ist auch zu überlegen, ob nicht die geförderte Ausstattung mit elektronischen Medien in ausgewählten Regionen kostengünstiger käme als Universaldienst-Auflagen für die Briefpost.

148 Das Ziel der Qualitätskonkurrenz im öffentlich-rechtlichen Rundfunk spricht beispielsweise dafür.

Wer beziehungsweise welches Gremium soll diese Entscheidungen treffen? Die britische Regulierungsinstitution OFTEL rät diesbezüglich zur Etablierung einer „Universal Service Advisory Group" für die *Beratung* der Regulierungsbehörde;[149] der US Telecommunications Act of 1996[150] sieht die Einrichtung eines „Federal-State Joint Board on Universal Service" als Beratungsgremium der FCC vor.

Für die dynamische Festlegung der Universaldienst-Definition bieten sich soziale, politische und ökonomische Kriterien an. Die Entscheidung über den Umfang der Universaldienst-Erweiterung hängt zum einen vom spezifischen Entwicklungsstand der Mediamatik-Dienste im jeweiligen Land ab, zum anderen ist auch die gegenseitige Beeinflussung von nationalen Strategien zu berücksichtigen. Im US Telecommunications Act of 1996 wurden allgemeine Universaldienst-Prinzipien festgelegt und eine dynamische Definition, die periodisch den jeweiligen Rahmenbedingungen anzupassen ist, wobei auch die Kriterien für die jeweilige Festlegung der Definition festgeschrieben wurden.

Die wesentliche *Begründung* für Universaldienst-Auflagen bei Telefondienst, Rundfunk und Briefpost ist, daß Privathaushalten ohne Zugang zu diesen Diensten Lebenslagenachteile erwachsen. Für die Erweiterung des Universaldienst-Umfangs auf neue Dienste heißt dies, daß vorerst evaluiert werden muß, inwieweit die Nichtteilnahme an diesen Diensten zu Nachteilen führt.

Der Zusammenhang der Universaldienst-Politik mit der Problematik der „Information Haves" (Informations-Habenden) und „Have Nots" (Habenichtsen) ist evident: Die Gefahr liegt nicht darin, daß mittels neuer Kommunikationssysteme à la Internet eine Fülle von Diensten angeboten wird. Sie tritt vielmehr dann auf, wenn diese Dienste, zum Beispiel das Bürgerservice der öffentlichen Hand, nicht mehr über andere, konventionelle Wege, nicht in gleicher Qualität oder nur mit eklatant höherem Aufwand genutzt werden könnten. Bei der Beurteilung der Universaldienst-Anwärter muß auch versucht werden, zwischen Einführungsstrategien und dem Normalbetrieb zu differenzieren.

Das Beispiel der Gehaltskonteneinführung zeigt das Muster der wirtschaftlichen Logik: Zuerst die optionale und v.a. kostenlose Einführung, dann der Übergang zur Verpflichtung zum Konto, da die Alternativen inzwischen beseitigt wurden; schlußendlich die Einführung und konstante Steigerung von Kontogebühren. Beim Angebot öffentlicher Dienste über elektronische Medien wie Internet, das sich der-

---

149   Siehe OFTEL 1994.

150   <http://www.bell.com/legislation/s652final.html>

zeit noch für viele Benutzer in der entgeltfreien Einführungsphase befindet,[151] ist dies von Anfang an zu berücksichtigen. Für die Dienstanbieter sind die erhöhten Kosten des parallelen Dienstangebots (traditionell und elektronisch) ohne zusätzliche Einnahmen auf Dauer nicht tragbar. Dieses Problem stellt sich v.a. auch bei der Einführung elektronischer Bürgerdienste, insbesonders in Zeiten von allgemeinen Budgetkrisen und Sparpaketen. Bei derartigen Diensten ist zu beachten, ob sie zur Einschränkung oder gar zum Verlust des traditionellen Bürgerdienstes führen. Davon soll nämlich abhängen, ob Universaldienst-Verpflichtungen gerechtfertigt sind, ob es ohne sie zu einer neuen Trennlinie in der Gesellschaft zwischen Informations-Habenden und Habenichtsen käme. Falls Bürgerdienste auf elektronische Medien umgeschichtet werden sollen, stellt sich die Aufgabe, die entsprechenden Medien auch universell verfügbar zu machen. Öffentlich zugängliche Terminals sind dafür bloß eine Hilfs- und Übergangskonstruktion, wie die Geschichte des Telefons zeigt.

Die Überlegungen beschränken sich natürlich nicht auf öffentliche Dienstangebote. Generell ist im Rahmen einer dynamischen Universaldienst-Definition zu prüfen, wie wichtig die neuen Dienste beziehungsweise ein Breitbandanschluß für die individuelle und gesellschaftliche Entwicklung sind. Falls sie als wichtig erachtet werden, sollte dies zur Erweiterung der Universaldienst-Definition führen, wobei – wie in der Entwicklungsgeschichte des Telefons – stufenweise vorgegangen werden kann: Dies kann geografisch/demographisch (vorerst die Ballungsräume, dann flächendeckend) oder sektorspezifisch (vorerst im Bildungs- und Gesundheitssektor) erfolgen. Als Grundvoraussetzung für die Aufnahme eines Dienstes in den Universaldienst-Rang sollte jedoch verlangt werden, daß sich dieser vorerst bis zu einem gewissen Diffusionsgrad im Wettbewerb durchgesetzt hat.

Entsprechend dem Prinzip der *Technikneutralität* sollte die neue Universaldienst-Definition nicht technisch, sondern funktional festgelegt werden. Ob ein Anschluß mittels Kabel oder Funk, mittels Glasfaser oder Satellitenkommunikation hergestellt wird, sollte zweitrangig bleiben und dem Markt überlassen werden. Die Universaldienst-Strategie ist nicht nur stufenweise entsprechend dem jeweiligen Entwicklungsstand zu definieren, sondern auch sektorspezifisch nach *Zielgruppen*. Während in der bisherigen Universaldienst-Strategie die Versorgung beziehungsweise der Anschluß der Privathaushalte der alleinige Maßstab für die Politik war, sollte in einem differenzierteren Universaldienst-Konzept auch der Anschluß von spezifischen Institutionen maßgeblich sein, etwa von Schulen, Bibliotheken und

---

151 Für Studierende und Wissenschafter meist gänzlich kostenlos; für alle anderen Teilnehmer zumindest mit großteils kostenlosen Informationsangeboten.

Gesundheitseinrichtungen.[152] Die im Wettbewerb stehenden Anbieter von Distributionswegen können mitunter auch aus Eigeninteresse die entgeltfreie Versorgung diverser Institutionen betreiben. Beispielsweise entschloß sich die britische „Cable Communications Association" im Februar 1995 zum kostenlosen Anschluß sämtlicher Schulen, an denen ihr Netz vorbeiführt.[153]

Die Ausdehnung der staatlichen Eingriffe setzt eine Neudefinition beziehungsweise Erweiterung des „öffentlichen Interesses" im Mediamatik-Sektor voraus. Die Grundlage für eine differenzierte Universaldienst-Politik kann eine Matrix bilden, die entsprechend den jeweiligen öffentlichen Zielen die universal zur Verfügung zu stellende Kommunikationsdienste und die damit zu versorgenden Zielgruppen festlegt (siehe Tabelle 20). Derartige Festlegungen gelten jeweils für einen festzusetzenden Zeitraum und werden periodischen Reviews unterzogen.

Tabelle 20:   Musterformular einer Universaldienst-Matrix; Grundlage für eine differenzierte Politik nach Diensten und Zielgruppen

	Telefon	TV	Internet	Interaktiver BB-Anschluß	...
Privathaushalte	x	x			
Krankenhäuser	x	x		x	
Schulen	x	x	x	x	
Gemeinden	x		x		
Bibliotheken	x	x	x		
...					

BB   Breitband

Neben der Neudefinition der Universaldienst-Ziele, der Festsetzung der Finanzierung und der erweiterten Transparenz ist auch die verstärkte *Kontrolle* von zentraler Bedeutung. Mit der Erweiterung der Zielsetzung werden auch die Kontrollkriterien neu festgelegt. Der Zugang zu einem Dienst kann von unterschiedlicher Qualität sein. Die Festlegung von meßbaren Qualitätsmerkmalen soll dies verhindern.[154] Schließlich spielen in einem liberalisierten Umfeld auch die Sanktionsmöglich-

---

152   Zur Differenzierung zwischen „household, community and institutional access" und der Entwicklung von entsprechenden Kriterien siehe Hudson 1994.

153   Siehe OFTEL 1995, S.36. Der Zugang von Schulen, Bibliotheken und Gesundheitseinrichtungen zu fortgeschrittenen Telekommunikationsdiensten wurde auch als eines der Universaldienst-Prinzipien im US Telecommunications Act of 1996 festgeschrieben.

154   Für den Telefondienst sind dies beispielsweise die Wartezeit auf einen Telefonanschluß und die Dauer des Verbindungsaufbaus.

keiten eine bedeutende Rolle (Pönale, Entzug der Lizenz etc.) und müssen ebenfalls explizit festgelegt werden.[155]

Nicht nur der Zugang von *Konsumenten* zu neuen Diensten (Inhalten) ist zu berücksichtigen, sondern auch der Zugang von *potentiellen Informations-Produzenten* zu den Verteilungskanälen. Hier ist zu klären, inwieweit – gemäß dem Ziel der Kommunikationsfreiheit – das verbriefte Recht auf die entgeltfreie Verwendung von Distributionskanälen geschaffen werden soll. Ähnlich wie im amerikanischen KATV-Bereich,[156] könnten beispielsweise regulatorische Auflagen für sämtliche Anbieter von integrierten Breitbandnetzen eingeführt werden, eine bestimmte Anzahl von *„offenen" Kanälen* (access channels) für „public access" (für alle zugänglich, z.B. nach dem „first-come/first-serve"-Prinzip), „educational access" (für sämtliche Bildungseinrichtungen; z.B. für Informationen über ihr Angebot und Veranstaltungen) und „government access" (für öffentliche Verwaltungen auf nationaler, regionaler und lokaler Ebene) entgeltfrei zur Verfügung zu stellen.

Die genauen Anforderungen an die Regulierungspolitik werden nicht zuletzt erst von der zukünftigen *Akzeptanz* neuer Dienste und auch von der Netzstruktur der sich durchsetzenden technisch/organistorischen Alternativen abhängen. Falls sich integrative Breitbanddienste für die Haushalte durchsetzen und darüber vorwiegend Dienste mit *bedingtem Zugang* (Pay-Services) angeboten werden, verschärft sich beispielsweise die Problematik der Kluft zwischen Habenden und Habenichtsen, wobei die Trennung weniger mit der „computer and media literacy" (Tecnofluency) gekoppelt ist als vielmehr mit dem verfügbaren Einkommen. Denn jene Angebote, für die sich zahlendes Publikum findet, werden von Free- zu Pay-Diensten verlagert werden (z.B. Sport und Spielfilme). In diesem Zusammenhang ist beispielsweise die gesellschaftspolitische Entscheidung zu treffen, ob und inwieweit Sportübertragungen universell (zum Nulltarif) verfügbar sein sollen. Insgesamt würde der massive Trend zu Diensten mit bedingtem Zugang zu einer verschärften, vom Einkommen abhängigen Ungleichheit beitragen,[157] der mit weit definierten, auch inhaltlichen Universaldienst-Strategien zum Teil entgegengesteuert werden kann. Die im nächsten Abschnitt diskutierte Neugestaltung des öffentlichen Rundfunks ist eine zentrale Variable in der erweiterten Universaldienst-Strategie der Mediamatik.

---

155 Die britische Regulierungsinstitution OFTEL bekam 1992 mittels des „Competition and Services (Utilities) Act" verstärkte Rechte der Überwachung der Universaldienst-Verpflichtungen zugesprochen.

156 Vgl. Baldwin/McVoy/Steinfield 1996, S.84ff, 398f.

157 Bei einer rein marktmäßigen Entwicklung würde dann das Einkommensniveau darüber bestimmen, ob das bessere Unterhaltungs- und Bildungsangebot konsumiert werden kann; auch von unerwünschter Werbung – etwa bei Kinderprogrammen – könnten sich nur Besserverdienende freikaufen.

6.6.2. Öffentlicher Rundfunk in der Mediamatik

Wie bereits in Kapitel 2 ausgeführt wurde, geraten die öffentlich-rechtlichen Rundfunkunternehmen, die den europäischen Rundfunkmarkt bis in die 80er Jahre dominierten, durch die aktuellen Trends der Liberalisierung, Globalisierung und Konvergenz mehrfach unter Druck. Die Mediamatik verlangt auch hier nach einer veränderten Sichtweise und nach neuen, adäquaten Strategien. Nach der Erläuterung der Problemstellung wird ein integrativer Reformansatz für den öffentlichen Rundfunk
vorgestellt, der an die oben skizzierte Universaldienst-Politik anschließt.

Die Marktentwicklung der beiden letzten Jahrzehnte ging international in Richtung
eines dualen Rundfunksystems,[158] das ebenso wie das Bildungs- und Gesundheits-
wesen aus einem privaten und einem öffentlichen Wirtschaftsbereich besteht. Pri-
vatwirtschaftliche und öffentliche Medienorganisationen unterscheiden sich idealtypisch darin, daß erstere im privaten Besitz, gewinn- und nachfrageorientiert sind,
individuelle Nutzenmaximierung anstreben und am Grad der Rentabilität gemessen
werden. Öffentliche Medienorganisationen sind hingegen im öffentlichen Besitz,
sachziel- (Erfüllung des öffentlich-rechtlichen Auftrags) und angebotsorientiert,
streben gesellschaftliche Nutzenmaximierung an, werden kollektiv finanziert
(Gebühren) und am Grad der Sachzielerreichung gemessen.[159]

Die zentrale Rechtfertigung der öffentlich-rechtlichen Organisationsform liegt in der
gesellschaftlich erwünschten Erfüllung eines öffentlich-rechtlichen Auftrags, der –
bei unterschiedlicher Schwerpunktsetzung – meist einen Bildungs- und Kulturauf-
trag, die Sicherung von Vielfalt, die Wahrung des Qualitätniveaus, den Schutz von
Minderheiten und der nationalen Identität beinhaltet. Mit dem Argument, die rein
marktmäßige Versorgung führe nicht zu diesen Zielen (Marktversagen[160]), werden
staatliche Interventionen gerechtfertigt, in Europa die öffentlich-rechtliche Organisationsform, aber auch Marktzugangs-, Inhalts- und Preisregulierungen
(Subventionen) legitimiert.

Im Idealfall kann sich das öffentlich-rechtliche Unternehmen an Sachzielen orientieren, ohne sich im Wettbewerb behaupten zu müssen. De facto ergibt sich jedoch
aufgrund der üblichen Mischfinanzierung (Gebühren und Werbung) eine andere

---

158 Siehe Abbildung 6 in Abschnitt 2.2.2.
159 Für eine detaillierte Gegenüberstellung der idealtypischen privatwirtschaftlichen und öffent-
     lichen Medienorganisation siehe Kiefer 1996, S.9.
160 Siehe dazu Abschnitt 1.3.

Ausgangslage.[161] Werbungsfinanzierung erfordert nämlich speziell im Wettbewerb eine kommerzielle Unternehmensstrategie, die sich an den Interessen der Werbewirtschaft orientieren muß. Die Mischfinanzierung bringt die Notwendigkeit der Kombination zweier schwer zu vereinbarenden Strategien: Im Unterschied zum öffentlich-rechtlichen Rundfunk ist das Unternehmensziel des werbungsfinanzierten, kommerziellen Rundfunks der Verkauf von Publikum an die Werbeindustrie – ein Publikum, das mit massenattraktiven Programmen gewonnen werden muß.[162] Bei zunehmendem Wettbewerb um Werbungseinnahmen wird für das öffentliche Medienunternehmen die reine Konzentration auf Sachziele unmöglich. Die Strategien zur Sicherung und des Ausbaus der Werbungseinnahmen stehen zunehmend im Widerspruch zur Erfüllung der im öffentlichen Auftrag vorgegebenen Aufgaben. Um die Sachzielorientierung weiterzuführen, bieten sich zwei Möglichkeiten an, enweder (1) die Leistungen auf jenes Maß zu reduzieren, das durch die Gebühreneinnahmen abgedeckt werden kann (mit dem Problem der Marginalisierung des öffentlichen Rundfunks), oder (2) die Erschließung alternativer Finanzierungsformen.

- Zur ersten Strategie zählt die *Reduktion des Programmangebots* auf komplementäre Produkte, die nicht von privatwirtschaftlichen Anbietern abgedeckt werden. Damit soll der Unterschied zu kommerziellen Programmen gewahrt bleiben und das mit der Werbungsfinanzierung verknüpfte Dilemma vermieden werden. Bei der Einschätzung dieser Strategie ist zu bedenken, daß die Unterschiede im Programmangebot zwischen privatwirtschaftlichen und öffentlich-rechtlichen Unternehmen bei steigendem kommerziellen Programmangebot generell sinken. Dies geschieht deshalb, da ab dem Zeitpunkt, ab dem der Grundbedarf an massenattraktiven Programmen durch kommerzielle Anbieter abgedeckt ist, diese auch in Richtung Qualitätsprogramme diversifizieren.[163] Mit der Annäherung von privatwirtschaftlichem und öffentlichem Angebot droht die Schwächung der politischen Unterstützung öffentlich-rechtlicher Unternehmen.
- Bei der Variante der Erschließung *neuer Finanzierungsquellen* stehen (steuerlich geförderte) Spenden, Mittel aus dem allgemeinen Budget, zweckgebundene Abgaben anderer Medienunternehmen und die Diversifikation in neue Geschäftsfelder zur Auswahl. Diese letztgenannte Option wird in etlichen Ländern angestrebt, auch für den Prototyp der öffentlichen

---

161 Beispielsweise stammen in Österreich rund 50 Prozent der Finanzierung des ORF aus Werbungseinnahmen.

162 Zur Ökonomie des kommerziellen Fernsehens siehe Owen/Wildman 1992.

163 Vgl. Owen/Wildman 1992, S.149; die Strategie des privatwirtschaftlichen Rundfunks geht nicht nur in Richtung Massenpublikum, da die Werbeindustrie auch an Zielgruppen mit spezifischen demographischen Charakteristika interessiert ist.

Rundfunkunternehmen, die BBC.[164] Die Signalverschlüsselung und individuelle Adressierbarkeit ermöglichen Dienste mit neuen Finanzierungsformen.[165] Der Einstieg öffentlich-rechtlicher Unternehmen in diese Marktsegmente birgt jedoch die Gefahr, daß dadurch die politische Unterstützung für die Gebührenfinanzierung geschwächt wird, da die Pay-Formen (Subskription oder Zahlung von Einzelleistungen) der neuen Dienste nicht mit den hinter der kollektiven Gebührenfinanzierung stehenden Motiven in Einklang gebracht werden können.[166] Die Rechtfertigung für die Gebührenfinanzierung könnte schwinden, da die Abgrenzung zum Angebot privatwirtschaftlicher Medienunternehmen abnimmt. Für die öffentlichen Rundfunkfirmen stellt sich die Aufgabe, die kommerziellen Geschäftsfelder vom öffentlichen Dienstangebot organisatorisch und finanziell zu trennen, um auch Spekulationen über Quersubventionen des Wettbewerbsbereichs aus Gebühreneinnahmen glaubwürdig abwehren zu können.

Abgesehen von den Finanzierungsstrategien stellt sich die grundlegende Frage, ob der öffentliche Rundfunk in der veränderten Multimedia-Landschaft nach wie vor eine *Existenzberechtigung* hat.[167] Kiefer kommt diesbezüglich zum Schluß, daß die Aufgaben und Funktionen des öffentlichen Rundfunks nicht nur trotz, sondern v.a. wegen der neuen Rahmenbedingungen in einer liberalisierten Multimedia-Welt unverzichtbar sind. Zur Sicherung der Grundversorgung seien laut Kiefer noch folgende Aufgaben hinzuzufügen:

> „- Sicherung von Qualitätswettbewerb,
> - Bereitstellung meritorischer Güter,
> - Antipode zu steigender Kommerzialität,
> - Vertretung des Gemeinwohls."[168]

---

164 Zur BBC-Strategie siehe Economist, 23. Dezember 1995 – 5. Jänner 1996, S.41ff. Zur Lösung der Finanzierungsprobleme wird bei der BBC auch überlegt, Übertragungskapazitäten und Teile der Produktion zu privatisieren.

165 Siehe dazu Abschnitt 4.3.

166 Kiefer (1996, S.12) rät aus diesem Grund zur Vorsicht beim Einstieg öffentlich-rechtlicher Unternehmen in Dienste mit Pay-Formen (Pay-TV, VOD, Teleshopping etc.).

167 Zur kontroversen Diskussion über die „Public Service"-Orientierung und die Legitimation von Markteingriffen siehe Hoffmann-Riem 1995 und 1995a.

168 Kiefer 1996, S.26.

6.6.2.1. Integratives Universaldienst-Konzept

Die nachfolgenden Reformüberlegungen beruhen auf der Annahme, daß über die oben aufgelisteten Aufgaben auch ausreichender politischer Konsens besteht. Im Unterschied zu bereits skizzierten Lösungsansätzen wird im Sinne einer weitgehend integrativen Mediamatik-Politik und in Erweiterung zu Abschnitt 6.6.1 versucht, nicht nur den Übergang zur dualen Marktordnung und damit den Liberalisierungstrend zu berücksichtigen, sondern auch verstärkt die Konvergenz im Kommunikationssektor und das daraus abgeleitete Ziel einer integrativen Politik für den Kommunikationssektor.

In der Mediamatik muß davon ausgegangen werden, daß gesellschaftlich erwünschte Ziele nicht nur über traditionelle Rundfunkdienste angestrebt werden können. Falls beispielsweise Internet zum Universaldienst gemacht wird, sollte darüber auch der Bildungsauftrag und das Ziel der nationalen Identität (gefördert) verfolgt werden können. Mit diesem Ansatz werden nicht nur die Kategorisierungsprobleme um den Rundfunkbegriff vermieden, es können auch die Vorteile des Medienmixes und des Wettbewerbs zur Zielerreichung genutzt werden. Mit anderen Worten steht nun das öffentliche Interesse und nicht mehr die Organisationsform des Anbieters im Vordergrund der Reformüberlegungen. Die starke Bindung der gesellschaftlichen Ziele im öffentlichen Auftrag an die öffentlich-rechtliche Rundfunkorganisation wird gelöst. Die Medienmix-Variante – das Abrücken von der Fixierung auf ein bestimmtes Medium (Rundfunk), um das gesellschaftlich gewünschte Ziel zu erreichen – hat den Vorteil, daß das jeweils adäquate Medium herangezogen werden kann.

Wenn die politische Strategie nicht primär an der Erhaltung der öffentlich-rechtlichen Organisationsform, sondern an den angestrebten Sachzielen des öffentlich-rechtlichen Auftrags orientiert ist, kann als Erweiterung der reformierten Universaldienst-Strategie im Telekommunikationssektor die Zielerreichung aus einem *Fonds* oder einer *Stiftung* finanziert und von verschiedenen Firmen erbracht werden.[169] Der Fonds kann alternativ aus Umsatzanteilen im Medienmarkt tätiger Firmen gespeist werden, aus dem Budget, aus Gebühreneinnahmen und Spenden. Gesellschaftlich gewünschte Qualitätsprogramme, Kultursendungen, Minderheitenprogramme etc., werden im Detail (inhaltlich spezifizierte Dienste) oder als Block (Erfüllung des Kulturauftrags für einen beschränkten Zeitraum) ausgeschrieben, wobei sich sämtliche am Markt tätigen Firmen um die Aufträge bewerben können. Das vormals öffentlich-rechtliche Rundfunkunternehmen könnte in ein privatwirtschaftlich

---

169 Zur Fondsfinanzierung von Qualitätsprogrammen siehe Grossmann 1995.

organisiertes Multimedia-Unternehmen übergeführt werden. Zu klären ist, inwieweit nationale beziehungsweise EU-Anbieter bei den Ausschreibungen bevorzugt werden.[170] Die Wettbewerbssituation soll die Kosten der Zielerreichung reduzieren. Die Evaluierung fondsfinanzierter Projekte erfolgt periodisch; für den Fall nichtzufriedenstellender Ergebnisse werden Sanktionen (Pönale, Lizenzentzug) vorgesehen. Die den Fonds verwaltende und die Aufträge evaluierende Kommission kann bei der integrierten Mediamatik-Regulierunginstitution oder beim Parlament angesiedelt werden. Der Fonds könnte auch mit dem in Abschnitt 6.6.1 skizzierten Universaldienstfonds gekoppelt werden, und zwar nicht nur institutionell, sondern auch inhaltlich. Während die traditionelle Universaldienst-Politik bisher v.a. das Zugangsproblem zur digitalen Welt im Auge hat, konzentriert sich die integrierte Fondslösung auch auf das inhaltliche Angebot in der „digitalen Welt". Eine institutionelle und inhaltliche Koordination in Richtung eines *integrierten Universaldienstfonds* erscheint daher sinnvoll. Jene Dienste, die im Zuge der periodischen Evaluierung als Univeraldienste gefördert werden, sollten, je nach ihrer spezifischen Eignung, auch zur Erfüllung des Kultur- und Bildungsauftrages, der Förderung von Vielfalt, von Minderheiten etc. herangezogen werden.[171]

---

170   Industriepolitisch motivierte Quotenregelungen bezüglich des angebotenen Inhalts gibt es nicht nur für den Rundfunk innerhalb der EU (50 Prozent, festgelegt in der „Fernsehrichtlinie"), sondern beispielsweise auch in Kanada (rund 60 Prozent beim Fernsehen – vgl. Racine 1995, S.19).

171   Falls also zum Beispiel der Zugang zum Internet als Universaldienst-Aufgabe festgelegt wird, dann sollte es auch möglich sein, darüber transportierte inhaltliche Angebote mit Fondsmittel zu fördern.

7. Resümee

Mit Hilfe einer integrativen Sichtweise wird versucht, den Umbruch im elektronischen Kommunikationssektor systematisch zu erfassen und die vorherrschende Dichotomie in Telekommunikation und Rundfunk (Medien) zu überwinden. Es werden Ansatzpunkte für die Analyse jener Veränderungen vorgestellt, deren Diskussion durch die Schlagworte Information Highway, Multimedia und Cyberspace geprägt ist, und Grundzüge eines integrativen Politikmodells für den elektronischen Kommunikationssektor abgeleitet.

Der Kommunikationssektor wird im gesellschaftlichen, sein soziotechnischer Wandel im historischen Kontext untersucht, als Basis dient ein interaktives Verständnis des Zusammenhangs von technischen und gesellschaftlichen Veränderungen. (Abschnitt 1.2) Gesellschaftliche Problemstellungen, insbesonders jene, die den Kommunikationssektor betreffen, orientieren sich bekanntlich nicht an disziplinären Grenzziehungen in der Wissenschaft. Deshalb verlangt die Analyse des Konvergenzprozesses und der Mediamatik nach einem interdisziplinären Mix von Ansätzen, der hier unter der Klammer des Technology Assessment auf den Umbruch im Kommunikationssektor angewandt wird. Theoretische und methodische Anleihen werden v.a. aus der Ökonomie, der Kommunikations- und der Politikwissenschaft genommen. (Abschnitt 1.2, 1.3)

Eine umfassende und detaillierte Analyse von Teilproblemen ist in diesem Rahmen nicht leistbar – zu weit ist die Themenstellung, zu früh die Phase der Entwicklung, auch die länderübergreifende Ausrichtung und der Versuch der Integration von Ansätzen aus verschiedenen Disziplinen macht die Aufgabe nicht leichter. Also wird die Studie vielmehr als *Basis* und *Rahmen* für ein Forschungsfeld zur *Konvergenzproblematik* konzipiert, für Detailanalysen und für die Ableitung konkreter, länderspezifischer und supranationaler Politik-Strategien für die Mediamatik.

Zentraler *Untersuchungsgegenstand* ist das an der Schwelle zum 21. Jahrhundert sich neu formierende elektronische Kommunikationssystem – von mir Mediamatik genannt. Sie wird als Ergebnis eines soziotechnischen Transformationsprozesses analysiert, dessen Kernstück die *Konvergenz* von Telekommunikation, Computer und Rundfunk in Kombination mit dem *Liberalisierungs-* und *Globalisierungstrend* bildet.

Der Konvergenztrend wird in *zwei Schritte* unterteilt, in die Herausbildung der Telematik (Telekommunikation & Computer) und die Entstehung der Mediamatik (Massenmedien & Telematik). (Abbildung 3) Die Untersuchung konzentriert sich auf den zweiten Konvergenzschritt in den Industrieländern. Der Computerbereich (Hard- und Software) kann als Bindeglied zwischen Telekommunikation und Rundfunk gesehen werden. Darüber hinaus werden auch andere Branchen, etwa der Printsektor, die Unterhaltungselektronik und die Filmindustrie vom Konvergenzprozeß erfaßt. (Abbildung 4)

Die Konvergenz ist auf *mehreren Ebenen* beobachtbar: Es vollzieht sich eine technische, funktionale und unternehmensbezogene Konvergenz, mit unterschiedlicher Intensität und unterschiedlichen Konsequenzen. Sie ist keinesfalls mit einer Fusion zu verwechseln, ihr Produkt, die Mediamatik, unterscheidet sich deutlich von der Summe der Teile.[1] Neben den Indikatoren *für* die Konvergenz werden auch eine Reihe von politischen und ökonomischen *Konvergenzhemmnissen* identifiziert, die ebenfalls in der Analyse zu berücksichtigen sind. (Abschnitt 2.2.2.2) Da der Konvergenztrend nur in seiner Wechselwirkung mit dem *Liberalisierungs-* und *Globalisierungstrend* erfaßbar ist – wobei jeweils auch Gegenbewegungen zu berücksichtigen sind – wird besonderes Augenmerk auf politische und wirtschaftliche Veränderungen, speziell auf das Verhältnis von Markt und Staat im Kommunikationssektor gelegt. (Kapitel 2)

Um den soziotechnischen Wandel im Kommunikationssektor zu erklären, ist es vorerst notwendig, das Wesen des Konvergenzprozesses, die Charakteristika und insbesondere die *Unterscheidungsmerkmale* der Mediamatik im Vergleich zu den bislang getrennten Kategorien Telekommunikation und Rundfunk zu untersuchen. (Kapitel 2) Anschließend wird die Frage behandelt, welche Anforderungen Konvergenz und Mediamatik an die wissenschaftliche Analyse und an die Kommunikationspolitik stellen. (Kapitel 5, 6)

Der soziotechnische Wandel im elektronischen Kommunikationssektor wird auch und vor allem als *Paradigmenwechsel* untersucht: Aus der Veränderung der vorherrschenden, gemeinsamen Sichtweise leitet sich auch eine Veränderung des dominanten Handlungsmusters ab. So gesehen befinden wir uns am Ende des 20. Jahrhunderts in einer den Paradigmenwechsel kennzeichnenden Krise des alten Paradigmas, die in ein neues führen wird. Die Veränderungen sind kein Zusatz, keine Erweiterung des alten Paradigmas des Kommunikationssektors, sie sind nicht damit vereinbar.

---

1   Zur Vermeidung mißverständlicher Assoziationen zum Konvergenzbegriff ist dessen spezifische Bedeutung im Rahmen dieser Arbeit zu berücksichtigen. (Abschnitt 1.1)

Symbolische Politik. Anhand ausgewählter Beispiele wird gezeigt, wie das öffentliche Verständnis der aktuellen Entwicklungen im Kommunikationssektor durch Mythen, Metaphern und Analogieschlüsse geprägt ist. Durch die Wahl der Metaphern wird der Öffentlichkeit ein selektives Verständnis vermittelt, die wesentlichen Intentionen, die „Hidden Agenda", bleiben somit oft im Dunkeln. Die Analyse beurteilt den von der Politik propagierten Begriff der „Informationsgesellschaft" als *Mythos* (Abschnitt 1.5) und den des „Information Superhighway" als *Hype.* (Abschnitt 1.6) Die Verwendung des Jahrzehnte alten Begriffs Informationsgesellschaft durch die Politik und deren Versuch, ihn mit überwiegend positiven Zukunftserwartungen zu belegen, ist nichts weiter als die Wiederaufnahme eines bereits in den 80er Jahren gescheiterten Makroleitbildes. Seine Funktion und sein Zweck hat sich in den 90er Jahren gewandelt, und zwar in Richtung politischer Durchsetzungs- und Beschleunigungsstrategie von Liberalisierungen, Umstrukturierungen und Investitionen in den Sektor. Ähnlich ist auch die mit dem Schlagwort *Teledemokratie* postulierte demokratisierende Wirkung von „Neuen Medien" einzuschätzen – als Teil pauschaler Rechtfertigungs- und Motivationsstrategien für Investitionen in den „Information Superhighway". (Abschnitt 1.7) Da Demokratisierung ein politischer und kein technischer Prozeß ist, verlangt sie in erster Linie nach dem entsprechenden politischen Willen und nach kulturellen Rahmenbedingungen. Mediamatik-Dienste lösen jedenfalls keinen Automatismus in Richtung Demokratisierung aus, sie eignen sich aber zur Umsetzung von Demokratisierungszielen, wobei der Grad der Eignung freilich nicht unbedingt mit steigender Interaktivität korreliert.

Metaphern erzeugen eine selektive Aufmerksamkeit, das Verständnis des Neuen wird durch die Anbindung an bereits Bekanntes geprägt. In den 90er Jahren geschieht dies durch die häufige Verwendung von *Leitungsmetaphern* (Datenhighway etc.), die die Aufmerksamkeit auf wirtschaftliche (Infrastruktur-) Aspekte lenken. In Abschnitt 1.8 wird für die gleichwertige Verwendung von *sozioräumlichen Metaphern* (digitale Welt, elektronischer Raum) plädiert. Damit sollen auch die sonst verdeckten sozialen Interaktionen und Kommunikationsaspekte, die Analogieschlüsse zu Problemstellungen der Architektur und Raumplanung in der „fleischlichen Welt" in den Mittelpunkt der Betrachtung gerückt werden, und auf diese Weise auch die Möglichkeiten und Notwendigkeiten des sozialen Designs.

Die *Entwicklungsgeschichte* des elektronischen Kommunikationssektors wird in Kapitel 2 nachgezeichnet, unterteilt in die Etablierung der weitestgehend getrennten Subsektoren Telekommunikation und Rundfunk, und die nachfolgenden Konvergenzschritte.

- *Kreisförmige Entwicklung.* Technisch gesehen, aber auch in bezug auf die Marktorganisation,[2] läßt sich die Entwicklung des elektronischen Kommunikationssektors als kreisförmige Bewegung darstellen. Die Rundfunktechnik ist ursprünglich ein Ableger der drahtlosen Telekommunikationstechnik (beide auf analoger Basis) und wird nun im Rahmen der Konvergenz (beide auf digitaler Basis) wieder mit der Telekommunikationstechnik zusammengeführt. Wirtschaftlich betrachtet begannen sowohl Telekommunikation als auch Rundfunk in etlichen Ländern privatwirtschaftlich und unreguliert, wurden dann aber verstaatlicht und strikten Regulierungen unterworfen. In den letzten beiden Jahrzehnten des 20. Jahrhunderts werden sie wieder in einen privatwirtschaftlichen und liberalisierten Wirtschaftsbereich transformiert. (Abbildung 5 und 6)
- *Interessengeprägte Politik mit selektiven technischen und ökonomischen Argumenten.* Die konsequente Trennung in Telekommunikation und Rundfunk wurde zwar prominent mit technischen/strukturellen Begründungen argumentiert, war aber im Grunde politisch/wirtschaftlich motiviert. Zu berücksichtigen ist weiters, daß die von der Politik verwendeten technischen und ökonomischen Argumente meist keine rein sachlichen Entscheidungen zulassen – ganz im Gegensatz zu dem, was oft vorgegeben wurde (Frequenzknappheit, „natürliches Monopol"). Untersuchungen verweisen darüber hinaus auf die Gefahr des „regulatory capture" im Kommunikationssektor, also auf die Vernachlässigung des offiziell angestrebten „öffentlichen Interesses" (meist jenes der Konsumenten) gegenüber Partikularinteressen der Industrie.
- *Internationale Homogenität mittels Anpassungsdruck.* Beim Vergleich der Industrieländer fällt die weitgehende inhaltliche und zeitliche Übereinstimmung in bezug auf Marktstrukturen, Regulierung und Reformen der Sektoren auf. (Abbildungen 5, 6) Neben dem grenzüberschreitenden Charakter von Kommunikationssystemen und daraus erwachsendem Standardisierungsbedarf sind v.a. wirtschaftlicher und politischer Anpassungsdruck für die weitgehende Ähnlichkeit der Reformen verantwortlich. Die ungleichzeitige Liberalisierung und die sich daraus ergebende *asymmetrische Regulierungssituation* schaffen für die früh reformierenden Länder so lange wirtschaftliche Nachteile, bis die restlichen Länder nachgezogen haben. Wieder sind es weniger technische Innovationen, sondern vielmehr politisch/wirtschaftliche Motive, die die Veränderungen vorantreiben. Länder mit starker Industrie haben in einem liberalisierten Weltmarkt berechtigte Hoffnung auf die Erweiterung ihrer Marktanteile. Auch bei der

---

2   Beispielsweise in Österreich und Großbritannien.

weltweiten Liberalisierung gibt es eine *„kritische Masse"*, ab deren Erreichung die Marktöffnung nicht mehr aufzuhalten, bestenfalls noch zu verzögern ist. Im Fall der Telekommunikations- und Rundfunkliberalisie-
rung ist dieser Punkt schon lange überschritten.[3]

- *Vorreiterrolle der Triade.* Die Dynamik der asymmetrischen Regulierungssituation erklärt den Anpassungsdruck und die Homogenität der Entwicklung, nicht jedoch deren Ausgangspunkt. Die Analysen des internationalen Reformprozesses, nicht nur der Liberalisierung und Globalisierung,
sondern auch der NII-Konzepte in Richtung Konvergenz, belegen die
Dominanz der Triade USA, Japan und Europäische Union (Abschnitt 3.2)
und insbesondere die *Schrittmacherrolle der USA* für den soziotechnischen
Wandel im elektronischen Kommunikationssektor.

- *Homogene Reformen.* Die politisch/institutionellen Reformen im Tele-
kommunikations- und Rundfunksektor zeigen nicht nur im Ländervergleich große Homogenität, auch zwischen den Reformen der beiden Subsektoren Telekommunikation und Rundfunk existieren etliche Gemeinsamkeiten, die in Tabelle 21 stichwortartig zusammengefaßt sind.

Tabelle 21: Gemeinsamkeiten der politisch/institutionellen Reformen und Effekte
im Telekommunikations- und Rundfunksektor: Ausgangssituation für
die Mediamatik

• Schrittweise Liberalisierung; Marktöffnung auf sämtlichen Ebenen
• Einschränkung des nationalen Protektionismus
• Wachsender ausländischer Einfluß
• Stärkung der wirtschaftlichen Kalküle
• Reduktion des politischen Einflusses
• Stärkung der Konsumentenorientierung
• Industrie geht als Ansatzpunkt nationaler Politikfelder (Technologie-, Beschäftigungs-, Kultur- politik) tendenziell verloren
• Kompetenzverlagerung von der nationalen auf die supranationale Ebene
• Anzahl der Akteure im Sektor, insbesonders der transnational agierenden Akteure, steigt an

Die zahlreichen nationalen und globalen Strategie- und Aktionsprogramme zur
Informationsgesellschaft bauen zum Teil auf erwünschten oder willkürlichen
Annahmen über die weitere *Technik- und Dienste-Entwicklung* auf. Dennoch sind
derartige Prognosen von Bedeutung, weil sie die politische Gestaltung der Media-
matik mitbestimmen („selffullfilling prophecy"). In der Analyse der Technik- und
Dienste-Entwicklung im elektronischen Kommunikationssektor werden – nach der

---

3 Es sind v.a. kleine und mittlere Industriestaaten und Entwicklungsländer (Abschnitt 3.1), die
eine weitere Beschleunigung des Liberalisierungsprozesses zu verhindern suchen.

Diskussion der Prognosefähigkeit und von Diffusionsfaktoren – technische Verzweigungen und Trends in der Dienste-Entwicklung dargelegt (Kapitel 4):

- *Ungelöste Prognoseprobleme.* Die historische Analyse belegt die lange Tradition von Fehlprognosen im Kommunikationssektor und verweist auf Veränderungen der schwerpunktmäßigen Verwendung und Wirkung von Kommunikationstechniken während deren Lebenszyklen. Das sollte beispielsweise auch bei der Einschätzung des Internet mitbedacht werden. Trotz gestiegener Forschungsbemühungen finden sich keine zwingenden Indizien für eine entscheidende Verbesserung der Prognosesituation. Für die staatliche Politik läßt sich daraus ableiten, daß sie sich aufgrund des geringen Wissens über zukünftige Entwicklungen und der begrenzten Steuerbarkeit mehr auf die Verbesserung der Rahmenbedingungen, etwa auf die Regulierung und Förderung von „soft factors", konzentrieren sollte. (Abschnitt 4.1)
- *Wandel von Visionen.* Die dominanten Visionen über den Konvergenztrend haben sich im Laufe des letzten Jahrzehnts bereits verändert: Von der Erwartung eines alles integrierenden Universalnetzes (Breitband-ISDN) der 80er Jahre, die stark von den Interessen der vormaligen Monopolisten und deren privilegierten Zulieferfirmen geprägt war, hin zur Vision des „Netzes von Netzen" (Beispiel: Internet), das den Interessen der neuen Wettbewerber entspricht und den Schwerpunkt auf die Verbindbarkeit von Systemen und die Interoperabilität von Diensten legt.
- *Symbiose und Verschiebung statt Substitution.* Die *Substitutionseffekte* – sowohl zwischen elektronischen Medien, aber auch zwischen elektronischen und nicht-elektronischen Medien – werden beim Aufkommen neuer Kommunikationstechniken meist überschätzt. Einmal etablierte und weit akzeptierte Medien verschwinden in der Regel nicht mehr gänzlich. So entstehen im Konvergenzprozeß im wesentlichen *Verschiebungen* in der gesellschaftlichen Funktion und Nutzung, die verschiedenen Medien sind vielmehr *symbiotisch* miteinander verbunden – etwa Print- und elektronische Medien –, sie befinden sich weniger in einem Verdrängungswettbewerb. (Abschnitt 4.4)
- *Mediamatik-Baukasten statt Einheitssystem.* Die technische Grundlage und Infrastruktur für die Mediamatik läßt sich nicht als monolithisches, starres Einheitssystem, sondern als Baukasten charakterisieren. (Abbildung 19) Im Unterschied zu den klassischen Kommunikationssystemen, wo die Zusammensetzung der Bauteile (Dienst, Distributionskanal, Endeinrichtung) weitgehend vorgegeben war, sind in der Mediamatik die Bauteile der verschiedenen Kategorien flexibel zusammenstellbar. Die Digitalisierung von Telekommunikation und Rundfunk liefert den universellen

Kode, sie ist ein wesentlicher Schritt in Richtung einer einheitlichen Basis. Das Ausmaß der Kombinationsmöglichkeiten, die Vielzahl der daraus konstruierbaren neuen Dienste und die Einfachheit ihrer Konstruktion, schlußendlich auch der Grad an Konvergenz hängen aber von weitergehenden *Standardisierungen* (Technik, Organisation, Vergebührung, Regulierung) auf nationaler und v.a. auf internationaler Ebene ab. (Abschnitt 4.3)

- *Neue Technik und alte Inhalte.* Die derzeitigen Entwicklungen, etwa die zum digitalen Fernsehen, beinhalten technische Basisinnovationen und neue technische Kombinationen. Es mangelt jedoch an neuen Inhalten. Die politisch-strategischen Initiativen werden daher zum Teil von der Förderung der Technik hin zur Anwendungs- und Diffusionsförderung verlagert. Insbesonders wird – bisher erfolglos – nach „Magnetdiensten" oder „Killer-Applications" für Breitbandnetze gesucht, die eine Eigendynamik in der Dienste-Entwicklung in Gang setzen könnten. Dabei wird die *Benutzerbeteiligung* bei der Dienste- und Anwendungsentwicklung zunehmend als Akzeptanzfaktor verstanden; bei der Beurteilung von *Pilotprojekten* besteht die Gefahr, daß deren Grad an „Realitätsferne" (Kosten, Externalitäten) vernachlässigt wird.

- *Langsamer als prognostiziert.* Technische Neuerungen und politische Reformen werden in der Regel weit langsamer vollzogen, als ursprünglich erwartet wurde. Das trifft auch für die Konvergenz und die damit verknüpften technischen, organisatorischen und politischen Veränderungen zu. Es handelt sich, sowohl zeitlich als auch inhaltlich betrachtet, eher um einen evolutionären Prozeß, entgegen dem in NII- und GII-Strategieprogrammen erweckten Eindruck des revolutionären Umbruchs. Die Verzögerungen werden bereits bei der Durchführung von Teilprojekten (VOD, digitaler Rundfunk etc.) deutlich.

Die Analyse des sich abzeichnenden Mediamatik-Baukastens und die Antizipation politisch/wirtschaftlicher Entwicklungen auf der Basis historischer Analysen und Trends läßt auf eine Reihe von *Charakteristika der Mediamatik* schließen, die in Tabelle 22 zusammengefaßt sind. Um die Unterschiede gegenüber den klassischen Kategorien Telekommunikation und Rundfunk zur verdeutlichen, werden sie den traditionellen Charakteristika, oder anders ausgedrückt, den zunehmend obsoleten Unterscheidungsmerkmalen zwischen Telekommunikation und Rundfunk gegenübergestellt. (Kapitel 2, 4, 6)

Tabelle 22: Voraussichtliche, dominante Charakteristika der Mediamatik – im Vergleich zu den Unterscheidungsmerkmalen zwischen den traditionellen Kategorien Telekommunikation und Rundfunk

	TK-traditionell	RF-traditionell	Mediamatik-voraussichtlich
Technik:	• Vermittlungsnetze • kabelgebunden • Kupfer-Zweidraht • analog • Telefon, Computer	• Verteilnetze • Funk, terrestrisch • Koaxialkabel (KATV) • analog • TV-Gerät	• Netz von Netzen (meist Vermittl.netze) • hybrid: Glasfaser+ BB-Funk • digital • Teleputer (multifunktional)
Kommunikations-struktur:	• Individualkomm. (eins zu eins) • interaktiv (Zweiwegkomm.) • synchron (Sprache) + asynchron (Daten)	• Massenkomm. (eins zu viele) • distributiv (Einwegkomm.) • synchrone Übertragung	• Individual- und Gruppenkomm. nimmt relativ zu • interaktiv (abgestuft) • asynchron steigt an
Benutzerkontrolle:	• hoch	• niedrig	• hoch
Organisation:	• falls Inhalt, dann von Distribution getrennt	• Inhalt (Programm) und Distribution integriert	• Kombinationen diagonaler und vertikaler Integration
Institutionalisierung:			
Verteilung:	• PTO (EU: in öffentlicher Hand)	• RF-Unternehmen (EU: öffentlich-rechtlich)	• offen: traditionelle und alternative Netzanbieter
Regulierung:	• integriert mit Betrieb (PTO) • meist getrennt von RF	• getrennt von Betrieb; in Behörde, Ministerium • meist getrennt von TK	• unabhängig, für Komm.sektor tendenziell integriert
Politische Ziele:	• Universaldienst in abgeschwächter Form: • Beschäftigung • nationale Technikentw.	• öffentlicher Rundfunk • Vielfalt, Ausgewogenheit • kulturelle Identität	• Wettbewerbsfähigkeit • Arbeitsplätze • „integrativer" Universaldienst
Regulierung:			
Modell:	• Common Carrier	• originäres RF-Modell	• integratives Modell
Ansatz/Form:	• als Wirtschaftsgut • technikzentriert • Marktzutritt • Preis	• als Kulturgut • inhaltzentriert • Marktzutritt • Preis • Inhalt	• als Wirtschaftsgut • supranationale Regulierung nimmt zu • Inhalts- und Wettbewerbs-regulierung
Rechtfertigung/ kollektive Ziele:	• effiziente Infrastruktur • fairer Zugang • nationale Sicherheit	• kulturelle Identität, Vielfalt, Bildung, Jugendschutz	• Wettbewerbsfähigkeit • fairer Zugang • Vielfalt
gesell. Funktion/ Konsumenten:	• geschäftl. Kommunik. • geschäftl.+priv. Nutzung	• Freizeit/Unterhal-tung/Kultur/Bildung • private Nutzung	• geschäftliche und private Kommunikation
Tarifierung:	• Grundgebühr + zeit- und distanzabhängige Nutzungs-gebühr	• nutzungsunabhängige Grundgebühr	• Videokanal als Einheit der Tarifierung
Finanzierung:	• Gebühren	• Gebühren + Werbung	• Entgelt + Werbung; Fonds
zentrale gesell. Bedeutung:	• ökonomisch: hoch durch Umsatz u. Beschäftigung; Vorleistungen; Koordina-tionsfunktion	• Unterhaltung • Kultur/Bildung	• vorerst ökonomisch, dann kulturell

BB   Breitband
KATV Kabelfernsehen
PTO   Public Telecommunications Operator
RF   Rundfunk
TK   Telekommunikation

Über den bisherigen *Konvergenzprozeß* lassen sich folgende Aussagen treffen:

- *Dominanz der Telematik*. Im Konvergenzprozeß in Richtung Mediamatik dominiert die Telematik, sowohl bezüglich der unternehmerischen und politischen Initiativen, die gesetzt werden, als auch bei den absehbaren Merkmalen der Mediamatik. Die Rundfunkfirmen, insbesonders die öffentlich-rechtlichen Unternehmen, verhalten sich im Rahmen der politischen Strategieprogramme bezüglich Informationsgesellschaft vergleichsweise passiv.

- *Verzögerung zwischen kognitivem und organisatorisch/politischem Paradigmenwechsel*. Der Paradigmenwechsel, d.h. die Veränderung der dominanten Sichtweise des Kommunikationssektors, vollzieht sich vorerst auf der kognitiven Ebene. Der Konvergenztrend wird zwar zunehmend von der Wissenschaft, der Industrie und der Politik realisiert, der Schritt zum organisatorisch/politischen Paradigmenwechsel, zur konkreten Umsetzung des neuen Bildes in die Praxis, steht aber Mitte der 90er Jahre sowohl in der Wissenschaft als auch in der Politik noch am Anfang.

- *Dominanz isolierter Teilreformen*. Die weltweiten Reformen in den Telekommunikations- und Rundfunksektoren beschränken sich demgemäß bislang auf die einzelnen Sektoren und konzentrieren sich auf die Berücksichtigung der Liberalisierungs- und Globalisierungstrends. Integrative Ansätze der Telekommunikations- und Rundfunkpolitik (institutionell und inhaltlich) bilden die Ausnahme.

Zentrale strukturelle Veränderungen, die der Konvergenzprozeß hervorruft, und die sich daraus ableitenden Anforderungen an die Reform der in *Wechselwirkung* stehenden *Analyse* und *Politik* des elektronischen Kommunikationssektors werden in Kapitel 5 und 6 untersucht. Sowohl inhaltlich als auch institutionell hat sich in beiden Bereichen die Trennung in Telekommunikation und Rundfunk etabliert. Die Konvergenz verlangt nun nach der Überwindung dieser Abgrenzungen, wobei die Lösungsoptionen sich v.a. im *Grad der Integration* voneinander unterscheiden.

Integrative Mediamatik-Analyse. Die universitäre Kommunikationswissenschaft ist wegen ihrer Forschungs- und Lehrtätigkeit für die Entwicklung der Mediamatik und einer adäquaten Politik-Strategie von doppelter Bedeutung. Sowohl inhaltlich als auch institutionell hat sie die Aufgabe, die aus Telekommunikation und Rundfunk kommenden Veränderungen der Rezeptionsweise und der Produktionsformen zu berücksichtigen, ihr Analysefeld dementsprechend zu erweitern und integrative Analyseinstrumente für die Mediamatik zu entwickeln.

Tabelle 23: Ausgewählte Veränderungen und Trends in der Mediamatik

• technische und regulatorische Entkoppelung von Inhalt, Dienst und Netz; neue Bündelung (auch diagonal) nach wirtschaftlichen Kriterien
• Schwächung bzw. Auflösung der Dichotomien: - Individual- und Massenkommunikation - Sender und Empfänger bzw. Produzent und Konsument - öffentliche und private Kommunikation
• Veränderte Rezeptions- und Produktionsformen führen zu veränderten gesellschaftlichen Wirkungen: - von distributiv zu interaktiv - stärkere Kontrolle des Kommunikationsprozesses durch Benutzer (Wahl des Zeitpunktes, der Inhalte und der Darstellungsform) - Stärkung der asynchronen Kommunikation - vereinfachte Produktionsbedingungen (technisch, finanziell) für das Dienst-Angebot
• vermehrte Datenspuren der Benutzer
• vom offenen zum bedingten Dienst-Zugang
• Zunahme der Gruppenkommunikation
• vom Medium als Kulturfaktor zum Dienst mit Warencharakter
• vom Text zum Hypertext

Tabelle 24: Ausgewählte Herausforderungen und neue bzw. veränderte Themenbereiche für die Analyse und Politik der Mediamatik

• Integration von Telematik und elektronischen Massenmedien in Forschung und Lehre (integratives Marktmodell etc.)
• institutionelle und inhaltliche Integration der unterschiedlichen Regulierungsmodelle im Kommunikationssektor
• neue Begrifflichkeit
• neue Taxonomie mittels neuer Kriterien für Mediamatik-Dienste
• neues Kommunikations- und Kommunikationsflußmodell
• elektronische Hierarchien und Märkte
• Architektur und Raumplanung (soziales Design) in „elektronischen Räumen" (Cyberspace, Netzwelt)
• Medienmixanalyse unter neuen Rahmenbedingungen (liberalisierte Märkte)
• Wirkungsforschung unter neuen Voraussetzungen (Rezeption, Produktion)
• Text vs. Hypertext; adäquates Informationsdesign
• regulatorischer und technischer Daten- und Konsumentenschutz
• Virtuelle Realität als „objektiv" erfahrbare Dimension
• Ver- und Entschlüsselung als technische und regulatorische Herausforderung

Die Konvergenz ist kein additiver Prozeß; die Kombinationen vormals getrennter Teile führten zu qualitativ und strukturell Neuem. Dementsprechend reicht es nicht aus, die klassischen Analyseinstrumente aus den beiden Sektoren zu übernehmen. Die traditionelle Schwerpunktsetzung auf klassische *Massenkommunikation* mit den Kennzeichen der einseitigen, öffentlichen Kommunikation und einem dispersen

Publikum genügt nicht, um zentrale Entwicklungen im gesellschaftlichen Kommunikationssystem zu erfassen – auch wenn die klassischen Massenkommunikations-Dienste zum Teil weiter wachsen, jedenfalls in absehbarer Zeit nicht verschwinden werden. Elektronische Kommunikationssysteme, charakterisiert durch Interaktivität, verschiedene heterogene Zielgruppen und Nachfrageorientierung, die sich weder eindeutig der privaten oder öffentlichen noch der Individual- oder Massenkommunikation im traditionellen Sinn zuordnen lassen, würden ansonsten nicht adäquat erfaßt werden. Deren Kategorisierung als *„Neue Medien"* kann als Ausdruck analytischer Ratlosigkeit interpretiert werden. Ausgewählte Ergebnisse über relevante Veränderungen im Kommunikationssektor und daraus ableitbare Anforderungen sind in den Tabellen 23 und 24 zusammengefaßt. (Kapitel 5)

Integrative Mediamatik-Politik. Die *klassische Unterteilung* in Medien- und Telekommunikationspolitik, die meist nach institutionellen, kompetenzmäßigen und inhaltlichen Gesichtspunkten erfolgte, kann in dieser Form nicht aufrecht erhalten werden. Die *Gründe* für die Notwendigkeit einer Politikreform reichen von der steigenden Willkür bei der Kategorisierung von Diensten und einem veränderten Policy Network über obsolete Rechtfertigungen für Markteingriffe bis hin zu ungewollten politischen Kompetenzüberschneidungen. Die Rechtsunsicherheit steigt an, die Planungssicherheit der Firmen im Hoffnungsmarkt Information/Kommunikation nimmt dementsprechend ab. Die Weiterentwicklung und Entfaltung des gesellschaftlichen Kommunikationssystems wird durch diesen Zustand empfindlich gestört. (Abschnitt 6.1)

Als *Lösungsstrategie* bieten sich verschiedene Varianten einer integrativen Kommunikationspolitik an, wobei zwischen *institutioneller* (Kompetenzverteilung, Regulierungsinstitution) und *inhaltlicher* Integration (Regulierungsprinzipien und -inhalte) zu unterscheiden ist. Die Optionen reichen von Abstimmung und Koordination bis hin zur institutionellen und inhaltlichen Fusion. Auch die nicht-elektronische Kommunikationspolitik (Print, Briefpost) sollte – zumindest bei ausgewählten Problemstellungen – in den Koordinations- und Integrationsprozeß miteinbezogen werden. Die „optimale" Politik hängt von den *politischen und kulturellen Spezifika* des jeweiligen Landes ab. Die Ausgangsbedingungen für die Mediamatik-Politik variieren beträchtlich und verlangen nach maßgeschneiderten Lösungen, wie der Ländervergleich und die Analyse der japanischen NII-Initiative verdeutlichten. (Kapitel 3) Es wird daher ein möglichst generell anwendbares *Rahmenmodell* für die Mediamatik-Politik entwickelt, das zentrale Komponenten festlegt und Entscheidungsvarianten aufzeigt. Die grundlegende Ausrichtung, Ziele, Optionen und Inhalte einer integrativen Mediamatik-Politik sind in Tabelle 25 stichwortartig zusammengefaßt.

Tabelle 25: Integrations- und Gestaltungsoptionen der Regulierungsinstitution,
             Regulierungsinhalte und zentrale Komponenten einer integrativen
             Mediamatik-Politik

Zentrale Komponenten der Mediamatik-Politik:	Dynamisches Modell: • flexibel, technikneutral, erweiterbar (nicht-elektronische Medien) • periodischer Review-Prozeß Orientierungsrichtlinien: • Beendigung der Sonderstellung (politisch und ökonomisch; in Richtung branchenübergreifend) • adäquate Berücksichtigung der Globalisierung (in Richtung supranationaler Lösungen) Zentrale Zielsetzungen: • hierarchisches Dreiebenenmodell: 1. Kommunikationsfreiheit, 2. ökonomische, soziale, kulturelle und politische Ziele; 3. sektorale Ziele Steuerungsprinzip: • Wettbewerb
Optionen der Integration in der Regulierungspolitik:	Verzweigungen: • explizite Kommunikationsregulierung oder als integraler Teil der allgemeinen Regulierungsaufgaben? • falls explizit: getrennte Regulierung von TK und RF oder Integration im Kommunikationssektor? • falls Integration: sektorale Integration im Komm.sektor oder transsektorale Integration? • falls transsektoral: gemeinsame Infrastrukturregulierung oder Information & Kommunikation gemeinsam • falls sektoral: elektronische & nicht-elektron. Kommunikation oder nur elektronische Kommunikation (TK+RF)
Variable in der Gestaltung der Regulierungsinstitution:	Unabhängigkeit: • Rechtsstatus • Personalpolitik (Dauer der Verträge) • Handlungsspielraum Transparenz: • Arbeitsmethoden (Publikationen, Hearings, Beratungsgremien, Begutachtungsverfahren, Expertenbefragungen) Finanzierung: • Staat; Industrie; Konsumenten Aufgabenbereiche: • Vollzug der Regulierung; Kontrolle; Beschwerdestelle
Regulierungsaufgaben:	• Stärkung des fairen und effektiven Wettbewerbs • Management knapper Ressourcen • Beschränkung der Marktkonzentration • Gemeinwohlsicherung mittels „integrativer" Universaldienst-Strategie • Harmonisierung (national und international) • Vermeidung ökonomischer Ineffizienzen • Inhaltsregulierung • ...

RF   Rundfunk
TK   Telekommunikation

Entsprechend dem Globalisierungstrend findet eine Kompetenzverschiebung von der nationalen zur *supranationalen Politik* statt. (Abschnitt 6.5) Die traditionellen internationalen Regimes des elektronischen Kommunikationssektors, die ebenfalls in Telekommunikation und Rundfunk unterteilt wurden, geraten durch die Liberalisierung – vor allem durch die Stärkung privater Akteure – und durch die Konvergenz von Telematik und Rundfunk unter Reformdruck. Analog zur nationalen Reform in Richtung Mediamatik-Politik stellen sich die in Tabelle 25 angeführten Gestaltungsoptionen auch auf supranationaler Ebene. Die Umsetzung von Reformen dürfte sich jedoch aufgrund stärkerer Interessenkonflikte noch schwieriger gestalten als auf nationaler Ebene. Die Vor- und Nachteile von Reformlösungen in Richtung einer *supranationalen Mediamatik-Politik* sind nicht gleichmäßig zwischen den Ländern verteilt, wodurch sich die Wahrscheinlichkeit von Teillösungen – mit begrenzter inhaltlicher und geografischer Reichweite – erhöht.

Integrative Universaldienst-Strategie. Die Universaldienst-Strategie bleibt auch im liberalisierten Mediamatik-Sektor zentrales Politikthema, bedarf jedoch einer grundlegenden Reform. Die Liberalisierung macht Veränderungen in der Finanzierung und der Erbringung der Leistungen notwendig; die Konvergenz und Diffusion neuer Dienste verlangen nach der Abstimmung von Universaldienst-Strategien für Telekommunikation, Rundfunk und Briefpost, und nach einer neuen Festlegung des Universaldienst-Umfanges. In Tabelle 26 sind Problemstellungen, Anforderungen und Lösungsansätze stichwortartig zusammengefaßt.

Tabelle 26: Universaldienst-Strategie im liberalisierten Mediamatik-Sektor: Reformbedarf, Aufgabenstellungen und Lösungsansätze

	Erläuterung/Optionen
Veränderte Sichtweise:	• Niedrigere UD-Kosten als bisher ausgewiesen wurden • (nichtmonetärer) Nutzen für Erbringer v. UD-Leistungen (Werbeeffekt, Kundenstock, passive Gebühren)
Dynamische Strategie:	• periodische Reviewprozesse • variable Teilziele (differenziert nach Diensten und Zielgruppen, z.B. Internet als UD, aber vorerst nur für Schulen) • Festlegung durch Regulierungsinstitution und spezifischem Beratungsgremium • periodische Neudefinition des Umfangs der UD-Leistungen
Technikneutralität:	• keine spezifischen technischen, sondern nur funktionale Festlegungen
Transparenz:	• Ausweisung der „unökonomischen" Leistungen (UD-Kosten)
Wettbewerb:	• Ausschreibung der Erbringung von UD-Leistungen (verbessert Kostenabschätzung) • Finanzierung über UD-Fonds • Finanzierung der UD-Leistungen durch alle Wettbewerber

UD   Universaldienst

Abschließend wird gezeigt, wie sich die reformierte Universaldienst-Strategie für Telekommunikation und ein revidiertes „public service"-Konzept des Rundfunks in einem *integrativen Universaldienst-Konzept* zusammenführen lassen. Die Ziele aus dem öffentlich-rechtlichen Rundfunkauftrag werden weiterhin verfolgt, das öffentliche Interesse wird jedoch von der öffentlich-rechtlichen Organisationsstruktur entkoppelt. (Tabelle 27) Im Reformmodell werden nicht nur die zugangsorientierten Universaldienst-Aktivitäten des Telekommunikationssektors mit jenen des Rundfunks und der Briefpost koordiniert, sondern auch die Ziele *universeller Zugang* zum gesellschaftlichen Kommunikationssystem (Telekommunikations-Konzept) und *universell verfügbare, gesellschaftlich erwünschte Inhalte* (Konzept des öffentlichen Rundfunks) integriert.

Tabelle 27:   Integrative Universaldienst-Strategie: Reformvariante des öffentlichen Rundfunks in Richtung Mediamatik-Politik

	Erläuterung/Optionen
Ausgangspunkt/ Annahmen:	• das traditionelle Marktorganisations- und Finanzierungsmodell ist obsolet • die inhaltlichen Ziele aus dem öffentlichen Rundfunkauftrag sollen weiterhin verfolgt werden • in der Mediamatik eignen sich nicht nur Rundfunkdienste zur Erreichung dieser Ziele • die Verfolgung des öffentlichen Interesses wird von der öffentlich-rechtlichen Organisationsform entkoppelt
Dynamische Strategie:	• periodische Reviewprozesse • Sanktionsmöglichkeiten
Finanzierung:	• Fondsfinanzierung; optional gespeist aus Abgaben der Wettbewerber; Budget (Steuern); Spenden; Gebühreneinnahmen
Leistungserbringung:	• offen für alle Wettbewerbsteilnehmer; als Medienmix
Wettbewerb:	• Kostensenkung durch öffentliche Ausschreibungen der gesellschaftlich erwünschten Leistungen • öffentliche RF-Unternehmen werden in privatwirtschaftliche Multimedia-Unternehmen übergeführt
Zuständigkeit:	• Integrierte Mediamatik-Regulierungsinstitution plus Beratungsgremium; alternativ: Parlament
Integration:	• Koordination/Zusammenführung mit UD-Fonds (Telekommunikation); neben dem Zugang zur digitalen Welt sollen damit auch Inhalte im öffentlichen Interesse gefördert werden

RF   Rundfunk
UD   Universaldienst

Anhang

Anhang zu Abschnitt 3.3

A Hauptakteure des japanischen Info-Kommunikationssektors

- Das „Ministry of Posts and Telecommunications" (MPT) ist der zentrale Akteur des Sektors. Seine Aktivitäten beschränken sich nicht nur auf Postdienste und elektronische Kommunikationsdienste, sondern umfassen auch die profitablen Geschäftsbereiche Postbank und Lebensversicherung. Das „Telecommunication Bureau", „Broadcasting Bureau" und „Communications Policy Bureau" sind für Regulierungen und die Koordination der Aktivitäten im elektronischen Info-Kommunikationssektor zuständig. Das „Communications Research Laboratory" (CRL, für technische Aspekte) und das „Institute for Posts and Telecommunications Policy" (IPTP, für ökonomische Aspekte) sind Forschungseinrichtungen des MPT.
- Die unabhängigen Beratungsgremien „Telecommunications Council", „Telecommunications Technical Council" (Standards) und „Radio Regulatory Council" wurden durch das „Telecommunications Business Law" (1985) institutionalisiert.
- Das „Ministry of International Trade and Industry" (MITI) hat durch den ersten Konvergenzschritt in Richtung Telematik im Info-Kommunikationssektor an Bedeutung gewonnen. Seine Aktivitäten konzentrieren sich auf die Finanzierung strategischer Projekte.
- Die Infrastruktur- und Dienste-Anbieter des Telekommunikationssektors können in internationale und nationale Anbieter unterteilt werden, weiters in sogenannte „Type1"-Carrier mit, und „Type 2"-Carrier ohne eigenes Netz. Sie unterliegen unterschiedlichen regulatorischen Auflagen.[1]
  * Anfang 1995 gab es drei internationale Type 1-Anbieter, den vormaligen Monopolisten KDD und zwei Konkurrenten: IDC und ITJ.
  * Der nationale Marktführer der nationalen Type 1-Anbieter ist weiterhin Nippon Telegraph & Telephone (NTT), der mit einer Tochterfirma auch im Mobilkommunikationsmarkt (im Jahr 1993 mit 26 Mitanbietern) tätig ist.[2] Die drei Konkurrenten auf der Weitverkehrsebene sind DDI,

---

1 Im Zuge einer Anfang 1996 vom MPT angekündigten „Second Reform of the Info-Communications System in Japan" sollen die Regulierungen in Richtung einer rascheren Liberalisierung des Marktes verändert werden (siehe New Breeze Vol. 8 (2), S.17ff).

2 NTT wurde 1985 teilprivatisiert, befindet sich jedoch nach wie vor mehrheitlich in öffentlichem Besitz, verwaltet vom Finanzministerium.

Japan Telecom und Teleway Japan. Auf der lokalen Ebene betreiben neun Firmen Mietleitungsdienste, die vor allem von Elektrizitätsgesellschaften unterstützt werden. Einzig TTN bietet auch einen vermittelten Telefondienst an. Eisenbahngesellschaften sind an Japan Telekom beteiligt und Firmen des Transportsektors (z.B. Toyota) an Teleway Japan. Insgesamt gab es 1993 83 Type 1 Carrier.

  * Die Anzahl der „General Type 2 Carrier" ist am raschesten angestiegen; Anfang 1995 gab es 2.101 General und 43 Special Type 2 Carrier.[3]

* Im Rundfunksektor ist das öffentlich-rechtliche Rundfunkunternehmen Nippon Hoso Kyokai (NHK) nach wie vor Marktführer. University of the Air ist ebenfalls in öffentlicher Hand, daneben gab es im Jahr 1993 insgesamt 192 kommerzielle Rundfunkanbieter; die fünf größten Netze waren NTV, TBS, CX, ANB und TX. NHK ist auch im Satellitenrundfunk tätig. Weiters gab es 1993 drei BS (Broadcasting Satellite) sowie 15 CS (Communication Satellite) Broadcaster.[4]

* Im KATV-Bereich sind vor allem Unternehmen aus dem Eisenbahnsektor (bspw. Tokyu Cable) sowie die jeweiligen lokalen Regierungen tätig. Anfang 1995 boten 170 sogenannte „Urban-type Cable TV Operators" Multikanaldienste an.

* Die finanzielle Unterstützung von Projekten im elektronischen Kommunikationssektor stammt im wesentlichen von zwei unabhängigen, spezialisierten Regierungsorganisationen:

  * Die „Telecommunications Advancement Organization of Japan" (TAO) wurde 1979 gegründet und konzentrierte sich anfangs auf die Satellitenkommunikation. Inzwischen haben sich die Aktivitäten auf weite Bereiche der Telekommunikation und des Rundfunks ausgedehnt. Die enge Bindung zu Industrie und Verwaltung wird durch einen Personalaustausch mit dem MPT, mit NTT, NHK und anderen Firmen unterstützt.

  * Finanzielle Hilfe für den elektronischen Kommunikationssektor kommt weiters vom „Japan Keytech Center", dessen Aktivitäten nicht nur auf die Telekommunikation beschränkt sind.

* Die „Fair Trade Commission" ist eine dem Büro des Premierministers nachgelagerte Kommission. Sie schreitet gegen unzulässige Konzentrationsbewegungen im Mediensektor ein.

* Mitte 1994 wurde zur Koordination und Förderung der JII-Initiativen die „Advanced Information and Telecommunication Society Promotion Headquarters" unter Vorsitz des Prime Ministers eingerichtet.

---

3   Vgl. MPT 1995, S.1.
4   Vgl. MPT 1994, S.8.

B Ad-hoc-Expertengruppen des MPT

Tabelle 28: Vom MPT eingesetzte Expertengruppen zur Analyse von Detailproblemen des Info-Kommunikationssektors (Auswahl)

	Inhalt
Multimedia-Mobilkommunikation	Ein zentraler Kritikpunkt am Bericht „Reform toward the Intellectually Creative Society" war, daß ausschließlich Glasfasertechnologie als Basis der JII vorgeschlagen wurde. Das MPT reagierte mit der Einsetzung einer Expertengruppe. Der 1995 präsentierte Bericht unterstreicht das hohe Potential für Mobilkommunikation und gibt einen Zeitplan für die Implementation des FPLMTS (Future Public Land Mobile Telecommunications System). Es sind zwei Ausbauphasen vorgesehen: bis zu 2Mbps ab dem Jahr 2000; bis zu 10 Mbps ab dem Jahr 2010. (1)
Konvergenz von Telekommunikation und Rundfunk	Wurde 1994 etabliert und soll institutionelle, regulatorische und technische Aspekte der Konvergenz evaluieren.
Digitalisierung des Rundfunks	Der im 1994 vorgestellte Bericht zeigt die Entwicklung in Richtung „Intelligente Rundfunksysteme" mittels der Kombination aus Digitalisierung, Multikanal-Funktionen und Interaktivität. Die Expertengruppe schlägt u.a. die Umstellung in Richtung „Integrated Services Digital Broadcasting" (ISDB) vor, die Förderung und Anwendung von MPEG2 als Kompressionsmethode für Bewegtbildübertragungen und von „Orthogonal Frequency Division Multiplex" (OFDM) als Modulationssystem für terrestrischen Rundfunk. Bis 1996 soll die Standardisierung abgeschlossen sein, um international konkurrenzfähig zu bleiben. Zur Klärung technischer Problemstellungen der Digitalisierung des Rundfunksystems wurden Beratungen mit dem Telecommunications Technology Council aufgenommen. Die Digitalisierung wird integriert für terrestrischen Rundfunk, Satelliten- und KATV untersucht.(2)
Rundfunk im Multimedia-Zeitalter	Die 1994 eingesetzte Arbeitsgruppe erarbeitete ein Bild über die Zukunft des Rundfunks, unter Berücksichtigung der Interessen der Benutzer, der Rundfunkindustrie und der Geräteanbieter. Die zwei zentralen Themen des 1995 präsentierten Berichts sind Maßnahmen zur Förderung der Diffusion von Hi-Vision (HDTV mit MUSE-Standard) und die Digitalisierung des Rundfunks inkl. Einführungsplan.(3)
Berücksichtigung ökologischer Vorteile der Info-Kommunikation	Die 1994 etablierte Forschungsgruppe soll das Potential der Info-Kommunikation zur Lösung von Umweltschutzproblemen erforschen. Folgende Themen werden u.a. behandelt: Veränderungen der Rahmenbedingungen für Umweltschutz durch den Einsatz von Info-Kommunikation (Lebensstil, Arbeitswelt). Die Verwendung von Info-Kommunikation zur Verbesserung der Umwelt (Telekonferenzen, Telearbeit). (4)
Info-Kommunikation für die alternde Gesellschaft	Die Expertengruppe schlug im 1995 fertiggestellten Bericht Maßnahmen vor, wie die Lebensbewältigung älterer Personen mittels Info-Kommunikation verbessert werden kann. Telemedizinische Konsultationen, automatisierte Notfall-Warnsysteme, Telelernen etc. sollen vorerst in regionalen Experimenten getestet werden. (5)

(1) MPT News 1995 6 (4).
(2) MPT News 1995 5 (5).
(3) MPT News 1995 5 (6), siehe Tabelle 9 in Kapitel 4.
(4) MPT News 1995 5 (1).
(5) MPT News 1995 5 (21).

C   Ausgewähte Empfehlungen des Telecommunications Council

Die Empfehlungen der Expertenkommission konzentrierten sich auf die Errichtung des Glasfasernetzes:[5]

*   Förderung der Konkurrenz zwischen Telekommunikationsfirmen und KATV-Betreibern bei der Errichtung von Netzen.
*   Das Glasfasernetz soll unter der Erde verlegt werden (Sicherheit, Stadtbild).
*   Finanzielle Anreize und Unterstützungen sollen die Kosten privater Investitionen senken.
*   Förderung und Einführung innovativer Applikationen im öffenlichen Sektor (Bildung, Medizin etc.). Unterstützung von Universitäten, Forschungseinrichtungen und diversen Pilotprojekten.
*   Regulierungsreform zur Schaffung eines adäquaten Rahmens für die Konvergenz von Telekommunikation und Rundfunk.
*   Neuorientierung des Universal Service- und Tarifsystems auf der Basis von öffentlichen Anhörungen von Experten.
*   Schaffung adäquater Rahmenbedingungen für eine „Intellectually Creative Society":
    *   Reform von etablierten Systemen in verschiedenen Sektoren (Bildung, medizinische Versorgung etc.) und Reform der Förderung des Humankapitals (v.a. in Richtung „information literacy")
    *   Reform der Regelung des geistigen Eigentums
    *   Standardisierungsbemühungen unter spezieller Berücksichtigung von De-facto-Standards
    *   verstärkter internationaler Dialog im Rahmen des Ausbaus der Info-Kommunikations-Infrastruktur.

D   KATV-Förderung des MPT

Folgende MPT-Aktivitäten sollen die KATV-Industrie fördern:[6]

*   Vergrößerung der Versorgungsgebiete; Zulassung von „Multiple System Operators"
*   Förderung von KATV-Betreibern als Telekommunikationsdiensteanbieter
*   Unterstützung der Kooperation mit ausländischen Anbietern

---

5   Siehe Telecommunications Council 1994.

6   Vgl. MPT News 1993 4 (19); MPT News 1994 5 (15); MPT Press Release 1993/12/07.

- Förderung von KATV-Systemen auf Glasfaserbasis mittels der finanziellen Unterstützung von Pilotprojekten, steuerlichen Anreizen etc.

Im November 1994 veröffentlichte das Telekommunikationsministerium Richtlinien für die Kommerzialisierung von Kabel-Telefondiensten. Sie regeln die Lizenzierung (Type 1), Nummernvergabe, die Verbindung mit anderen Anbietern, die Tarife (kostenorientiert) und Dienste (Notruf).[7]

---

7   MPT News 1994 5 (19).

E   MPT-geförderte JII-Pilotprojekte

Tabelle 29:   Vom MPT geförderte JII-Projekte (Auswahl)

	Kurzbeschreibung
Multimedia Pilot Model Project	Aufgrund der japanischen Regierungsinitiative „New Social Infrastructure" wurde 1993 ein Sonderbudget zur Verfügung gestellt. Es wurde unter anderem zum Start des „Multimedia Pilot Model Project" in Kansai Science City verwendet. Das Projekt wurde im Juli 1994 im Seika-Nishikizu District, dem Zentrum der Kansai Science City, eröffnet und soll drei Jahre lang dauern. Es wird von der „Association for Promotion of New Generation Network Services" (PNES) durchgeführt. Die Ziele des Projektes sind die Integration von Telekommunikation und Rundfunk mittels Glasfasertechnik und die Versorgung von Kunden mit multimedialen Diensten. Weiters sollen entsprechende Terminals für Privathaushalte entwickelt werden. Das Pilotprojekt untersucht Technik, Kosten und Anwendungsmöglichkeiten; mit anderen Worten, es wird der Frage nachgegangen, wie multimediale Dienste über Glasfaserkabeln zu einem profitablen Geschäft werden können. Rund dreihundert Haushalte sollen im Rahmen des Pilotprojektes von NTT mit Glasfaser verkabelt werden (FTTH – Fiber-To-The-Home); darüber sollen u.a. Video-on-Demand VOD (vorerst analog), ISDN, KATV, Homeshopping und Videokonferenzen angeboten werden. Über VOD sollen u.a. auch Karaoke Soundtracks und Spielsoftware abrufbar sein. Die Teilnehmer und deren Benutzerverhalten werden in die Bewertung der neuen Dienste eingebunden. Aus ökonomischer Sicht wird erwartet, daß das Pilotprojekt vor allem der Geräteindustrie (44,3%) zugute kommt.(1)
B-ISDN Experiments	Im Jahr 1992 wurde die „Association of Broadband-ISDN Business Chance & Culture Creation" (BBCC) gegründet. Die Experimente mit multimedialen Anwendungen starteten gleichzeitig und in enger Koordination mit dem „Multimedia Pilot Model Project" im Juli 1994 in Kansai Science City und sind für die Dauer von zwei Jahren projektiert. Die Experimente werden über die TAO finanziert, weshalb auch die Organisation des Projektes getrennt erfolgt. Ziel der Experimente ist es, ein Netz zu testen, auf dem Telekommunikations- und Rundfunkanwendungen konvergieren. Geplant sind u.a. Multimedia-Teleshopping mittels elektronischer Kataloge, Teleteaching für englische Konversation, Multimedia-Konferenzen mit mehreren Bildern auf einem PC-Bildschirm, eine elektronische Bibliothek und Hochgeschwindigkeitsverbindungen von LANs (Local Area Networks). An das 5 Mrd. Yen-Projekt (ca. 50 Mio. US-Dollar) sollen rund 300 Benutzer angeschlossen werden.(2)
Full-service Network Support Center	Das Projekt wurde von der lokalen Regierung in Okazaki initiiert und wird auch dort realisiert. Es baut auf KATV-Netzen auf und wird über die TAO finanziert, die das Zentrum aufbaut und die Entwicklung neuer Technologien, beispielsweise der Bildkompressionstechnik, unterstützt.
KATV-Telefonie	Das MPT startete im Dezember 1993 ein Pilotprojekt in Nagano. Es dient dem Test von KATV und Telefonie über das selbe Kabel. Der Pilotversuch umfaßt 500 Haushalte und wird über die Dauer von zwei Jahren von der KATV-Firma LCV durchgeführt. Die Ergebnisse werden der gesamten Kabelindustrie zur Verfügung gestellt.
Teletopia Projekt	Das Teletopia Projekt des MPT wurde bereits 1985 mit Ziel der Förderung einer „Information-oriented Society" eingesetzt und wird nun in Richtung NII-Anwendungen reorganisiert. Mittels niedrigverzinster bzw. zinsenfreier Darlehen der Japanischen Entwicklungsbank wurde bislang vor allem die Anwendung elektronischer Kommunikation in (ländlichen) Regionen gefördert. In ausgewählten Modellgemeinden wurden beispielsweise Videotex- und KATV-Projekte unterstützt. Im Mai 1994 gab es in den 127 ausgewählten Gebieten 589 Teletopia-Projekte. Für deren Durchführung wurden 171 Firmen (meist Joint Ventures unter Beteiligung der regionalen öffentlichen Verwaltungen) etabliert. Die Selektion der zukünfigen NII-Projekte basiert auf einer Evaluation des Teletopia-Programmes durch das MPT.

(1) MPT News 1994, 5 (11).
(2) MPT News 1994 5 (18); BBCC Brochure; MPT News 5 (11); Japan Times, 30. Mai 1994.

F JII-Aktivitäten des MITI

Program for Advanced Information Infrastucture: Ausgehend von der Überzeugung, daß die Förderung der Informationstechnologie von der Vision zum Stadium der Umsetzung gereift ist, werden in diesem Programm Zielrichtung und Strategie des MITI festgelegt.[8] Der Schwerpunkt der Maßnahmen liegt auf der Nachfrageseite, die Implementation soll in Kooperation mit anderen Ministerien erfolgen. Generell wird ein umfassendes Regierungskonzept als notwendig angesehen, um fortgeschrittene Informationstechnologien nutzen zu können.

Das MITI hat sich in Absprache und Kooperation mit anderen Ministerien für Aktivitäten in fünf Bereichen des öffentlichen Sektors entschieden:
- Bildung: (Multimedia-) Software, Datenbanken
- Forschung: Interministerielles Forschungsnetz, Hochgeschwindigkeitsrechner
- Medizin, Sozialdienste: Pharmazeutische Datenbank; Austausch von Röntgenbildern
- Verwaltungsdienste: Datenbanken, LANs, Computernetze
- Bibliotheken: Elektronische Bibliotheksysteme

Zur Verbesserung der Rahmenbedingungen, zur Verwirklichung der „Advanced Information Society", fördert das MITI Sicherheitsmaßnahmen (z.B. gegen Computerviren), gemeinsame Standards und adäquate Regelungen für geistiges Eigentum. Ein weiterer Schwerpunkt liegt bei der generellen Förderung von Datenbaken, von Software und Multimedia-Anwendungen im speziellen.

Im Jahr 1994 investiert das MITI rund 30 Mrd. Yen (rund 300 Mio. US-Dollar) in die Informationsinfrastruktur. Damit werden (oft gemeinsam mit regionalen Verwaltungen) Informationszentren, Datenbanken für neue Industrien, elektronische Bibliotheken und Multimedia-Forschungszentren unterstützt.

Program 21: Ausgangspunkt des Anfang 1994 vorgestellten „Program for Creating New Markets" sind die langanhaltende Rezession, ungewisse Aussichten für die Zukunft, Beschränkungen für das Wirtschaftswachstum und neue soziale Bedürfnisse der Gesellschaft (Lebensqualität).[9] Im Program 21, welches die Ökonomie in Richtung 21. Jahrhundert führen soll, werden acht verheißungsvolle Märkte identifiziert, darunter auch „Information und Kommunikation". Das Programm konzentriert sich auf die Bedürfnisse der Nachfrageseite und zielt generell auf die Liberali-

---

8   MITI 1994b.
9   Siehe MITI 1994a.

sierung der Märkte, die Förderung der Technik, der Finanzierungsmöglichkeiten und des Fachpersonals ab.

Vier Geschäftsfelder sollen aufgebaut werden:
- Dienste, die Informationen erzeugen oder bereitstellen (z.B. „electronic museum", video software)
- Soziale Dienste, die Informationsnetze nutzen (Tele-Ausbildung, medizinische Versorgung)
- Dienste, die eine Netz-Infrastruktur zur Verfügung stellen (Breitbandnetze, Mobilkommunikation)
- Hardware und Computer Software.

Gemäß den Prognosen des MITI soll sich der Informations- und Kommunikationsmarkt von 23 Billionen Yen (rund 230 Mrd. US-Dollar) im Jahr 1992 auf 61 bis 70 Billionen Yen im Jahr 2000 (5-6% des erwarteten Bruttoinlandproduktes) etwa verdreifachen.[10] Zum Vergleich hatte die Autoindustrie im Jahr 1990 einen 40 Billionen Yen-Markt, das waren 4,6 Prozent des Bruttoinlandproduktes.

G   JII-Aktivitäten sonstiger Akteure

Die vom MPT geförderte *KATV-Industrie* wird im Rahmen der JII-Initiativen zunehmend selbst aktiv. Im Mai 1994 wurde vom Cable Television Council, einer 1988 gegründeten Interessenvertretung der KATV-Industrie, das „Full-Service Net Committee" eingesetzt. Damit wollen die KATV-Firmen einen Schritt in Richtung des integrierten Angebots von interaktiven Telekommunikationsdiensten über das KATV-Netz setzen. Gedacht ist u.a. an Telefondienste, TV-Shopping, Ticket-Reservierung und Pay-Per-View-Filme. Das Ad-hoc-Komitee führt Forschung und Experimente durch und wird dabei vom MPT auf technischer Ebene unterstützt.

Das verstärkte Engagement der *Regierung* zur Koordination und Förderung der JII-Initiativen wurde von mehren Seiten empfohlen, u.a. vom MITI. Ein Grund für das Engagement der Regierung war die Einschätzung, daß „bureaucratic red tape" einen zügigen Fortschritt des NII bislang behindert hat.[11] Mitte 1994 wurden die „Advanced Information and Telecommunication Society Promotion Headquarters" eingerichtet. Ihre Aufgabe ist die Förderung und Verbreitung der integrierten Politik des Info-Kommunikationssektors und vor allem auch der internationalen Koopera-

---

10   MITI 1994a.
11   Japan Times, 16. Juni 1994.

tion. Den Vorsitz übernahm der Premierminister, seine Stellvertreter sind der „Chief Cabinet Secretary" sowie die fachlich zuständigen MPT- und MITI-Minister.

Für die Errichtung einer Globalen Informations-Infrastruktur (GII), aber auch für den Ausbau der JII wird *internationale Kooperation* als bedeutend angesehen. Das wurde im Bericht des Telecommunications Council für das MPT unterstrichen, aber auch durch Aktivitäten der ITU, der OECD, der APT (Asia-Pacific Telecommunity) und APEC (Asia-Pacific Economic Cooperation). Japan hat sowohl mit den USA als auch mit der EU bilaterale Konsultationen zu NII- und GII-Initiativen institutionalisiert. Ein weiteres internationales Engagement Japans zielt auf die Errichtung einer *Asiatischen Informations-Infrastruktur* (AII) ab. Die APT (Asia-Pacific Telecommunity) bietet ein Forum zur Diskussion der Initiativen. Im August 1994 wurde eine spezielle Sitzung der APT zur AII abgehalten. Die AII wird als essentiell zur Lösung wirtschaftlicher und sozialer Probleme der Region angesehen. Notwendiger Entwicklungsschritt ist ein entsprechender rechtlicher Rahmen. Die AII soll nach den Vorstellungen Japans auch offen für Länder anderer Regionen gestaltet werden. Auf bilateraler Ebene wurden bereits erste Übereinkünfte zur kooperativen Errichtung einer AII erzielt, beispielsweise mit Südkorea. Die AII-Initiative wird v.a. mit der zentralen Bedeutung von I&K-Technik für die Wettbewerbsfähigkeit im 21. Jahrhundert begründet.[12]

Die im Zuge der Liberalisierung des Telekommunikationssektors sich etablierenden *neuen Wettbewerber* bleiben bei den JII-Initiativen eher im Hintergrund.
* Elektrizitätsfirmen betätigen sich vor allem im lokalen Telekommunikationsmarkt. Sie begannen mit Telemetriediensten, wollen jedoch ein Glasfasernetz für eine Vielzahl von Diensten errichten. Beteiligungen existieren an TTN und acht weiteren Firmen, wobei nur TTN auch einen vermittelten lokalen Telefondienst anbietet.[13]
* Eisenbahnfirmen stehen beispielsweise hinter dem „New Common Carrier" Japan Telecom.
* Finanzkräftige Handelsfirmen beteiligen sich v.a. an KATV-Unternehmen.
* Die elektronische Spielindustrie sucht den Einstieg in JII-Initiativen als Softwarelieferant für zukünftige Anwendungen.

---

12   Japan Times, 7. Mai 1994, MPT News 1994 5 (6); MPT News 1994 5 (12); South China Morning Post, 29. Juni 1994.
13   Die Elektrizitätsfirmen fallen in den Zuständigkeitsbereich des MITI.

Verzeichnis der Tabellen und Abbildungen

Erweitertes Abkürzungsverzeichnis

ADSL	Asynchrounous Digital Subscriber Line	Übertragungstechnologie für Fernsehsignale auf Kupferpaarleitungen
AII	Asian Information Infrastructure	Asiatische Informations-Infrastruktur; regionale Initiative
AITSH	Advanced Information and Telecommunication Society Headquarter, Japan	
ANSI	American National Standards Institute	
APA	Austria Presse Agentur	österr. MWD-Anbieter
APEC	Asia-Pacific Economic Cooperation	
APT	Asia-Pacific Telecommunity	
ARPA	Advanced Research Projects Agency	Forschungsförderungsorganisation des US-Verteidigungsministeriums
AT&T	American Telephone and Telegraph Company	
ATM	Asynchronous Transfer Mode	Auf Datenpaket-Vermittlung basierende Breitband-Übertragungstechnik
ATR	Advanced Telecommunications Research Institute (Japan)	
Atx	Audiotex	höher oder niedriger vergebührter Telefondienst
AV	audio-visuell	
B-ISDN	Breitband-ISDN	
BAKOM	Bundesamt für Kommunikation	Regulierungsinstitution (für TK und RF) in der Schweiz
BBC	British Broadcasting Corporation	Großbritanniens öffentlich-rechtliches Rundfunkunternehmen
BBCC	Association of Broadband-ISDN Business Chance & Culture Creation (Japan)	
bit/s	bit pro Sekunde	Einheit der Datenübertragungsgeschwindigkeit
BOC	Bell Operating Company	Tochterfirma der RBOC
BT	British Telecom	
Btx	Bildschirmtext(system)	International als Videotex bezeichnet
CAR	Computer Aided Radio	Computergestütztes Radio
CCIR	International Consultative Committee for Radio	Teil der ITU
CCITT	Comité Consultatif International Télégraphique et Téléphonique	Internationale Organisation für Telekommunikationsnormen und -technik der ITU
CD-ROM	Compact Disc Read Only Memory	digitales Speichermedium
CEN	Comité Européen de Normalisation	Europäische Normenorganisation
CENELEC	European Committee for Electrotechnical Standardization	
CEPT	Conférence Européenne des Administrations des Postes et Télécommunications.	Vereinigung europäischer Post- und Telekommunikationsverwaltungen
CFTA	Canadian-US Free Trade Agreement	
CIA	Common Information Area (EU)	
CLIP	Calling Line Identification Presentation	Anzeige der Rufnummer des Anrufenden
CLIR	Calling Line Identification Restriction	Unterdrückung der Nummernanzeige durch den Anrufenden
COST	Coopération Européenne dans le Domaine de la Recherche	
CPSR	Computer Professionals for Social Responsibility (USA)	
CRL	Communications Research Laboratory	Forschungslabor des MPT in Japan

CRTC	Canadian Radio-television and Telecommunications Commission	Kanadische Regulierungskommission (für TK und RF)
CSPP	Computer Systems Policy Projects	Konsortium von Computerfirmen; USA
DAB	Digital Audio Broadcasting	Digitale Radionorm
DBS	Direct Broadcasting Satellite	Satellitenfernsehen (direktsendend)
DNH	Department of National Heritage	Für öffentlichen Rundfunk verantwortliches Ministerium in Großbritannien
DSR	Digital Satellite Radio	Digitale Satelliten-Radionorm
e-mail	electronic mail	elektronische Post
EBU	European Broadcasting Union	Verband europäischer Rundfunkanstalten
EC	European Community	Europäische Gemeinschaft
ECMA	European Computer Manufacturer Association	
ECTEL	European Committee Telecommunications Industry	Europäischer Verband der Fernmelde- und Elektronikindustrie
ECTRA	European Committee of Telecommunications Regulatory Affairs	Zur Koordination der EU-Aktivitäten
ECTUA	European Council of Telecommunications Users Associations	Europäischer Rat der Vereinigungen der Fernmeldebenutzer
ECU	European Currency Unit	
EDI	Electronic Data Interchange	Elektronischer Datenaustausch (EDT)
EDV	Elektronische Datenverarbeitung	
EEA	European Economic Area	Europäischer Wirtschaftsraum (EWR)
EFF	Electronic Frontier Foundation (USA)	
EFTA	European Free Trade Association	Europäische Freihandelszone
EG	Europäische Gemeinschaft	
ENF	European Numbering Forum	
ESPRIT	European Strategic Programme for Research and Development in Information	
ETH	Eidgenössische Technische Hochschule in Zürich	
ETS	European Telecommunication Standard	
ETSI	European Telecommunications Standards Institute	
EU	European Union	Europäische Union
EUTELSAT	European Satellite System	Europäische Satellitenorganisation
EWR	Europäischer Wirtschaftsraum	
FCC	Federal Communications Commission	US-Bundesregulierungsbehörde für TK und RF
FPLMTS	Future Public Land Mobile Telecommunications System, Japan	
FSN	Full Service Network	Integriertes Breitbandnetz
FTP	File Transfer Protocol	
FTTH	Fiber To The Home	Glasfaseranschluß für Privathaushalte
G	Giga (x 1.000.000.000 oder 10^9)	
GATS	General Agreement on Trade in Services	
GATT	General Agreement on Tariffs and Trade	
GD	Generaldirektion	Organisationseinheit in der EU-Kommission
GII	Global Information Infrastructure	
GIS	Global Information Society	
GSM	Global System for Mobile Communications	Paneuropäisches digitales zellulares Kommunikationsnetz
HDTV	High Definition TV	Hochauflösendes Fernsehen (über 1000 Bildzeilen)
HOCS	human-oriented communications system	Forschungsprogramm in Japan

HTML	hypertext markup language	Programmiersprache, die die Kombination von Text, Bild, Video und Tonsequenzen in Hypertextsystemen ermöglicht
http	hypertext transport protocol	zur Übertragung im WWW
Hz	Hertz	Maßeinheit für Frequenzen
I-VANS	International Value Added Network Services	Internationale Mehrwertdienste
IBC	Integrated Broadband Communication	
IBN	Integriertes Breitbandnetz	
IBOC	In-Band On-Channel	Verfahren für digitales Radio (USA)
IEC	International Electrotechnical Commission	
IEEE	Institute for Electrical and Electronic Engineers (USA)	
IMO	International Maritime Organization	
INTELSAT	International Telecommunications Satellite Organization	
INTUG	International Telecommunications User Group	
IP	Internet Protocol	Teil von TCP/IP
IPTP	Institute for Posts and Telecommunications Policy	Forschungseinrichtung des MPT in Japan
ISDN	Integrated Services Digital Network	Von der ITU festgelegte Standards, die die integrierte Übertragung von Sprache, Daten und Standbildern in digitaler Form ermöglichen
ISDP	Integrated Services Digital Broadcasting	
ISO	International Standards Organization	
ISPO	Information Society Project Office	Teil der EU-Kommission (GD III und XIII)
IT	Information Technology	Informationstechnologie
ITC	Independent Television Commission	Reguliert kommerziellen Rundfunk in Großbritannien
ITSTC	Information Technology Steering Committee	Zur Harmonisierung der EU- und EFTA-Normung
ITU	International Telecommunications Union	
IuK-Technologien	Informations- und Kommunikationstechnologien	
I-VANS	International Value Added Networks and Services	
JII	Japanische Informations-Infrastruktur	
JIT	Just-In-Time	Produktionsorganisation, die möglichst ohne Lagerbestände auskommt
JTC	Joint Technical Committee	
K	Kilo (x 1.000 oder 10³)	
KATV	Kabel-TV	
Kbps	Kilobit pro Sekunde	Maßeinheit der Übertragungsgeschwindigkeit
LAN	Local Area Network	
M	Mega (x 1.000.000 oder 10⁶)	
MAN	Metropolitan Area Network	
MBONE	Multicast Backbone Network	Internetanwendung, die die Übertragung von digitalem Video ermöglicht
Mbps	Megabit pro Sekunde	Maßeinheit der Übertragungsgeschwindigkeit
MIPS	Million Instructions per Second	
MITI	Ministry of International Trade and Industry, Japan	
MM	Multimedia	
MNS	Managed Network Service	Netzmanagementdienst
MOOs	objektorientierte MUDs	

MPEG	Motion Pictures Experts Group	Wurde von ISO, IEC und JTC eingesetzt, entwickelte gleichnamige Kompressions-Standards für Audio- und Videodaten
MPT	Ministry of Posts and Telecommunications, Japan	
MUD	Multi-User Dungeon	Interaktives Virtual Reality Game via Internet (Rollenspiel in programmierten Welten und Echtzeit-Diskussionen)
MWD	Mehrwertdienst	
NAFTA	North American Free Trade Agreement	Nordamerikanisches Freihandelsabkommen
NCC	New Common Carrier	
NHK	Nippon Hoso Kyokai	öffentlich-rechtliches Rundfunkunternehmen, Japan
NII	National Information Infrastructure	Initiative zum Aufbau einer Informations-Infrastruktur
NSF	National Science Foundation	Forschungsförderungs-Institution (USA)
NTT	Nippon Telegraph and Telephone Corporation	
ÖAW	Österreichische Akademie der Wissenschaften	
OECD	Organization for Economic Cooperation and Development	
OES	Digitales Telefonvermittlungssystem in Österreich	
OFDM	Orthogonal Frequency Division Multiplex	Modulationssystem für terrestrischen Rundfunk
OFTEL	Office of Telecommunications	Telekommunikations-Regulierungsinstitution in Großbritannien
ONA	Open Network Architecture	Regulierungsauflage des FCC (USA)
ONP	Open Network Provision	Regulierungsauflage der EU-Kommission
ÖPTV	Österreichische Post und Telegraphen-verwaltung	
ORF	Österreichischer Rundfunk	öffentlich-rechtliche Rundfunkanstalt
öS	österreichischer Schilling	
OSI	Open Systems Interconnection	Normungsrahmen der ISO
OTA	Office of Technology Assessment	TA-Institution des US-Kongresses (von 1972-1995)
PABX	Private Automatic Branch Exchange	Private Telefon-Nebenstellenanlage
PAL	Phase Alternate Line	TV-Standard in Europa
PC	Personal Computer	
PCM	Pulse Code Modulation	Pulskodemodulation
POST	Parliamentary Office of Science and Technology	parlamentarische TA-Einrichtung in Großbritannien
PTO	Public Telecommunications Operator	
PTT	Postal, Telegraph and Telephone	Post-, Telegraphen- und Telefonunternehmen
PTV	Post- und Telegraphenverwaltung	
PUC	Public Utility Commission	Regulierungskommission auf Länderebene in den USA
RACE	Research and Development in Advanced Communications Technologies for Europe	Forschungsförderungsprogramm der EU für Breit-bandkommunikation
RBOC	Regional Bell Operating Company	Eine von sieben US-Telefonfirmen, die durch die Entflechtung von AT&T entstanden ist
RCA	Radio Corporation of America	
RF	Rundfunk	
STOA	Scientific and Technical Options Assessment	TA-Einrichtungen beim Europäischen Parlament
TA	Technology Assessment	Technikbewertung, Technikfolgen-Abschätzung
TAB	Büro für Technikfolgenabschätzung	TA-Einrichtung beim Deutschen Bundestag
TAO	Telecommunications Advancement Organi-zation of Japan	

TCI	Tele-Communications, Inc.	KATV-Betreiber, USA
TCP/IP	Transmission Control Protocol / Internet Protocol	Übertragungsnorm in internetfähigen Netzen
TGI	Transaction Generated Information	Verbindungsdaten (z.B. über Länge, Zeitpunkt und Kommunikationspartner bei Telefongesprächen)
TK	Telekommunikation	
TP	Terminal Portability	Möglichkeit des Umsteckens während einer Verbindung
TTN	Tokyo Tsushin Network	
TV	Television	Fernsehen
UNESCO	United Nations Educational, Scientific and Cultural Organizations	
UNO	United Nations Organization	
URL	Uniform Resource Locator	Adreßformat im WWW
V-chip	Violence Chip	
VANS	Value Added Network Service	Mehrwertdienste und -netze
VAS	Value Added Service	Mehrwertdienst
VOD	Video-On-Demand	Video auf Abruf
WAN	Wide Area Network	
WARC	World Administrative Radio Conference	
WTO	World Trade Organization	vormals GATT
WWW	World Wide Web	Verteiltes, auf Hypertext aufbauendes Informations-system im Internet

Literaturverzeichnis

Aizu, I. (1994): New Information Infrastructure in Japan: a critical view, pp.33-38, in: Project Promethee Perspectives, No.23, Paris.

Allan, D. (1983): New Telecommunication Services: Network Externalities and Critical Mass, pp.257-271, in: Telecommunications Policy, Vol.12, No.3.

Antonelli, C. (1991): The Diffusion of Advanced Telecommunications in Developing Countries, Paris: OECD.

Aronson J./Cowhey, P. (ed.) (1988): When Countries Talk. International Trade in Telecommunications Services, Cambridge, Massachusetts: Ballinger.

Aronson, S. (1977): Bell's Electrical Toy: What's the Use? The Sociology of Early Telephone Usage, pp.15-44, in: Pool, I. (ed.): The Social Impact of the Telephone, Cambridge: MIT Press.

Ayre, J./Callaghan, J./Hoffos, S. (ed.) (1995): The International Multimedia Handbook 1995-96, London: Fitzroy Dearborn Publishers.

Baer, W. (1989): New Communications Technologies and Services, pp.139-169, in: Newberg, P. (ed.): New Directions in Telecommunications Policy, Volume 2, London.

Baldry, T. (1995): Substitutionsbeziehungen zwischen traditionellen Briefdiensten und neuen Formen der Telekommunikation, WIK-Diskussionsbeiträge Nr.149, Bad Honnef.

Baldry, T. (1996): Substitution der Briefpost durch elektronische Medien in privaten Haushalten, WIK-Diskussionbeiträge Nr.161, Bad Honnef.

Baldwin, T./McVoy, D./Steinfield, C. (1996): Convergence. Integrating Media, Information & Communication, London et al.: Sage.

Bangemann, M. et al. (1994): Europe and the global information society. Recommendations to the European Council, Brussels.

Baron, W. (1995): Technikfolgenabschätzung: Ansätze zur Institutionalisierung und Chancen der Partizipation, Opladen: Westdeutscher Verlag.

Baudrillard, J. (1981): Simulacres et simulation, Paris: Galilée.

Bauer, J. (1989): Regulierung, Deregulierung und Unternehmensverhalten in Infrastruktursektoren, Dissertation, Wirtschaftsuniversität Wien.

Bauer, J./Latzer, M. (Hg.) (1993): Nützliche Verbindungen. Österreichs Telekommunikationsdienste im internationalen Kontext. Schriftenreihe der OCG, Bd.66, Wien/München: Oldenbourg Verlag.

Beck, K. (1994): Medien und die soziale Konstruktion von Zeit, Opladen: Westdeutscher Verlag.

Bell, D. (1973): The Coming of Post-Industrial Society: A Venture in Social Forecasting, New York: Basic Books.

Benedikt, M. (ed.) (1991): Cyberspace. First Steps, Cambridge/London: MIT Press.

Beniger, J. (1986): The Control Revolution. Technological and Economic Origins of the Information Society, Cambridge: Harvard Univ. Press.

Bijker, W./Hughes, T./Pinch, T. (1987): Social Construction of Large Technological Systems, Cambridge: MIT Press.

Bischoff, J. (1995): Computer Aided Radio: technische, inhaltliche und distributive Konsequenzen der Digitalisierung des Radios, S.246-250, in: Kubicek, H./Müller, G./Neumann, K./Raubold, E./Roßnagel, A. (Hg.): Jahrbuch Telekommunikation und Gesellschaft 1995, Multimedia – Technik sucht Anwendung, Bd.3, Heidelberg: R.v.Decker.

Blackman, C. (1995): Universal service: obligation or opportunity? S.171-176, in: Telecommunications Policy, Vol.19, No.3.

Blankart, C./Knieps, G. (1993): The Universal Service Fund as Alternative to Reserved Services, working paper, Humboldt- Univ. Berlin/Albert-Ludwigs-Univ. Freiburg i. Br.

Blumler, J. (ed.): Television and the Public Interest. Vulnerable Values in West European Broadcasting, London: Sage.

BMWI (1996): Info 2000. Deutschlands Weg in die Informationsgesellschaft, Bericht der Bundesregierung, Bonn.

Böhle, K. (1995): MM+NII=IG, Versuch einer Annäherung an drei Unbekannte, S.3-8, in: TA-Datenbank-Nachrichten, Nr.3, 4. Jahrgang, August 1995, Karlsruhe.

Bolhuis, H./Colom, V. (1995): Cyberspace Reflections, Brussels: VUB Press.

Bollmann, S. (Hg.) (1995): Kursbuch Neue Medien. Trends in Wirtschaft und Politik, Wissenschaft und Kultur, Mannheim: Bollmann Verlag.

Bolz, N. (1990): Theorie der neuen Medien, München: Raben Verlag.

Bolz, N. (1993): Am Ende der Gutenberg-Galaxis, München: Wilhelm Fink Verlag.

Bonfadelli, H./Meier, W. (1995): Neue Konzepte und Ansätze in der Publizistikwissenschaft, Kursübersicht, Seminar für Publizistikwissenschaft der Universität Zürich.

Bordewijk, J./Kaam, B. (1986): Towards a New Classification of Tele-Information Services, pp.16-21, in: Intermedia 14/1.

Borrows, J./Bent, Ph./Lawton, R. (1994): Universal Service in the United States: Dimensions of the Debate; WIK-Diskussionsbeiträge, Nr.124, Bad Honnef.

Bosse, F. (1994): Leidet Japans Moral unter seinen eigenen Tugenden? S.19-26, in: Aus Politik und Zeitgeschichte, Beilage zur Wochenzeitung Das Parlament, B50/94, 16. Dez. 1994.

Bouwman, H./Christoffersen, M. (ed.) (1992): Relaunching Videotex, Dordrecht et al.: Kluwer.

Bouwman, H./Latzer, M. (1994): Telecommunication Network-Based Services in Europe, pp.161-181, in: Steinfield, C./Bauer, J./Caby, L. (ed.): Telecommunications in Transition. Policies, Services and Technologies in the European Community, London et al.: Sage.

Boxsel, J. (1991): Konstruktive Technikfolgenabschätzung in den Niederlanden, S.137-154, in: Kornwachs, K. (Hg.): Reichweite und Potential der Technikfolgenabschätzung, Stuttgart.

Braudel, F. (1985): Sozialgeschichte des 15.-18. Jahrhunderts, Bd.1: Der Alltag, München: Kindler.

Braudel, F. (1986a): Sozialgeschichte des 15.-18. Jahrhunderts, Bd.2: Der Handel, München: Kindler.

Braudel, F. (1986b): Sozialgeschichte des 15.-18. Jahrhunderts, Bd.3: Aufbruch zur Weltwirtschaft, München: Kindler.

Briggs, A. (1977): The Pleasure Telphone: A Chapter in the Prehistory of the Media, pp.40-65, in: Pool, I. (ed.): The Social Impact of the Telephone, Cambridge: MIT Press.

British Broadcasting Corporation BBC (1992): Extending Choice. The BBC´s role in the new broadcasting age, London.

Brock, G. (1994): Telecommunications Policy for the Information Age. From Monopoly to Competition, Cambridge: Harvard University Press.

Bruck, P./Mulrenin, A. (1995): Digitales Österreich. Information Highway: Initiativen, Projekte, Entwicklungen, Innsbruck: StudienVerlag.

Brunnstein, K./Sint, P. (Hg.) (1995): Intellectual Property Rights and New Technologies. Proceedings of the KnowRight´95 Conference, Schriftenreihe der OCG, Band 82, Wien/München: Oldenbourg.

Burkart, R. (1995): Kommunikationswissenschaft. Grundlagen und Problemfelder. Umrisse einer interdisziplinären Sozialwissenschaft, überarbeitete Neuauflage, Wien et al.: Böhlau.

Burkart, R./Hömberg, W. (Hg.) (1992): Kommunikationstheorien. Ein Textbuch zur Einführung, Wien: Braumüller.

Burkart, R./Hömberg, W. (1992): Einleitung, S.1-7, in: Burkart, R./Hömberg, W. (Hg.): Kommunikationstheorien. Ein Textbuch zur Einführung, Wien: Braumüller.

Burstein, D./Kline, D. (1995): Road Warriors. Dreams and Nightmares Along the Information Highway, New York: Dutton.

CIT Publications (1993): The Media Map 1993. The European Media Yearbook, Devon.

Coase, R. (1960): The Problem of Social Cost, pp.1-44, in: Journal of Law and Economics, 1960/3.

Cohen, S./Zysman, J. (1987): The Myth of a Post-Industrial Economy, pp.55-62, in: Technology Review, Feb./March 1987.

Commons, J. (1990): Institutional Economics. Its Place in Political Economy, Volume 1, New Brunswick/London: Transaction Publishers.

Connell, S. (1994): Broadband Services in Europa, pp.236-251, in: Steinfield, C./Bauer, J./Caby, L. (ed.): Telecommunications in Transition. Policies, Services and Technologies in the European Community, London et al.: Sage.

Conseil supérieur de l'audiovisuel (1992): Le positionnement des chaînes publiques et privées en Europe, Paris.

Council on Competitiveness (ed.) (1993): Vision for a 21st Century Information Infrastructure, Washington DC.

Cowhey, P./Aronson, J./Székely, G. (ed.) (1989): Changing Networks: Mexico's Telecommunications Options, San Diego: Center for U.S.-Mexican Studies.

Crowley, D./Mitchell, D. (ed.) (1994): Communication Theory Today, Cambridge: Polity Press.

Cuilenburg, J./Slaa, P. (1995): Competition and innovation in telecommunications, pp.647-663, in: Telecommunications Policy, Vol.19, No.8, London.

Dai, X./Cawson, A./Holmes, P. (1994): Competition, Collaboration and Public Policy: A Case Study of the European HDTV Strategy, Working Papers in Contemporary European Studies, No.3, Sussex European Institute, Brighton.

Dai, X./Cawson, A./Holmes, P. (1996): The Rise and Fall of High-Definition Television: The Impact of European Technology Policy, pp.149-166, in: Journal of Common Market Studies, Vol.34, No.2, June 1996.

Dang-Nguyen, G./Schneider, V./Werle, R. (1993): Corporate Actor Networks in European Policy Making: Harmonizing Telecommunications Policy, MPIFG Discussion Paper, Köln.

Davis, R./Samuelson, P./Kapor, M./Reichman, J. (1996): A New View of Intellectual Property and Software, pp.21-30, in: Communications of the ACM, Vol.39, Nr.3.

Department of Commerce (ed.) (1993): The National Information Infrastructure: Agenda for Action, Information Infrastructure Task Force, Washington DC.

Department of National Heritage (1995): Media Ownership. The Government's Proposal, London.

Dierkes, M. (1987): Technikgenese als Gegenstand sozialwissenschaftlicher Forschung. Erste Überlegungen, S.154-170, in: Verbund sozialwissenschaftliche Technikforschung (Hg.): Mitteilungen 1/1987.

Dierkes, M./Hoffmann, U. (ed.) (1992): New Technologies at the Outset. Social Forces in the Shaping of Technical Innovations. Frankfurt/New York: Campus.

Dierkes, M./Hoffmann, U./Marz, L. (1992): Leitbild und Technik: Zur Entstehung und Steuerung technischer Innovationen, Berlin: Sigma.

Dordick, H. (1990): The origins of universal service. History as a determinant of telecommunications policy, pp.223-231, in: Telecommunications Policy, Volume 14, Number 3, June 1990.

Dosi, G. (1982): Technological paradigms and technological trajectories, pp.147-162, in: Research Policy, Vol.11, No.3.

Downs, A. (1967): Inside Bureaucracy, Boston: Little, Brown.

Drahos, P./Joseph, R. (1995): Telecommunications and investment in the great supranational regulatory game, pp.619-635, in: Telecommunications Policy, Vol.19, No.8, London.

Drake, W. (ed.): The New Information Infrasturcture. Strategies for U.S. Policy, New York: The Twentieth Century Fund Press.

Dutton, W./Blumler, J./Garnham, N./Mansell, R./Cornford, J./Peltu, M. (1994): The Information Superhighway: Britain's Response, Policy Research Paper No.29 (Programme on Information and Communication Technologies, Economic and Social Research Council), London.

Dyson, K./Humphreys, P. (ed.) (1990a): The Political Economy of Communications. International and European Dimensions. London: Routledge.

Dyson, K./Humphreys, P. (1990b): Introduction: politics, markets and communication policies, pp.1-32, in: Dyson, K./Humphreys, P. (ed.): The Political Economy of Communications. International and European Dimensions, London: Routledge.

Edelman, M. (1990): Politik als Ritual. Die symbolische Funktion staatlicher Institutionen und politischen Handelns, Frankfurt/New York: Campus.

Egyedi, T. (1993): Double-speak in the origins of standards for telematic services, conference paper, ITS Regional Workshop, Tel Aviv.

EIIA European Information Industry Association (ed.) (1993): Guidelines for Cross Border Control of Audiotex and Videotex in Europe, Luxembourg.

Ellul, J. (1964): The Technological Society, New York: Knopf.

Elsenbast, W. (1996): Die Infrastrukturverpflichtung im Postbereich aus Nutzersicht, WIK-Diskussionsbeitrag Nr.162, Bad Honnef.

Elton, M. (ed.) (1991): Integrated Broadband Networks. The Public Policy Issues, Amsterdam: North-Holland.

Enzensberger, H. (1970): Baukasten zu einer Theorie der Medien, S.159-186, in: Kursbuch 20, Frankfurt am Main.

Eurich, C. (1991): Tödliche Signale: Die kriegerische Geschichte der Informationstechnik, Frankfurt am Main: Luchterhand.

Euromedia Research Group (1992): The Media in Western Europe. The Europmedia Handbook, London et al.: Sage.

Fabris, H. (1993): Nachholende Differenzierung. Publizistik- und Kommunikationswissenschaft als Schlüsseldisziplin der 90er Jahre? S.419-434, in: SWS-Rundschau, 4/1993.

Faßler, M./Halbach, W. (Hg.) (1994): Cyberspace: Gemeinschaften, virtuelle Kolonien, Öffentlichkeiten, München: Fink.

Fleissner, P. (1980): Wirtschaftsprognosen zwischen Orakel, Politik und Wissenschaft, S.37-49, in: Wirtschaftspolitische Blätter, Sept./Okt. 1980.

Fleissner, P. (1995): Die soziale Gestaltung der Datenautobahn, in: Fleissner, P./Heintel, P./Noll, A./Sommer, J.: Sozio-ökonomische Effekte der Entwicklung des Internet, Forschungsbericht, Wien.

Fleissner, P./Choc, M. (Hg.) (1996): Datensicherheit und Datenschutz, Innsbruck/Wien: Studien-Verlag.

Flichy, P. (1991): Tele. Geschichte der modernen Kommunikation, Frankfurt/New York: Campus.

Flusser, V. (1993): Lob der Oberflächlichkeit. Für eine Phänomenologie der Medien, Düsseldorf: Bollmann.

Forschungsgruppe Telekommunikation (Hg.) (1989): Telefon und Gesellschaft, Band 1: Beiträge zu einer Soziologie der Telekommunikation, Berlin: Volker Spiess.

Forschungsgruppe Telekommunikation (Hg.) (1990a): Telefon und Gesellschaft, Band 2: Internationaler Vergleich – Sprache und Telefon – Telefonseelsorge und Beratungsdienste – Telefoninterviews, Berlin: Volker Spiess.

Forschungsgruppe Telekommunikation (Hg.) (1990b): Telefon und Gesellschaft, Band 3: Ergebnisse einer Berliner Telefonstudie – Kommentierte Auswahlbibliographie, Berlin: Volker Spiess.

Forschungsgruppe Telekommunikation (Hg.) (1991): Telefon und Kultur, Das Telefon im Spielfilm, Berlin: Volker Spiess.

Freeman, C./Soete, L. (1994): Work for all or Mass Unemployment? Computerised Technical Change into the 21st Century, London/NewYork: Pinter.

Fuest, C. (1992): Weltweiter Privatisierungstrend in der Telekommunikation, Köln: Deutscher Institutsverlag.

Garnham, N. (1990): Capitalism and Communication: Global Culture and the Economics of Information, London: Sage.

Garnham, N. (1995): Multimedia – Ökonomische, institutionelle und kulturelle Konvergenzhindernisse, S.70-77, in: Kubicek, H./Müller, G./Neumann, K/Raubold, E./Roßnagel, A. (Hg.): Jahrbuch Telekommunikation und Gesellschaft 1995, Multimedia – Technik sucht Anwendung, Bd.3, Heidelberg: R.v.Decker.

Garnham, N. (1990): Capitalism and Communication. Global Culture and the Economics of Information, London et al.: Sage.

Garnham, N./Mulgan, G. (1991): Broadband and the barriers to convergence in the European Community, pp.182-194, in: Telecommunications Policy, June 1991.

Garnham, N./Joosten, M. (1993): Convergence and Competition in UK Communications, working paper, University of Westminster, London.

Ghertman, M./Quélin, B. (1995): Regulation and transaction costs in telecommunications, pp.487-500, in: Telecommunications Policy, Vol.19, No.6.

Gibson, W. (1984): Neuromancer, New York: Harper Collins.

Gibson, W. (1986): Burning Chrome, New York: Harper Collins.

Gilder, G. (1992): Life After Television. The coming Transformation of Media and American Life. Second Edition, New York: Norton.

Ginsberg, B. (1986): The Captive Public. How Mass Opinion Promotes State Power, New York: Basic Books.

Glynn, S. (1992): Japan´s sucess in telecommunications regulation. A unique regulatory mix, pp.5-12, in: Telecommunications Policy 1992 16 (1).

Goertz, L. (1995): Wie interaktiv sind Medien? Auf dem Weg zu einer Definition von Interaktivität, S.477-493, in: Rundfunk und Fernsehen, 43. Jg., 4/1995.

Göhler, G. (1990): Einführung, S.155-168, in: Göhler, G./Lenk, K./Schmalz-Bruns, R. (Hg.): Die Rationalität politischer Institutionen. Interdisziplinäre Perspektiven, Baden-Baden: Nomos.

Göhler, G./Lenk, K./Münkler, H./Walther, M. (Hg.) (1990): Politische Institutionen im gesellschaftlichen Umbruch. Ideengeschichtliche Beiträge zur Theorie politischer Institutionen, Opladen: Westdeutscher Verlag.

Göhler, G./Lenk, K./Schmalz-Bruns, R. (Hg.) (1990): Die Rationalität politischer Institutionen. Interdisziplinäre Perspektiven, Baden-Baden: Nomos.

Gottweis, H./Latzer, M. (1996): Technologiepolitik, S.601-612, in: Dachs, H. et al. (Hg.): Handbuch des politischen Systems Österreichs, 3. Auflage, Wien: Manz Verlag, in Druck.

Grande, E. (1993): Die neue Architektur des Staates, S.51-71, in: Czada, R./Schmidt, M. (Hg.): Verhandlungsdemokratie, Interessenvermittlung, Regierbarkeit, Opladen: Westdeutscher Verlag.

Grisold, A. (1994): Markt und Staat. Regulierungen am Mediensektor – Theorie und Praxis. Eine Gegenüberstellung von Printmedien und Rundfunk, Dissertation, Wirtschaftsuniversität Wien.

Großklaus, G. (1995): Medien-Zeit, Medien-Raum. Zum Wandel der raumzeitlichen Wahrnehmung in der Moderne, Frankfurt am Main: Suhrkamp.

Grossman, L. (1995): Maintaining Diversity in the Electronic Republic, pp.23-26, in: Technology Review, Nov./Dec. 1995.

Guggenberger, B. (1995): Demokratie/Demokratietheorien, S.36-49, in: Nohlen, D./Schulze, R. (Hg.): Lexikon der Politik, Band 1, Politische Theorien, München: C.H. Beck.

Hamelink, C. (1986): Is there life after the information revolution? pp.7-20, in: Traber, M. (ed.): The Myth of the Information Revolution. Social and Ethical Implications of Communication Technology, London et al.: Sage.

Hanappi, G./Egger, E (1993): Information Age-Deformation Age-Reformation Age. An Assessment of the Information Technology Kondratieff; Conference Paper, EAEPE 1993, Barcelona.

Hans-Bredow-Institut für Hörfunk und Fernsehen (Hg.) (1996): Internationales Handbuch für Hörfunk und Fernsehen 96/97, Hamburg: Nomos.

Hansen, H. (1995): Die Auswahl von On-line Diensten für kommerzielle Zwecke, S.78-93, in: Kubicek, H./Müller, G./Neumann, K./Raubold, E./Roßnagel, A. (Hg.): Jahrbuch Telekommunikation und Gesellschaft 1995, Multimedia – Technik sucht Anwendung, Bd.3, Heidelberg: R.v.Decker.

Hansen, H. (1996): Klare Sicht am Info-Highway. Geschäfte via Internet & Co., Wien: Orac.

Hartmann, B./Latzer, M./Sint, P. (1988): Telekommunikation und Transport – Ausgewählte Aspekte, Forschungsbericht, Österreichische Akademie der Wissenschaften, Wien.

Hayashi, K. (1993): Information infrastructure: Who builds broadband networks? Information Economics and Policy 1993 5 (4), pp.295-309.

Hayashi, K./Sueyoshi, T. (1994): Information Infrastrucuture Development: International Comparison Between the United States and Japan with Some Implications for European Union Countries. Paper presented at the ITS European Regional Conference, Khania.

Heinrich, J. (1994): Medienökonomie. Band 1: Mediensystem, Zeitung, Zeitschrift, Anzeigenblatt, Opladen: Westdeutscher Verlag.

Hellige, H. (1993): Von der programmatischen zur empirischen Technikgeneseforschung: Ein technikhistorisches Analyseinstrumentarium für die prospektive Technikbewertung, S.186-223, in: Technikgeschichte, Bd.60, Nr.3, Berlin: Kiepert Verlag.

Hellige, H. (Hg.) (1994): Leitbilder der Informatik- und Computerentwicklung, Tagungsband, artec-Paper Nr.33, Dez. 1994.

Hellige, H. (1994a): Leitbilder in der Genese von Time-Sharing-Systemen: Erklärungswert und Grenzen des Leitbildeinsatzes in der Computerkommunikation, S.428-457, in: Hellige, H. (Hg.): Leitbilder der Informatik- und Computerentwicklung, Tagungsband, artec-Paper Nr.33, Dez. 1994.

Hellige, H. (1994b): Ein Zwischenresümee der Leitbilddebatte aus Informatik- und computerhistorischer Sicht. S.458-470, in: Hellige, H. (Hg.): Leitbilder der Informatik- und Computerentwicklung, Tagungsband, artec-Paper Nr.33, Dez. 1994.

Hennen, L. (1994): Technikkontroversen. Technikfolgenabschätzung als öffentlicher Diskurs, S.454-478, in: Soziale Welt, 4/1994.

Henseler, P./Matzner, E. (1994): Relevanz und Irrelevanz am Beispiel des „Coase-Theorems", S.252-264, in: Matzner, E./Novotny, E. (Hg.): Was ist relevante Ökonomie heute? Festschrift für Kurt W. Rothschild, Marburg: Metropolis-Verlag.

Hills, J. (1986): Deregulating Telecoms: Competition and Control in the United States, Japan and Britain, London: Frances Pinter.

Hoffman, L. (1995) (Hg.): Building in Big Brother. The Cryptographic Policy Debate, New York et al.: Springer.

Hoffmann, U. (1995): „It´s life, Jim, but not as we know it ..." Netzkultur und Selbstregulierungsprozesse im Internet, S.33-38, in: TA-Datenbank-Nachrichten, Nr.3, 4. Jg., Aug. 1995.

Hoffmann-Riem, W. (1992): Trends in the Development of Broadcasting Law in Western Europe, pp.147-171, in: European Journal of Communication, Vol.7/1992.

Hoffmann-Riem, W. (1995): Von der Rundfunk- zur Multi-Medienkommunikation – Änderungen im Regulierungsbedarf, S.101-111, in: Kubicek, H./Müller, G./Neumann, K./Raubold, E./Roßnagel, A. (Hg.): Jahrbuch Telekommunikation und Gesellschaft 1995, Multimedia – Technik sucht Anwendung, Bd.3, Heidelberg: R.v.Decker.

Hoffmann-Riem, W. (1995a): Multimedia-Politik vor neuen Herausforderungen, S.125-138, in: Rundfunk und Fernsehen, 43. Jg., Heft 2.

Hoffmann-Riem, W./Vesting, T. (1994): Ende der Massenkommunikation? S.382-391, in: Media Perspektiven 8/1994.

Hoffmann-Riem, W./Vesting, T. (Hg.) (1995): Perspektiven der Informationsgesellschaft. Baden-Baden/Hamburg: Nomos.

Höflich, J. (1995): Vom dispersen Publikum zu „elektronischen Gemeinschaften". Plädoyer für einen erweiterten kommunikationswissenschaftlichen Blickwinkel, S.518-537, in: Rundfunk und Fernsehen, 43. Jg., Heft 4.

Holzinger, K. (1995): Ökonomische Theorie der Politik, S.383-391, in: Nohlen, D./Schulze, R. (Hg.): Lexikon der Politik, Band 1, Politische Theorien, München: C.H. Beck.

Holzmann, G./Pehrson, B. (1994): Optische Telegraphen und die ersten Informationsnetze, S.78-84, in: Spektrum der Wissenschaft, März 1994.

Hömberg, W./Schmolke, M. (Hg.) (1992): Zeit, Raum, Kommunikation, München: Ölschläger.

Horwitz, R. (1989): The Irony of Regulatory Reform, New York/Oxford: Oxford Univ. Press.

Hudson, H. (1994): Universal service in the Information Age; pp.658-667, in: Telecommunications Policy, Vol.18, Nr.8.

Humphreys, P. (1990): The political economy of telecommunications in France: a case study of „telematics", pp.198-228, in: Dyson, K./Humphreys, P. (ed.): The Political Economy of Communications. International and European Dimensions, London: Routledge.

ICSTIS (1996): Regulation and Consumer Concerns in Europe´s Audiotex Markets, London.

InfoCom Research (1994): Information & Communications in Japan 1993-1994, Tokyo.

Innis, H. (1950): Empire and Communication, Oxford: Clarendon Press.

Innis, H. (1951): The Bias of Communication, Toronto: Univ. of Toronto Press.

ISDN-Forschungskommission des Landes Nordrhein-Westfalen (Hg.) (1996): ISDN im internationalen Vergleich. Trends in den USA, Japan, Singapur und Europa, Materialien und Berichte Nr.25, April 1996.

Ito, Y. (1981): The „Johoka Shakai" Approach to the Study of Communication in Japan, in: Wilhoit, G./Bock, H. (ed.): Mass Communications Review Yearbook, Vol.2, Beverly Hills/London: Sage.

ITU (1993): The Changing Role of Government in an Era of Deregulation. Briefing Report: Options for Regulatory Processes and Procedures in Telecommunications. Geneva.

ITU (1995): World Telecommunication Development Report 1995, Geneva.

Jones, Ph. (1996): Breaking down global barriers, pp.17-20, in: Communications Week International, No.166, 3 June 1996.

Kalil, T. (1995): Public Policy and the National Information Infrastructure, pp.1-9, in: University of Bremen (ed.): Conference Proceedings: „The Social Shaping of Information Highways – Comparing the NII and the EU Action Plan", October 5th-7th, Bremen.

Keen, B. (1996): Hollywood Goes Interactive, pp.82-86, in: Ayre, J./Callaghan, J./Hoffos, S. (ed.): International Multimedia Yearbook 1995-96, London/Chicago: Fitzroy Dearborn Publishers.

Kellner, D. (1990): Television and the Crisis of Democracy, Boulder et al.: Westview Press.

Kelly, T. (1989): The Marriage of Broadcasting and Telecommunications, pp.16-18, in: OECD Observer, Oct.-Nov. 1989.

Kiefer, M. (1996): Unverzichtbar oder Überflüssig? Öffentlich-rechtlicher Rundfunk in der Multimedia-Welt, S.7-26, in: Rundfunk und Fernsehen, 44(1).

Kittler, F. (1987): Aufschreibesysteme 1800/1900, München: Fink.

Kleinknecht, A. (1987): Innovation Patterns in Crisis and Prosperity: Schumpeter´s Long Cycle Reconsidered, London: Macmillan Press.

Kleinsteuber, H. (1996a): Das Elend der Informationsgesellschaft. Über wissenschaftliche Begrifflichkeit und politische Funktionalisierung, S.6-10, in: Forum Wissenschaft 1/1996.

Kleinsteuber, H. (1996b): Regulierung des Rundfunks in den USA. Zur Kontrolle wirtschaftlicher Macht am Beispiel des FCC, S.27-49, in: Rundfunk und Fernsehen, 44 (1).

Kleinsteuber, H./Wiesner, V./Wilke, P. (Hg.) (1990): EG-Medienpolitik: Fernsehen zwischen Kultur und Kommerz, Berlin: VISTAS.

Knoll, N. (1996): Internationale Trends in der Telekommunikation: Implikationen für Österreich, Arbeitspapier, Sittendorf.

Knoll, N./Latzer, M./Leo, H./Ohler, F./Peneder, M. (1994): Telekommunikation im Umbruch. Innovation – Regulierung – Wettbewerb. Studie im Rahmen des TIP-Programmes (Technologie – Information – Politikberatung), Wien.

Koelsch, F. (1995): The Infomedia Revolution. How It changes Our World and Your Life, Toronto/Montreal: Mc Graw-Hill Ryerson.

Kollmann, K./Zimmer, D. (Hg.) (1995): Neue Kommunikations- und Informationstechnologien für Verbraucher, Wien: ÖGB-Verlag.

Kondratieff, N. (1926): Die langen Wellen der Konjunktur, Archiv für Sozialwissenschaft und Sozialpolitik, Bd.56, S.573-609, Tübingen.

Kornwachs, K. (Hg.) (1991): Reichweite und Potential der Technikfolgenabschätzung, Stuttgart: Schäffer-Poeschel.

Kraut, R./Fish, R. (1995): Prospects for video telephony, pp.699-719, in: Telecommunications Policy, Vol.19, No.9.

Krotz, F. (1995): Elektronisch mediatisierte Kommunikation, S.445-462, in: Rundfunk und Fernsehen, 43. Jg., 4/1995.

Kubicek, H. (1996a): Multimedia. Germany´s Third Attempt To Move To An Information Society; Conference Paper, „National and International Initiatives for Information Infrastructure", Harvard Univ., January 1996.

Kubicek, H. (1996b): Telematik als Trendverstärker, S.4-7, in: Europaforum Wien. Durch Telematik zu neuen politischen Strukturen in Europa? Tagungsmappe, Februar 1996, Wien.

Kubicek, H./Müller, G./Neumann, K./Raubold, E./Roßnagel, A. (Hg.) (1995): Jahrbuch Telekommunikation und Gesellschaft 1995, Multimedia – Technik sucht Anwendung, Bd.3, Heidelberg: R.v.Decker.

Kubicek, H./Schmid, U. (1996): Alltagsorientierte Informationssysteme als Medieninnovation. Konzeptionelle Überlegungen zur Erklärung der Schwierigkeiten, „Neue Medien" und „Multimedia" zu etablieren, S.6-44, in: Verbund Sozialwissenschaftlicher Technikforschung (Hg.): Mitteilungen Heft 17/1996, Köln.

Kuhn, T. (1962): The Structure of Scientific Revolutions, Chicago: University of Chicago Press.

Kürble, P. (1995): Determinanten der Nachfrage nach multimedialen Pay-TV Diensten in Deutschland, WIK-Diskussionsbeitrag Nr.148, Bad Honnef.

Kürble, P. (1995a): Multimedia-Projekte: Erste Ergebnisse, S.6-9, in: WIK-Newsletter, Nr.20, September 1995.

Latzer, M. (1992): Videotex in Austria: Ambitious Plans..., pp.53-68, in: Bouwman, H./Christoffersen, M. (ed.): Relaunching Videotex. Dordrecht et al.: Kluwer.

Latzer, M. (1993a): Telekommunikation, S.325-360, in: Institut für Publizistik und Kommunikationswissenschaften (Hg.): Massenmedien in Österreich. Medienbericht 4, Wien: Verlag Buchkultur.

Latzer, M. (1993b): Innovative Implementationsstrategien im Mehrwertdienstsektor, S.211-222, in: Bauer, J./Latzer, M. (Hg.): Nützliche Verbindungen. Österreichs Telekommunikationsdienste im internationalen Kontext. Schriftenreihe der OCG, Bd.66; Wien/München: Oldenbourg Verlag.

Latzer, M. (1994): Teledienste für den Massenmarkt: Lebensgestaltung im Elektronischen Raum, S.67-82, in: Nahrada, F./Stockinger, M./Kühn, C. (Hg.): Wohnen und arbeiten im Global Village, Wien: Falter Verlag.

Latzer, M. (1994b): Rufnummernanzeige: Ende des anonymen Telefonierens? Herausforderung für sozialverträgliche Technikgestaltung, S.45-48, in: Medien Journal 1/1994.

Latzer, M. (1995b): Paradigmenwechsel in der Telekommunikationspolitik, S.173-192. In: Martinsen, R./Simonis, G. (Hg.): Paradigmenwechsel in der Technologiepolitik? Opladen: Leske + Budrich.

Latzer, M. (1995c): Japanese Information Infrastructure Initiatives: A Politico-Economic Approach, pp.515-530, in: Telecommunications Policy, Vol.19, No.7, October 1995, London.

Latzer, M. (1995d): National Information HYPEway oder Informationhighway? Über Metaphern und Leitbilder, S.17-24, in: Kollmann, K./Zimmer, D. (Hg.): Neue Kommunikations- und Informationstechnologien für Verbraucher, Wien: ÖGB-Verlag.

Latzer, M. (1996a): Cable TV in Austria: Between Telecommunications and Broadcasting, pp.291-302, in: Telecommunications Policy, Vol.20, No.4, May 1996, London.

Latzer, M. (1996b): Telekommunikationspolitik in Österreich, in: Dachs, H. et al. (Hg.): Handbuch des politischen Systems Österreichs, 3. Auflage, Wien: Manz Verlag, in Druck.

Latzer, M. (1996c): ISDN in Österreich, S.323-340, in: ISDN-Forschungskommission des Landes Nordrhein-Westfalen (Hg.): ISDN im internationalen Vergleich. Trends in den USA, Japan, Singapur und Europa, Materialien und Berichte Nr.25, April 1996.

Latzer, M. (1996d): Convergence in the Communications Sector: Towards an Adequate Analytical Framework and Policy Model, in: Conference Proceedings „Changing Relationships in the Information Society", Feb. 1996, Paris.

Latzer, M./Thomas, G. (ed.) (1994): Cash Lines. The Development and Regulation of Audiotex Services in Europe and the USA, Amsterdam: Het Spinhuis.

Latzer, M./Ohler, F./Knoll, N. (1994): Neue Rahmenbedingungen in der Telekommunikation: Perspektiven für die Post, Forschungsbericht, Wien.

Lau, J. (1993): Medien verstehen. Drei Abschweifungen, S.829-840, in: Merkur, Heft 9/10 1993.

Ledyard, J. (1991): Market Failure, pp.407-412, in: Eatwell, J./Milgate, M./Newman, P. (ed.): The New Palgrave. The World of Economics, London/Basingstoke: Macmillan Press.

Lehner, F. (1990): Ökonomische Theorie politischer Institutionen: Ein systematischer Überblick, S.207-234, in: Göhler, G./Lenk, K./Schmalz-Bruns, R. (Hg.): Die Rationalität politischer Institutionen. Interdisziplinäre Perspektiven, Baden-Baden: Nomos.

Leidig, L. (1995): Information Privacy in the U.S. Communications Sector, pp.234-236, in: University of Bremen (ed.): Conference Proceedings: „The Social Shaping of Information Highways – Comparing the NII and the EU Action Plan", October 5th-7th, Bremen.

Levy, B./Spiller, P. (1995): The Institutional Foundations of Regulatory Commitment: A Comparative Analysis of Telecommunications Regulation, pp.393-429, in: Williamson, O./Masten, S. (ed.): Transaction Cost Economics, Volume II, Policy and Applications, Hants: Edward Elgar.

Locksley, G. (ed.) (1990): The Single European Market and the Information and Communication Technologies, London: Belhaven Press.

Machlup, F. (1962): The Production and Distribution of Knowledge in the United States, Princeton: Princeton University Press.

Mackenzie, C. (1928): Alexander Graham Bell. The Man Who Contracted Space, New York.

MacLean, D. (1995): A new departure for the ITU, pp.177-190, in: Telecommunications Policy, Vol.19, No.3.

Maggiore, M. (1990): Herstellung und Verbreitung Audiovisueller Informationen im Gemeinsamen Markt, Brüssel.

Mahler, A. (1996): Determinanten der Diffusion neuer Telekommunikationsdienste, WIK-Diskussionsbeitrag, Nr.157, Bad Honnef.

Maier-Rabler, U. (1994): Toward a Theory of the Relations between Space and Communication. Paper presented at the IAMCR-Conference, Seoul.

Maitland, D. (1994): The Missing Link: Ten Years Later, pp.11-16, in: The Global Village: Make it happen! Project PROMETHEE Perspectives Nr.23, Paris.

Maletzke, G. (1963): Psychologie der Massenkommunikation. Theorie und Systematik, Hamburg: Verlag H. Bredow-Inst.

Maletzke, G. (1988): Massenkommunikationstheorien, Tübingen: Niemeyer.

Malone, T./Yates, J./Benjamin, R. (1987): Electronic Markets and Electronic Hierarchies, pp.484-497, in: communications of the ACM, Juni 1987.

Malone, T./Yates, J./Benjamin, R. (1989): The Logic of Electronic Markets, pp.166-172, in: Harvard Business Review, Vol.67, No.3.

Maltha, S. (1993): Spectrum use for mobile communications instead of television broadcasting? The Dutch case. Paper presentetd at the ITS European Regional Workshop, Sept. 1993, Tel Aviv.

Marcus, M./Marcus, Gail H. (1994): Japanese Regulatory Institutions and Practices. Working paper, Feb 1994.

Marin, B./Mayntz, R. (ed.) (1991): Policy Networks. Empirical Evidence and Theoretical Considerations, Frankfurt am Main: Campus.

Marz, L. (1993): Leitbild und Diskurs. Eine Fallstudie zur diskursiven Technikfolgenabschätzung von Informationstechniken, WZB-Berlin, FS II 93-106.

Matejovski, D./Kittler, F. (Hg.) (1996): Literatur im Informationszeitalter, Frankfurt am Main/New York: Campus.

Matzner, E./Novotny, E. (Hg.) (1994): Was ist relevante Ökonomie heute? Festschrift für Kurt W. Rothschild, Marburg: Metropolis-Verlag.

Mayntz, R./Hughes, T. (ed.) (1988): The Development of Large Technical Systems, Frankfurt a.M.: Campus.

McDonald, S. (1995): Regulating audiotex: lessons for the future development and oversight of electronic information and telecommunications services, pp.391-412, in: Telecommunications Policy, Vol.19, 5, July 1995.

McKnight, L./Neil, S. (1987): The HDTV War: The Politics of HDTV Standardization, conference paper, Third International Colloquium on Advanced Television Sytems, Ottawa.

McLuhan, M. (1964): Understanding Media: The Extension of Man, New York: McGraw-Hill.

McLuhan, M. (1968): Die Gutenberg-Galaxis: das Ende des Buchzeitalters, Düsseldorf/Wien: Econ.

McLuhan, M. (1970): Die magischen Kanäle, Düsseldorf/Wien: Econ.

McLuhan, M./Fiore, Q. (1989): The Medium is the Massage, New York: Simon & Schuster.

McMillan, J. (1995): Why auction the spectrum?, pp.191-199, in: Telecommunications Policy, Vol.19, No.3.

McQuail, D. (1994): Mass Communication Theory, third edition, London: Sage.

Mettler-Meibom, B. (1987): Soziale Kosten in der Informationsgesellschaft. Überlegungen zu einer Kommunikationsökologie, Frankfurt am Main: Fischer alternativ.

Mettler-Meibom, B. (1992): Raum – Kommunikation – Infrastrukturentwicklung aus kommunikations-ökologischer Perspektive, S.387-401, in: Hömberg, W./Schmolke, M. (Hg.): Zeit, Raum, Kommunikation, München: Ölschläger.

Meyrowitz, J. (1985): No sense of place: the impact of electronic media on social behavior, New York/Oxford: Oxford Univ. Press.

Ministry of Finance Finland (1995): Finland´s Way to the Information Society. The National Strategy, Helsinki.

Ministry of Research and Information Technology Denmark (1994): Info-Society 2000, Copenhagen.

MITI (1994a): Programme for Creating New Markets (Program 21), 24 February 1994, Tokyo.

MITI (1994b): Programme for Advanced Information Infrastructure, May 1994, Tokyo.

Mosco, V. (1996): The Political Economy of Communication, London et al.: Sage Publications.

MPT Ministry of Posts and Telecommunications (1994): Communications in Japan 1994, Tokyo.

MPT Ministry of Posts and Telecommunications (1995): Outline of Telecommunications Business in Japan, Tokyo.

Mueller, M. (1993): Universal service in telephone history. A reconstruction; pp.352-369, in: Telecommunications Policy, Volume 17, Number 5, July 1993.

Mumford, L. (1977): Mythos der Maschine, Frankfurt am Main: Fischer.

Münch, R. (1991): Dialektik der Kommunikationsgesellschaft, Frankfurt am Main: Suhrkamp.

Münch, R. (1995): Dynamik der Kommunikationsgesellschaft, Frankfurt am Main: Suhrkamp.

Musgrave, R. (1987): Merit Goods, pp.452-453, in: Eatwell, J./Milgate, M./Newman, P. (ed.): The New Palgrave, Vol.3, London/Basingstoke: Macmillan Press.

Muzik, P. (1989): Die Medien Multis, Wien et al.: Orac.

Naoe, S. (1994): Japan´s telecommunications industry, pp.651-657, in: Telecommunications Policy 1994 18 (8).

Nefiodow, L. (1990): Der Fünfte Kondratieff: Strategien zum Strukturwandel in Wirtschaft und Gesellschaft, Frankfurt a.M.: Frankfurter Allg.

Negroponte, N. (1991): Products and Services for Computer Networks, pp.76-83, in: Scientific American, September 1991.

Negroponte , N. (1995): Being Digital, New York: Knopf.

Newberg, P. (ed.) (1989): New Directions in Telecommunications Policy, Volume 1 Regulatory Policy: Telephony and Mass Media, Durham/London: Duke University Press.

Noam, E. (1991): Television in Europe, New York/Oxford: Oxford University Press.

Noam, E. (1992): Telecommunications in Europe, New York/Oxford: Oxford University Press.

Noam, E. (1993): Reconnecting Communications Studies With Communications Policy, pp.199-206, in: Journal of Communication, 43 (3).

Noam, E. (1994a): Beyond liberalization. From the network of networks to the system of systems, pp.286-294, in: Telecommunications Policy 1994 18 (4).

Noam, E. (1994b): Beyond liberalization II: The impending doom of common carriage, pp.435-452, in: Telecommunications Policy 1994 18 (6).

Noam, E. (1994c): Beyond liberalization III: Reforming universal service, pp.687-704, in: Telecommunications Policy 1994 18 (9).

Noam, E. (1995): Towards the Third Revolution of Television, conference paper, Symposium on Productive Regulation in the TV Market, Gütersloh.

Noam, E./Singhal, A. (1996): Supranational Regulation for Supranational Telecommunications Carriers? Working Paper of the CITI, New York.

Nohlen, D./Schulze, R. (Hg.) (1995): Lexikon der Politik, Band 1, Politische Theorien, München: C.H. Beck.

Noll, M. (1992): Prospects for video telephony, pp.307-316, in: Telecommunications Policy, Vol.16, No.4.

Noll, R. (1989): Economic perspectives on the Politics of Regulation, pp.1253-1288, in: Schmalensee, R./Willig, R. (ed.): Handbook of Industrial Organization, Vol.2, Amsterdam et al.: North-Holland.

Noll, R. (1991): Communications, pp.87-98, in: Eatwell, J./Milgate, M/Newman, P. (ed.): The New Palgrave. The World of Economics, London/Basingstoke: Macmillan Press.

Nora, S./Minc, A. (1978): L'informatisation de la société. Rapport à M. le Président de la République. Paris.

North, D. (1988): Theorie des institutionellen Wandels. Eine neue Sicht der Wirtschaftsgeschichte, Tübingen: Mohr.

North, D. (1992): Institutionen, institutioneller Wandel und Wirtschaftsleistung, Tübingen: Mohr.

NTT (1994): NTT's Basic Concept and Current Activities for the Coming Multimedia Age, Tokyo.

Oberliesen, R. (1982): Information, Daten, Signale. Geschichte technischer Informationsverarbeitung, Reinbeck bei Hamburg: Rowohlt.

OECD (1988): The Telecommunications Industry. The Challenges of Structural Change, Paris.

OECD (1990): Communications Outlook 1990, Paris.

OECD (1992a): Convergence Between Communcations Technologies: Case studies from North America and Western Europe, Paris.

OECD (1992b): Telecommunications and Broadcasting: Convergence or Collision? Paris.

OECD (1993): Communications Outlook 1993, Paris.

OECD (1993b): Competition Policy and a Changing Broadcast Industy, Paris.

OECD (1995a): Communications Outlook 1995, Paris.

OECD (1995b): Employment Trends in Public Telecommunications Operators, Paris.

OECD (1995c): Information Infrastructures and Regulatory Requirements, Paris.

Oettinger, A. (1971): Compunications in the National Decision-Making Process, pp.73-114, in: Greenberger, Martin (ed.): Computers, Communications and the National Interest, Baltimore: John Hopkins University Press.

OFTEL Office of Telecommunications (1994): A Framework for Effective Competition. Consultative Document, December 1994, London.

OFTEL Office of Telecommunications (1995): Beyond the Telephone, the Television and the PC; Consultative Document, August 1995, London.

Ohlin, T. (1995): Information Superhighways in the Nordic Countries, conference paper, PICT Conference, May 10-12, London.

Oniki, H. (1994): Japanese Telecommunications as Network Industry: Industrial Organization for the BISDN Generation Technology; ISER discussion paper No 324, Osaka.

OTA Office of Technolgy Assessment (1990): Critical Connections. Communications for the Future, Washington: U.S. Gvmt Printing Office.

OTA Office of Technolgy Assessment (1992): Global Standards. Building Blocks for the Future, Washington: U.S. Gvmt Printing Office.

OTA Office of Technology Assessment (1994): Electronic Enterprises. Looking to the Future, Washington: U.S. Gvmt Printing Office.

OTA Office of Technology Assessment (1995): Wireless Technologies and the National Information Infrastucture, Washington: U.S. Gvmt Printing Office.

Owen, B./Wildman, S. (1992): Video Economics, Cambridge/London: Harvard University Press.

Paik, N. (1995): Bill Clinton stole my idea, S.243-241, in: Bollmann, S. (Hg.): Kursbuch Neue Medien. Trends in Wirtschaft und Politik, Wissenschaft und Kultur, Mannheim: Bollmann Verlag.

Patel, V. (1992): Broadband convergence. A view of the regulatory barriers, pp.98-104, in: Telecommunications Policy, March 1992.

Pattay, W. (1993): Die technologischen Ursachen für die wachsende Bedeutung internationaler Normung, Dissertation, Universität Bremen.

Peltzman, S. (1976): Toward a more General Theory of Regulation, pp.211-240, in: Journal of Law and Economics, Vol.19.

Perez, C. (1983): Structural change and the assimilation of new technologies in the economic and social system, pp.357-375, in: Futures, Vol.15, No.5.

Petrazzini, B. (1995): The Political Economy of Telecommunications Reform in Developing Countries: Privatization and Liberalization in Comparative Perspective. Westport: Praeger.

Petrazzini, B. (1996): Global Telecom Talks: A Trillion Dollar Deal, Washington, DC: Institute for International Economics.

Petrella, R. (1990): Three analyses of Globalisation of Technology and Economy, FAST-Program, Brussels.

Pool, I. (ed.) (1977): The Social Impact of the Telephone, Cambridge: MIT Press.

Pool, I. (1983): Technologies of Freedom, Cambridge/London: Harvard University Press.

Pool, I. (1990): Technologies without Boundaries. On Telecommunications in a Global Age, edited by Eli M. Noam, Cambridge/London: Harvard University Press.

Pool, I./Decker, C./Dizard S./Israel, K./Rubin, P./Weinstein, B. (1977): Foresight and Hindsight: The Case of the Telephone, pp.127-158, in: Pool, I. (ed.): The Social Impact of the Telephone, Cambridge: MIT Press.

Porat, M. (1977): The Information Economy: Definition and Measurement, Washington: US Department of Commerce.

POST Parliamentary Office of Science and Technology (ed.) (1995): Information „Superhighways": the UK National Information Infrastucture, London.

Poster, M. (1990): The Mode of Information: Poststructuralism and Social Context, Chicago: University of Chicago Press.

Poster, M. (1995): The Second Media Age, Cambridge: Polity Press.

Priddat, B. (1992): Zur Ökonomie der Gemeinschaftsbedürfnisse: Neuere Versuche einer ethischen Begründung der Theorie meritorischer Güter, S.239-259, in: Zeitschrift für Wirtschafts- und Sozialwissenschaften (ZWS), 112/1992.

Priest, G. (1993): The Origins of Utility Regulation and the „Theories of Regulation" Debate, pp.289-323, in: Journal of Law & Economics, Vol.36, April 1993.

Qvortrup, L. (1990): Participatory Scoial Experiments with Information Technology in Denmark, conference paper, 2nd European Congress on Technology Assessment, Milan.

Racine, P. (1995): Converging technologies, converging regulations, pp.18-19, in: Intermedia, Vol.23 (5).

Rager, G./Weber, B. (1992): Publizistische Vielfalt zwischen Markt und Politik: mehr Medien – mehr Inhalte? Düsseldorf et al.: Econ.

Rammert, W. (1990): Telefon und Kommunikationskultur. Akzeptanz und Diffusion einer Technik im Vier-Länder-Vergleich, S.20-40, in: Kölner Zeitschrift für Soziologie und Sozialpsychologie, Jg. 42 (1).

Rathenau Instituut (1995): Agenda for the public discussion on Telecommunications, Report to Parliament, 4/1995, The Hague.

Raulet, G. (1995): Neue Medien – Neue Öffentlichkeit? S.31-48, in: Hoffmann-Riem, W./Vesting, T. (Hg.): Perspektiven der Informationsgesellschaft, Baden-Baden/Hamburg: Nomos.

Rehberg, K. (1990): Eine Grundlagentheorie der Institutionen: Arnold Gehlen, S.115-144, in: Göhler, G./Lenk, K./Schmalz-Bruns, R. (Hg.): Die Rationalität politischer Institutionen. Interdisziplinäre Perspektiven, Baden-Baden: Nomos.

Rheingold, H. (1991): Virtual reality, New York: Summit Books.

Rheingold, H. (1993): The Virtual Community, Addison Wesley.

Rhiem, U./Wingert, B. (1995): Multimedia – Mythen, Chancen und Herausforderungen, Mannheim: Bollmann.

Ribhegge, H. (1991): Der Beitrag der Neuen Institutionenökonomie zur Ordnungspolitik, S.38-60, in: Jahrbuch für Neue Politische Ökonomie, Bd.X, Tübingen: Moor.

Riepl, W. (1913): Das Nachrichtenwesen des Altertums mit besonderer Rücksicht auf die Römer, Leipzig/Berlin (Faksimile-Nachdruck Hildesheim/New York 1972).

Rogers, E. (1986): Communications Technology, New York: Free Press.

Rogers, E. (1994): A History of Communication Study, New York: The Free Press.

Rogers, E. (1995a): Diffusion of Innovations, fourth edition, New York: Free Press.

Rogers, E. (1995b): Diffusion of Innovations: Modifications of a Model for Telecommunications, S.25-38, in: Stoetzer, M./Mahler, A. (Hg.): Die Diffusion von Innovationen in der Telekommunikation. Schriftenreihe des WIK, Bd.17, Berlin et al.: Springer.

Rogers, E./Kincaid, L. (1981): Communication Networks. Toward a New Paradigm for Research, New York: Free Press Macmillan.

Ronneberger, F. (1992): Kommunikationspolitik, S.191-203, in: Burkart, R./Hömberg, W. (Hg.): Kommunikationstheorien. Ein Textbuch zur Einführung, Wien: Braumüller.

Rötzer, F. (Hg.) (1991): Digitaler Schein. Ästhetik der elektronischen Medien, Frankfurt am Main: Suhrkamp.

Rötzer, F. (1995): Die Telepolis. Urbanität im digitalen Zeitalter, Mannheim: Bollmann.

Rupp, H. (1996): Ein Preissystem für das Internet, WIK-Diskussionsbeitrag Nr.164, Bad Honnef.

Samarajiva, R./Shields, P. (1993): Institutional and Strategic Analysis in Electronic Space: A Preliminary Mapping. Paper presented at the 43rd Annual ICA Conference, May 27-31, Washington.

Sandmo, A. (1990): Public Goods, pp.254-266, in: Eatwell, J./Milgate, M./Newman, P. (ed.): The New Palgrave. Allocation, Information and Markets, London/Basingstoke: Macmillan Press.

Sarcinelli, U. (1987): Symbolische Politik: Zur Bedeutung symbolischen Handelns in der Wahlkampfkommunikation der Bundesrepublik Deutschland, Opladen: Westdeutscher Verlag.

Sato, H. (1994): The Political Economy of Japanese Telecommunications. Working Paper, Konan University, Kobe.

Saxer, U. (1992): Systemtheorie und Kommunikationswissenschaft, S.91-110, in: Burkart, R./Hömberg, W. (Hg.): Kommunikationstheorien. Ein Textbuch zur Einführung, Wien: Braumüller.

Scannel, P./Cardiff, D. (1991): A Social History of Broadcasting in Great Britain, London: Sage.

Schement, J./Lievrouw, L. (ed.) (1987): Competing Visions, Complex Realities: Social Aspects of the Information Society, Norwood: Ablex Publishing Corporation.

Scherer, J. (1996): Regulation at the National and EU Levels: Division of Labour? Conference Paper, ITS European Regional Conference, Vienna.

Schlese, M. (Hg.) (1995): Technikgeneseforschung als Technikfolgenabschätzung: Nutzen und Grenzen, Forschungszentrum Karlsruhe – Technik und Umwelt, Wissenschaftliche Berichte FZKA 5556, Karlsruhe.

Schmid, B. (1995): Elektronische Märkte, S.219-236, in: Stoetzer, M./Mahler, A. (Hg.): Die Diffusion von Innovationen in der Telekommunikation. Schriftenreihe des WIK, Bd.17, Berlin et al.: Springer.

Schmoranz, I. u.a. (Hg.) (1980): Makroökonomische Analyse des Informationssektors, Wien/München: Oldenbourg.

Schneider, V. (1989): Technikentwicklung zwischen Politik und Markt: Der Fall Bildschirmtext, Frankfurt: Campus.

Schoof, H./Brown, A. (1995): Information highways and media policies in the Europen Union, pp.325-338, in: Telecommunications Policy, Vol.19, No.4.

Schrape, K. (1995): Digitales Fernsehen: Marktchancen und ordnungspolitischer Regulierungsbedarf, BLM-Schriftenreihe, Band 30, München: R. Fischer.

Schuler, D. (1996): New Community Networks, New York: ACM Press.

Schumpeter, J. (1939): Business Cycles: A Theoretical, Historical and Statistical Analysis of the Capitalist Process, New York: McGraw Hill.

Schumpeter, J. (1942/1970): Capitalism, Socialism and Democracy, New York: Harper&Row.

Seel, M. (1993): Vor dem Schein kommt das Erscheinen, S.770-783, in: Merkur, Heft 9/10, 47. Jahrgang, Stuttgart.

Shannon, C./Weaver, W. (1949): The Mathematical Theory of Communication, Urbana: University of Illinois Press.

Shefrin, I. (1993): The North American Free Trade Agreement: telecommunications in perspective, pp.14-26, in: Telecommunications Policy, Vol.17, No.1.

Sint, P. (1995): Geistiges Eigentum vor dem Hintergrund neuer Kommunikationstechnologien, S.67-75, in: the.m.a., Schriftenreihe der Forschungsstelle für Sozioökonomie, Österreichische Akademie der Wissenschaften, 2/1995.

Sint, P. (1996): Empirische Analyse des Informationssektors in Österreich, in: Zwischenbericht zum Forschungsprojekt „Der Informationssektor in Österreich", Forschungsstelle für Sozioökonomie, Österreichische Akademie der Wissenschaften, Wien.

Smith, A. (1989): The Public Interest and Telecommunications, pp.334-358, in: Newberg, P. (ed.): New Directions in Telecommunications Policy, Vol.1 Regulatory Policy: Telephony and Mass Media, Durham/London: Duke University Press.

Steinfield, C./Bauer, J./Caby, L. (ed.) (1994): Telecommunications in Transition. Policies, Services and Technologies in the European Community, London et al.: Sage.

Steinfield, C./Kraut, R./Streeter, L. (1993): Markets, Hierarchies and Open Data Networks. Paper presented at the 43rd Annual ICA Conference, May 27-31, Washington.

Steinmaurer, T. (1996): Zur Theorie und Geschichte des Fernsehempfangs. Die Geschichte der televisuellen Disposition „Fernsehempfang" im Spannungsfeld von Mobilisierung und Privatisierung. Dissertation, Geisteswissenschaftliche Fakultät der Universität Salzburg, Salzburg.

Stigler, G. (1971): The theory of economic regulation, pp.3-21, in: Bell Journal of Economic and Management Science, 2/1971.

Stipp, H. (1994): Welche Folgen hat die digitale Revolution für die Fernsehnutzung? S.392-400, in: Media Perspektiven 8/1994.

Stoetzer, M. (1991): Der Markt für Mehrwertdienste: ein kritischer Überblick, WIK, Bad Honnef.

Stoetzer, M./Mahler, A. (1995) (Hg.): Die Diffusion von Innovationen in der Telekommunikation. Schriftenreihe des WIK, Bd.17, Berlin et al.: Springer.

Stoll, C. (1995): Silicon Snake Oil. Second Thoughts on the Information Highway, New York et al.: Anchor Books.

Spacek, T. (1995): How Much Interoperability Makes an NII? pp.12-16, in: University of Bremen (ed.): Conference Proceedings: „The Social Shaping of Information Highways – Comparing the NII and the EU Action Plan", October 5th-7th, Bremen.

Sugaya, M. (1995): Cable Television and Government Policy in Japan, pp.233-239, in: Telecommunications Policy 1995 19 (3) .

Telecommunications Council (1994): Reforms toward the Intellectually Creative Society of the 21st Century. Programme for the Establishment of High-Performance Info-Communications Infrastructure. Report (Summary), Mai 1994, Tokyo.

Thiemeyer, T. (1975): Wirtschaftslehre öffentlicher Betriebe, Reinbeck bei Hamburg: Rowohlt

Toffler, A. (1971): Future Shock, New York: Bantam Books.

Toffler, A. (1980): The Third Wave, New York: William Morrow.

Touraine, A. (1971): The Post-Industrial Society, New York: Random House.

Traber, M. (ed.) (1986): The Myth of the Information Revolution. Social and Ethical Implications of Communication Technology, London et al.: Sage.

Trappel, J. (Hg.) (1991): Medien Macht Markt. Medienpolitik westeuropäischer Kleinstaaten, Wien: Österr. Kunst-&Kulturverlag.

Tsuji, K. (1984): Public Administration in Japan, Tokyo: University of Tokyo Press.

Turner, C. (1995): Trans-European networks and the Common Information Area, pp.501-508, in: Telecommunications Policy, Vol.19, No.6, London.

Tyler, M./Bednarczyk, S. (1993): Regulatory institutions and processes in telecommunications, pp.650-676, in: Telecommunications Policy, Vol.17, No.9, December 1993.

Ungerer, H. (1995): Telekommunikation als europäische Schlüsseltechnologie: Multimedia und die Rolle der EU, S.60-71, in: Hoffmann-Riem, W./Vesting, T. (Hg.): Perspektiven der Informationsgesellschaft, Baden-Baden/Hamburg: Nomos.

University of Bremen (ed.) (1995): Conference Proceedings: „The Social Shaping of Information Highways – Comparing the NII and the EU Action Plan", October 5th-7th, Bremen.

Waffender, M (Hg.) (1991): Cyberspace. Ausflüge in Virtuelle Wirklichkeiten, Reinbeck bei Hamburg: Rowohlt.

Wallace, M./Zeilstra, Sara J. (1996): Multimedia and Internet Development Tools, UBS Technology Research Report, London: UBS Securities LLC.

Webster, F. (1995): Theories of the Information Society, London/New York: Routledge.

Weinberg, J. (1991): Broadcasting and the Administrative Process in Japan and the United States, pp.615-733, in: Buffalo Law Review, 1991/3.

Wieland, B. (1995): Regulierung und Industriepolitik in der Europäischen Film- und Fernsehindustrie, S.211-234, in: Jahrbuch für Neue Politische Ökonomie, Band XIV, Tübingen: Moor.

Williamson, O. (1975): Markets and Hierarchies: Analysis and Antitrust Implications, New York: Free Press.

Williamson, O. (1990): Die ökonomischen Institutionen des Kapitalismus. Unternehmen, Märkte, Kooperationen, Tübingen: Mohr.

Williamson, O. (1995): Introduction, pp.I-XXVIII, in: Williamson/Masten (ed.): Transaction Cost Economics, Volume I, Theory and Concepts, Hants: Edward Elgar.

Williamson, O./Masten, S. (ed.) (1995a): Transaction Cost Economics, Volume I, Theory and Concepts, Hants: Edward Elgar.

Williamson, O./Masten, S. (ed.) (1995b): Transaction Cost Economics, Volume II, Policy and Applications, Hants: Edward Elgar.

Windahl, S./McQuail, D. (1993): Communication Models, second edition, London: Longman.

Wingert, B. (1995): Die neue Lust am Lesen?, S.112-129, in: Bollmann, S. (Hg.): Kursbuch Neue Medien. Trends in Wirtschaft und Politik, Wissenschaft und Kultur, Mannheim: Bollmann Verlag.

Wingert, B. (1996): Kann man Hypertexte lesen? S.185-218, in: Matejovski, D./Kittler, F. (Hg.): Literatur im Informationszeitalter, Frankfurt am Main/New York: Campus.

Xavier, P. (1995): Price cap regulation for telecommunications, pp.599-617, Telecommunications Policy, Vol.19, No.8.

Zanger, G. (1996): Urheberrecht und Leistungsschutz im digitalen Zeitalter, Wien: Orac.

Zielinski, S. (1989): Audiovisionen. Kino und Fernsehen als Zwischenspiele in der Geschichte, Reinbeck bei Hamburg: Rowohlt.

Ziemer, A. (1995): Multimedia – die Technik eilt dem Markt voraus?, S.180-189, in: Kubicek, H./Müller, G./Neumann, K./Raubold, E./Roßnagel, A. (Hg.): Jahrbuch Telekommunikation und Gesellschaft 1995, Multimedia – Technik sucht Anwendung, Bd.3, Heidelberg: R.v.Decker.

Aus unserem Programm
Kommunikationswissenschaft

Hans J. Kleinsteuber (Hrsg.)
Der „Information Superhighway"
Amerikanische Visionen und Erfahrungen
1996. 280 S. Kart.
ISBN 3-531-12895-7
Gemeinsam ist den in diesem Band zusammengefaßten Texten, daß der derzeitige Stand und die zukünftigen Entwicklungslinien rund um die digitalen Vernetzungen in den USA (und Kanada) analysiert werden. Es geht um die enge Wechselwirkung technischer und gesellschaftlicher Leitvorstellungen, dargestellt vor dem teilweise spezifisch amerikanischen Hintergrund dieser sehr dynamischen Prozesse. Ebenso werden bereits beschreibbare Erfahrungen aufgearbeitet sowie Vorstellungen über die Zukunft der „Datenautobahn" einbezogen.

Joachim R. Höflich
Technisch vermittelte interpersonale Kommunikation
Grundlagen, organisatorische Medienverwendung, Konstitution „elektronischer Gemeinschaften"
1996. 346 S. (Studien zur Kommunikationswissenschaft, Bd. 8) Kart.
ISBN 3-531-12696-2
Kommunikationstechnologien – vom Telefon bis hin zum Computer – gelten als Charakteristika sogenannter Informationsgesellschaften. Will man nicht nur über deren Folgen spekulieren, so ist nach den Aneignungs- und Gebrauchsweisen und somit danach zu fragen, was die Menschen mit den Medien (und nicht umgekehrt die Medien

mit den Menschen) machen. Nach einer grundlegenden Bestimmung technisch vermittelter Kommunikation untersucht der Autor die Medienverwendung sowohl im organisatorisch-beruflichen Zusammenhang als auch im privaten Alltag. Dabei zeigt sich, daß die Menschen den Medien nicht passiv ausgesetzt sind, sondern deren Gebrauch maßgeblich zu gestalten vermögen.

Roland Eckert / Waldemar Vogelgesang / Thomas A. Wetzstein / Rainer Winter
Auf digitalen Pfaden
Die Kulturen von Hackern, Programmierern, Crackern und Spielern
Unter Mitarb. von Hermann Dahm und Linda Steinmetz
1991. 304 S. Kart.
ISBN 3-531-12298-3
In dieser Untersuchung geht es um die unterschiedlichen Aneignungsformen, Bedeutungsmuster und Sinnwelten von Computerfreaks (Hacker, Programmierer, Cracker, Spieler). Die empirische Forschungsarbeit orientiert sich am interpretativen Paradigma. Beobachtungen, problemzentrierte Interviews sowie ergänzende Erhebungsstrategien und -materialien (z.B. Zeitschriftenanalysen) ermöglichen eine lebensweltnahe Beschreibung (Szenen-Ethnographie). Dabei zeigt sich: Die Aneignungsformen und Praktiken in der Computersozialwelt weisen ein hohes Maß an persönlicher Autonomie auf und evozieren die Bildung von spezialisierten Szenen (Spezialkulturen). Hier entstehen neue Formen einer (selbst)bewußten und (eigen)verantwortlichen Mediennutzung, also Räume, die keiner staatlichen Regulierung (etwa in Form von Gesetzen) bedürfen.

WESTDEUTSCHER VERLAG
Abraham-Lincoln-Str. 46 · 65189 Wiesbaden
Fax 0611/ 78 78 420

Aktueller Überblick
zur Fernsehforschung

Heribert Schatz (Hrsg.)
**Fernsehen als Objekt
und Moment sozialen Wandels**
Faktoren und Folgen der aktuellen
Veränderungen des Fernsehens
1996. 383 S. Kart.
ISBN 3-531-12839-6
Ziel dieses Bandes ist es, Veränderungen von
Fernsehproduktion, Programm und Publikum theoretisch zu erfassen und empirisch zu beschreiben. Ein Team aus Soziologen, Politologen und
Kommunikationswissenschaftlern analysiert in
zehn Originalbeiträgen die Wechselwirkungen
zwischen den Veränderungen des Fernsehens und
den globalen Trends der Kommerzialisierung,
Technisierung, Internationalisierung und Individua-
lisierung. Der Band bietet einen Überblick über
aktuelle Entwicklungen der Fernsehtheorie und
der empirischen Fernsehforschung.

Ben Bachmair
Fernsehkultur
Subjektivität in einer Welt bewegter Bilder
1996. 357 S. Kart.
ISBN 3-531-12876-0
Wie hat Fernsehen unsere Kultur geprägt? Am
Übergang vom Fernsehen zu Multimedia untersucht
der Band unsere Fernsehkultur als die Überlage-
rung von Fernsehen und Alltagsleben (z. B. das
Ereignis- und Medienarrangement „Streetball"),
stellt die Frage nach dafür typischen Erlebniswei-
sen – die persönliche Welt als Maßstab – und
ordnet Veränderungen z. B. von Männerbildern
in kulturhistorische Entwicklungslinien ein.

Joan Kristin Bleicher (Hrsg.)
**Fernseh-Programme
in Deutschland**
Konzeptionen – Diskussionen – Kritik
(1935 - 1993). Ein Reader
1996. 228 S. Kart.
ISBN 3-531-12905-8
Zum Verständnis von Veränderungen der Pro-
grammangebote im Verlauf der Fernsehentwick-
lung, aber auch zum Verständnis der sich verän-
dernden gesellschaftlichen Bedeutung des Fernsehens ist eine Übersicht über grundlegende konzeptionelle Leitlinien der Programmverantwortli-
chen unerläßlich. Diskussionen über Programm-
entwicklungen im Rahmen der Fachpublizistik
machen auf zentrale Probleme des Fernsehens
aufmerksam und sind daher für die Analyse des
Mediums ebenfalls aufschlußreich. Der Band bietet erstmals eine Zusammenstellung konzeptionel-
ler und kritischer Texte.

WESTDEUTSCHER VERLAG
Abraham-Lincoln-Str. 46 · 65189 Wiesbaden
Fax 0611/ 78 78 420

www.ingramcontent.com/pod-product-compliance
Lightning Source LLC
LaVergne TN
LVHW012328060326
832902LV00011B/1771